U0301774

DAXING ZHONGZAI SHUKONG JICHUANG
JISHU JI YINGYONG

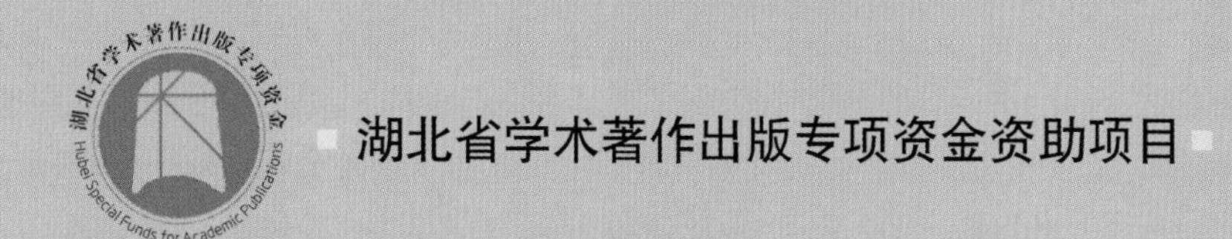

大型重载数控机床
技术及应用（上册）

桂 林　熊万里　著

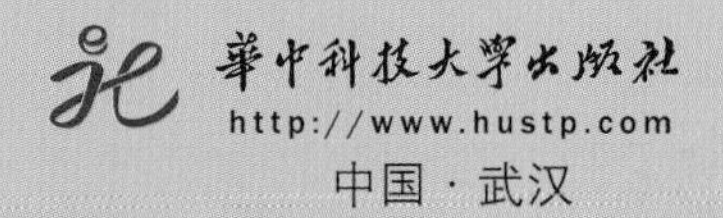

中国·武汉

内容简介

本书分为上、下两册，系统、详细地介绍了大型重载数控机床的设计、制造及应用方面的技术知识，重点介绍了结构性能分析与测试技术、静压支承技术、大件的制造与热处理技术、装配与调试技术、数控及诊断技术、热变形与误差补偿技术、典型加工工艺等七个方面的大型重载数控机床关键技术。

本书是国家"863"计划、国家科技重大专项等科研项目研究成果的总结，反映了国内外大型重载数控机床先进技术成果，叙述深入浅出、层次分明，具有全面、专业的特点，可供机床行业工程技术人员、高等学校教师和研究生参考。

图书在版编目(CIP)数据

大型重载数控机床技术及应用. 上册/桂林，熊万里著. —武汉：华中科技大学出版社，2019.6
ISBN 978-7-5680-4440-0

Ⅰ.①大… Ⅱ.①桂… ②熊… Ⅲ.①数控机床 Ⅳ.①TG659

中国版本图书馆 CIP 数据核字(2018)第 282833 号

大型重载数控机床技术及应用(上册) 桂林 熊万里 著
Daxing Zhongzai Shukong Jichuang Jishu ji Yingyong (Shangce)

策划编辑：万亚军
责任编辑：万亚军 程 青
封面设计：原色设计
责任监印：周治超
出版发行：华中科技大学出版社中国·武汉 电话：(027)81321913
武汉市东湖新技术开发区华工科技园 邮编：430223
录 排：武汉三月禾文化传播有限公司
印 刷：湖北新华印务有限公司
开 本：710mm×1000mm 1/16
印 张：19.25
字 数：323 千字
版 次：2019 年 6 月第 1 版第 1 次印刷
定 价：98.00 元

前言

随着计算机技术的发展与广泛应用，数控机床的发展日新月异，高效率、高精度、高可靠性、数字化、网络化、智能化、绿色化已成为数控机床发展的趋势和方向。大型重载数控机床作为制造业的工作母机，是制造业的重器，在能源、交通、运输、航空、航天、船舶、冶金、军工等领域发挥着巨大的作用，是世界各国激烈竞争的前沿技术代表。

我国大型重载机床的研制起步于20世纪50年代并不断发展，尤其是在改革开放以后，随着科技的发展、国家重大工程建设的需要，我国大型重载数控机床获得了持续、快速的发展。2005年以后，我国大型重载数控机床技术水平已经进入国际先进行列，具有一些先进技术的技术研发能力。武汉重型机床集团有限公司是我国生产重型、超重型机床的大型骨干企业，承担完成国家“863”计划、国家科技重大专项等国家级项目10余项，获得国家科学技术进步奖二等奖3项、省部级科学技术进步奖多项，累计获得国家专利100多项。依托这些创新性成果，在吸收、总结国内外相关最先进技术成果的基础上，作者精心撰写了本书，以满足相关领域人员学习、研究的需要，为我国大型重载数控机床的进一步发展贡献绵薄之力。

本书分为上、下两册，系统、详细地介绍了大型重载数控机床的设计、制造及应用方面的技术知识，重点介绍了结构性能分析与测试技术、静压支承技术、大件的制造与热处理技术、装配与调试技术、数控及诊断技术、热变形与误差补偿技术、典型加工工艺等七个方面的大型重载数控机床关键技术。本书在编写过程中，力求做到内容新颖、结构完整、叙述准确、图文并茂、易于理解，并注意结合实例。例如，液体静压支承技术是大型重载机床精度高、承载大的关键技术，本书从工程经验设计和具体解析分析两个层面给出了经验公式计算方法和解析分析理论体系，阐述了液体静压支承基于计算流体动力学的三维流场分析

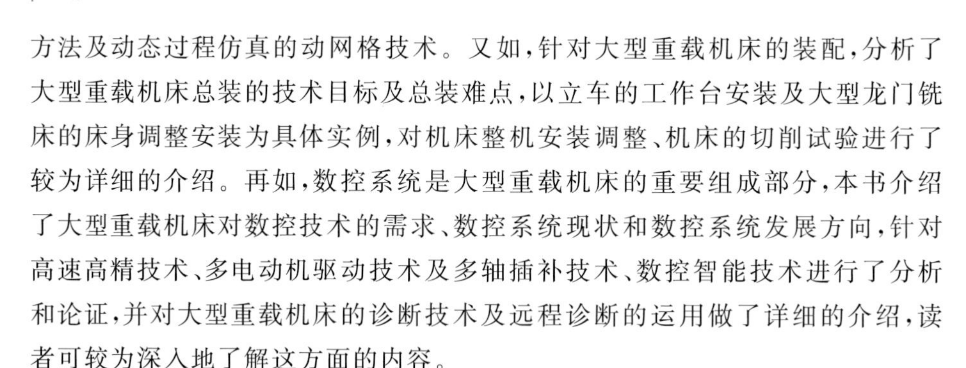

方法及动态过程仿真的动网格技术。又如，针对大型重载机床的装配，分析了大型重载机床总装的技术目标及总装难点，以立车的工作台安装及大型龙门铣床的床身调整安装为具体实例，对机床整机安装调整、机床的切削试验进行了较为详细的介绍。再如，数控系统是大型重载机床的重要组成部分，本书介绍了大型重载机床对数控技术的需求、数控系统现状和数控系统发展方向，针对高速高精技术、多电动机驱动技术及多轴插补技术、数控智能技术进行了分析和论证，并对大型重载机床的诊断技术及远程诊断的运用做了详细的介绍，读者可较为深入地了解这方面的内容。

本书是根据武汉重型机床集团有限公司常年在大型重载数控机床的设计研发制造及工程应用中的科研成果撰写的。其中上册第 1 章由桂林、张辉撰写，第 2 章由桂林、赵明、李升撰写，第 3 章由桂林、刘涛、徐妍妍撰写，第 4 章由桂林、熊万里、薛敬宇撰写，第 5 章由桂林、邵斌、张虎撰写；下册第 6 章由桂林、史凯霞、何建平撰写，第 7 章由桂林、张伟民、黄建撰写，第 8 章由桂林、张伟民、谭波撰写，第 9 章由桂林、李斌、张明庆、熊良山撰写。

在本书的编写过程中，中国地质大学(武汉)、华中科技大学、湖南大学等院校的专家和博士生提出了很好的意见及建议，在此表示衷心的感谢！同时对提供相关资料和帮助的同仁及专家表示诚挚的谢意。

由于笔者水平有限，书中难免存在不足和疏漏之处，敬请各位读者批评指正。

著　者

2018 年 6 月

目录

第1章 绪论

全球金融危机和经济衰退发生以来，美国、德国、日本、俄罗斯等各国为应对危机、复苏经济、抢占未来发展的先机和制高点，都在重新审视发展战略，开启新一轮的科技革命。世界各国争相调整、适应，抓紧实施必要改革，培育发展以新能源、节能环保低碳、生物医药、新材料、新一代信息网络、智能电网、空天海洋等技术为支撑的战略性新兴产业，在全球范围内重新构建以战略性新兴产业为主导的产业体系，开启了第四次工业革命。中国政府紧盯新一轮产业发展的潮流，针对德国提出的“工业4.0”，推出以“智能制造”为核心的“中国制造2025”。

制造业是国民经济的基础性、支柱性和战备性产业之一，是衡量一个国家综合国力和工业现代化程度高低的标志。在新一轮工业革命中，其也是战略性新兴产业的重要组成部分，同时也是保障其他战略性新兴产业健康发展的重要基础。

大型重载机床[①]是制造业的工作母机，是能源、交通、冶金、机械、航空航天、船舶、军工等国家重点企业的关键设备，是制造业的重器。大型重载机床主要用于大型、特大型零件的加工，行业内通常称为重型机床。本章对大型重载机床进行了简要概述，介绍了大型重载机床的定义及特点、重要战略地位、国内外技术发展现状、技术发展趋势及发展中的关键科学问题和技术难点等，使读者对大型重载机床有一个较为全面的认识。

---

① 如无特殊说明，本书所述大型重载机床的结构、技术、应用等，均以大型重载数控机床为对象。

1.1 大型重载机床的概述

1.1.1 大型重载机床的定义及特点

一直以来,大型重载机床的界定沿用原国家机械工业部机床工具局的规定,机床自身质量在10～30 t范围内的机床属于大型机床,30～100 t的属于重型机床,大于100 t的属于超重型机床。然而近20多年来,为了适应国家新兴工业领域如能源、航空、船舶等对大型、重型、超重型零件的加工需求,重型机床在加工规格和承载能力上不断地突破极限,上述定义已经缺乏科学性和时代性,大型、重型、超重型的界定已被质疑,鉴于此,国内关于大型重载机床新的范围界定的标准化工作已经开始,相关单位起草了《重型机床产品分类》标准。

本书引用了《重型机床产品分类》对重型机床的定义及分类。大型重载机床是指用切削、特种加工等方法加工大型金属工件,使之获得所要求的几何形状、尺寸精度和表面质量的机器。其特征为加工工件的质量大(可达数百吨)、机床尺寸大(可达数十米)、切削力大(可达数千牛)。大型重载机床分为:重型卧式车床、重型立式车床、重型落地车床、重型龙门(镗)铣床、重型龙门移动(镗)铣床、重型落地铣镗床、重型刨台卧式铣镗床、重型回转工作台、重型轧辊车床、重型深孔钻镗床、重型滚齿机等。各类机床主要特征如表1.1所示。

表1.1 机床主要特征

机床种类	主要特征
重型卧式车床	床身上最大回转直径不小于1000 mm,顶尖间最大工件质量不小于10 t
重型立式车床	最大车削直径不小于1000 mm,最大工件质量不小于10 t
重型落地车床	最大工件回转直径不小于2000 mm,顶尖间最大工件长度不小于2000 mm
重型龙门(镗)铣床	工作台面宽度不小于3000 mm;工作台单位长度上承载质量不小于10 t/m
重型龙门移动(镗)铣床	工作台面宽度不小于3000 mm;工作台单位长度上承载质量不小于10 t/m
重型落地铣镗床	镗杆直径不小于130 mm

续表

机床种类	主要特征
重型刨台卧式铣镗床	镗杆直径不小于160 mm
重型回转工作台	工作台面宽度或直径不小于2000 mm，最大承载质量不小于20 t
重型轧辊车床	最大工件直径不小于1000 mm，最大工件质量不小于10 t
重型深孔钻镗床	最大镗孔直径不小于250 mm，最大镗孔深度不小于3000 mm，最大钻孔直径不小于60 mm
重型滚齿机	最大工件直径大于2000 mm，最大模数不小于25 mm

1.1.2 我国大型重载机床的发展历程

经过几十年的发展，特别是近30年来随着科技的发展、社会的进步及国家重大工程的迫切需求，大型重载机床在转速、精度、功能、规格及外观等水平上在不断地提高，其发展历程简述如下。

20世纪50年代到20世纪70年代，我国大型重载普通机床产业处于从仿制到自行设计制造的过渡阶段。当时，我国机床生产厂家所生产的品种和规格都有严格规定和分工，能够提供重型机床产品的厂家主要有武汉重型机床厂(现武汉重型机床集团有限公司)、齐齐哈尔第一机床厂(现齐重数控装备股份有限公司)、齐齐哈尔第二机床厂(现齐齐哈尔二机床(集团)有限责任公司)、济南第二机床厂(现济南二机床集团有限公司)、北京第一机床厂(现北京北一机床股份有限公司)、青海重型机床厂(现青海重型机床有限责任公司)、险峰机床厂(现贵阳险峰机床有限责任公司)等一批国家骨干企业。武汉重型机床厂是国家"一五"时期苏联援建的156个项目中，第一家专门生产重型机床的专业制造厂家，也是国内生产重型、超重型机床规格最大、品种最全的大型骨干企业，生产的产品包括30 t以上的车床、铣床、镗床、磨床等综合性产品。20世纪50年代至20世纪60年代前期，我国机床生产厂家主要仿制苏联产品，如武汉重型机床厂生产出我国第一台加工直径为6.3 m的重型立式车床、第一台C681重型卧式车床、镗杆直径为150 mm的T615K重型镗床，济南第二机床厂为中国第二重型机器厂生产出第一台加工宽度为6.3 m的重型龙门刨床。20世纪60年代中后期到20世纪70年代，企业能自行设计新产品，如CQ52100型10 m立式车床、C62100型主轴为不等面积油腔静压轴承的卧式车床、T6216型镗杆直径为 160 mm 的落地镗床。

20 世纪 80 年代,我国大型重载数控机床产业处于自主研发阶段。我国引进了国外数控系统,通过消化吸收,具备了自主创新能力,研发出了一批功能单一的重型数控机床。20 世纪 80 年代末,国内企业通过贸易许可、技术合作、购买研究等方式,先后从德国、美国、日本等多个国家引进与大型数控机床相关的数控化的全功能计算机控制技术、恒流静压导轨、滚珠丝杠、伺服系统等多种先进技术,使产品精度、寿命等性能稳步提高。如我国第一台 4 m 数控立式车床 CK5240A,配备了日本富士通 FANUC7 数控系统和直流驱动等各种新技术,工作台采用恒流静压导轨,进给传动系统采用滚动块、滚珠丝杠,刀架采用重力卸荷装置。

20 世纪 90 年代至 2005 年,我国大型重载数控机床进入与世界先进技术同步发展的阶段。国家从科技攻关和技术改造两方面加大对数控机床产业的扶植,主要支持国内重型机床领域历史悠久、技术底蕴深厚、人才积累丰富的排头兵企业,在技术突破和市场需求的推动下,自主研发出了一批具有多功能、高精度、高效率的加工机床,其规格参数也有重大突破。如我国研制出第一台 CK53160 型数控单柱移动立式车床,其最大加工直径为 16 m,加工质量为 500 t,是我国大型水利电站建设急需的高档超重型装备,被专家誉为“共和国当家设备”。DH4300/250-25×18000-1 型重型数控卧式车床可实现机内对刀,工件自动测量;CKX5680 重型七轴五联动、车铣复合加工机床具有五轴联动,车、铣复合加工,在线测量及工作台自动精确分度等功能,可实现一次装夹完成船舶螺旋桨及叶面的全部工序的加工。

2005 年以来,我国数控机床进入了快速发展时期,大型重载机床的技术水平已经进入国际先进行列,具有一些先进技术的自主研发能力。重型龙门五轴联动复合机床、超重型数控卧式镗车床、五轴联动叶片加工机床、重型数控曲轴铣车复合加工机床、大型数控冲压机床等一批接近国际先进水平的高档数控机床的研制成功,部分满足了航空航天、发电设备、汽车等重点领域对于高档重型数控机床的需求。如我国已经制造出加工直径为 25 m 的超重型数控立式铣车床、镗杆直径为 320 mm 的落地式铣镗床、加工宽度达到 5 m 以上的数控龙门镗铣床、回转直径在5000 mm以上的重型数控卧式车床等一批具有自主知识产权而且技术水平达到世界先进水平的重型机床系列产品,并多次创造出极限规格制造的世界之最。

1.1.3 大型重载机床的标准体系

自我国金属切削机床标准化技术委员会组建(1986年)以来,我国金属切削机床行业的标准化工作从无到有,并随着我国机床制造业的发展而发展,取得了令人瞩目的成绩。我国金属切削机床行业现有标准700余项,其中国家标准100余项,行业标准500余项。在这些标准中,通用基础标准60余项、产品标准600余项、精度标准400余项、技术条件标准100余项。这些标准基本涵盖了国内金属切削机床的产品种类,形成了我国金属切削机床的标准体系。

重型机床行业经过多年的努力,目前的标准体系基本上满足了生产的需要。重型机床行业现有标准70余项,其中国家标准8项,其余为行业标准。在这些标准中,精度标准20余项、技术条件标准20余项,如《数控龙门镗铣床 技术条件》《重型卧式车床检验条件 精度检验》《重型回转工作台 第2部分:精度检验》《重型回转工作台 第3部分:技术条件》《卧式铣镗床检验条件 精度检验》《落地镗、落地铣镗床 技术条件》《数控重型卧式车床 第2部分:技术条件》等。这些标准基本涵盖了国内重型机床的产品种类,形成了我国重型机床的标准体系,为我国重型机床制造业的发展、标准化起到了重要的技术支撑作用。目前我国机床行业技术水平飞速发展,现有的标准化体系也将适应其发展需求,向高速、高精、复合、智能、绿色及环保等方面完善。

1.2 大型重载机床的战略意义

改革开放以来,我国国民经济得到了持续、快速发展,已进入工业化的中期阶段。在工业内部,重工业的比例已上升到90%。能源电力、船舶制造、航空航天、交通运输、国防军工、工程机械、冶金设备等行业发展迅速,这些重要行业直接关系到国计民生(如能源、交通、环保等),关系到国家安全(如航空航天、军工等),也是对重型机床有需求的重点行业。通过全球产业升级和变迁,可以看出,西方发达国家仍然对我国关键技术领域实行封锁或禁运,关键技术和设备进口受到严格的限制。世界上最前沿的技术、最先进的设备是买不来的,我国科技工业的发展必须依靠自己的装备。重型机床在核电、船舶、机械制造、铁路、航空航天、国防军工等领域发挥着巨大的作用,是国民经济的基础性产业和国防安全的战略性产业,在国民经济和国防建设中占有极其重要的战略地位。

根据国家《核电中长期发展规划(2005—2020年)》,到2020年,核电运行装机容量争取达到4000万千瓦。发电设备关键加工件质量大、形状特殊、精度高、加工难度大、价格昂贵,因此需要各种大规格、大刚度、高可靠性的超重型数控机床及专用机械。大型数控立式车床、大型数控卧式车床、数控落地铣镗床、龙门铣床及加工中心、数控钻床等都是电力设备制造业的必需品。

船舶业的快速发展,特别是大型船舶,需要具有大功率、大扭矩、高可靠性以及多轴的重型、超重型数控机床和专用加工机床进行关键加工件加工,如重型、超重型数控龙门镗铣床,数控车、磨床,大型旋风车床等。其中重型、超重型曲轴和大型螺旋桨加工具有典型性,需要用重型数控专用机床、重型五轴联动机床加工。

机械制造行业是国家装备制造业的重要组成部分,包括工程机械、冶金机械、矿山机械、石油机械、化工机械等,是对重型机床需求量最大、最广的行业,其需求涵盖了重型机床各类产品,尤其是工程机械,主要需求大规格、大功率的重型、超重型数控机床产品。

随着国家铁路相关产业发展政策的陆续出台,我国的交通运输基础设施得到了空前的发展。大量的轨道工程机械,各种车辆的制造及轨道、车轮的制造和修复,无不需要重型机床发挥作用,主要需求数控立式车轮车床、数控轮对车床、数控不落轮对车床、数控车轴车床、数控道岔铣床等专用的数控机床产品。

航空航天产品工作环境极端,要求具有耐高温,耐超低温、高压,高速和高负荷等特点。因此,其零件的结构特点是大量采用整体薄壁结构,形状复杂,刚度小,加工难度高。航空工业加工件根据结构特点和加工要求,需要大型双龙门立式加工中心、大型数控龙门镗铣床、精密数控车床、大型数控精密立式车削中心等大、重型数控机床。

尖端国防力量离不开重型数控机床,如航母、战略核潜艇、坦克、下一代先进战机等的发展,这类机床国内满足度低,且国外实施技术封锁、产品禁运。随着我国国防现代化进程加快,国防军工行业对国产高精尖重型数控机床的需求越来越迫切。目前,国产高档数控机床已成为军工行业首选设备。

在国务院出台的《国家中长期科学和技术发展规划纲要(2006—2020年)》(简称《科技规划纲要》)中,“高档数控机床与基础制造装备”被列为《科技规划纲要》重点支持的16个科技重大专项之一,进一步确立了重型机床行业在国民经济中的重要地位,也将重型机床发展提升到国家科技战略发展层面。从对国家工业化和国民经济的贡献来说，重型机床的价值远远超过其价格，没有强大的机床工业，一个国家就不可能被视为工业强国，重型机床产业是国家不可或缺的基础性产业。

1.3 国内外大型重载机床产业发展现状及技术发展趋势

进入21世纪以来，世界高新技术得到了惊人发展，人类进行的工程也越来越庞大，对所采用的设备不仅提出了越来越高的质量要求，而且设备的服役条件趋于极端化，如超临界发电机组、百万千瓦级核电设备等，这些服役条件极端的大型复杂装备及其结构的制造依赖于大型重载机床的能力与水平，因此对大型重载机床精度、效率、承载能力、可靠性、智能化、尺寸等的要求也越来越高。世界重型机床制造业不断研制出更大规格、更高质量、更加节能环保的新型装备。同时，行业竞争格局也发生了重大变化，主要体现在生产厂家的兼并重组，企业产品线由单一向综合转变，新的企业不断进入，产品技术水平差距越来越小，用户个性化需求突出，市场对重型机床的需求由量的需求发展到质的需求。重型机床在向着高速、高精、高效、复合化、智能化、高可靠性和绿色环保化的方向发展。

1.3.1 国外产业发展现状

经过100多年的发展，世界重型机床行业主要分布在欧洲国家、日本和美国，竞争格局表现在如下三个方面。

1）德国、意大利的重型机床制造水平代表着该领域的国际先进水平

多年以来，国外重型机床进入中国市场的产品中，绝大部分是中、高档数控重型机床产品，其中来自德国和意大利的重型机床产品最多。自20世纪30年代以来，以德国、意大利等为代表的国家，其重型机床先进技术及制造水平领先全球，是其他各国重型机床行业赶超的目标。目前，德国和意大利是世界重型机床行业在高档重型机床研发、设计、制造上技术最好、经验最多、创新体系较完善的国家，其重型机床制造水平代表着国际领先水平。

2）日本重型机床工业以出口和创新作为发展的双动力

日本重型机床工业在产品出口和技术创新的带动下发展很快。日本重型

机床制造企业重视技术创新，在电子信息技术在数控机床的应用上取得了多项领先的科研成果，机床数控化率很高。日本一批著名机床制造商，如新日本工机、大隈、本间、东芝等公司生产的重型数控机床在高速、复合、智能、绿色环保等性能方面保持先进水平，在世界重型机床制造业中占有重要地位。

3）美国机床工业重新崛起，但重型机床不是其发展主流

美国曾是机床工业强国，20 世纪 80 年代，美国机床工业的霸主地位逐渐被日本和德国代替。近年来，美国机床行业的发展得益于军工、航空航天、汽车等行业发展的拉动，机床工业振兴主要走发展高端的道路，智能化、高速化、精密化是其发展主流。然而由于美国能源、航空等行业的重型、超重型零件的加工多采用在其他国家外包加工的形式，其国内工厂对重型机床产品的需求很少，不是主流，因而美国重型机床生产厂家很少。

在世界范围内来看，重型龙门镗铣床主要生产厂家有德国瓦德里希・科堡（Waldrich Coburg），意大利英赛（INNSE）、焦伯斯（JOBS），西班牙的尼古拉斯・克雷亚（Nicolás Correa），日本大隈等；重型落地铣镗床生产厂家主要有意大利英赛（INNSE）、帕玛（PAMA），德国希斯（SCHIESS），捷克斯柯达（SKODA）等；重型卧式车床著名生产厂家主要有德国瓦德里希・济根（Waldrich Siegen）、沃伦贝格（Wohlenberg），捷克斯柯达（SKODA），意大利萨佛普（SAFOP）等；重型立式车床著名生产厂家主要有意大利皮特卡耐基（PIETRO CARNAGHI），德国希斯（SCHIESS）等。与国内重型机床产品相比较，国外重型机床切削能力较强，机床转速高、加工精度高、可靠性高，并且具有很多技术优势，比如横梁加工仿形技术，Z 轴滑枕长度补偿技术，龙门框架 X 轴移动双电动机、三电动机甚至四电动机同步技术等。

目前，受世界机床消费市场不景气以及金融危机的影响，一些世界著名的重型机床生产厂家由于经营不善、决策失误等，纷纷改换门庭，或倒闭或被兼并，作为独立的市场竞争主体已经不存在，但是这些公司都具有多年生产重型、超重型机床的经验和扎实的工艺水平，在技术上仍属于世界领先水平；一些企业依靠它们的品牌、先进的制造技术水平在市场上站稳了脚跟，生产的大型重载机床具有高转速、高精度、复合化、多轴化、智能化等功能，仍然代表着重型机床国际先进水平。

1.3.2 国内产业发展现状

进入21世纪以来，市场需求的扩大加速了我国重型机床产业的发展，使得我国重型机床厂家队伍不断扩大，很多原来不生产重型机床的厂家纷纷扩大生产，开始研制重型机床，而且越做越大；同时，一些原来生产单一品种重型机床的企业，也开始进行多品种重型机床的生产。目前，国内能提供多品种重型机床（数控龙门镗铣床、数控立式车床、数控落地铣镗床、数控卧式车床等）的厂家主要有武汉重型机床集团（武重）、齐齐哈尔二机床集团（齐二）、齐重数控装备股份有限公司（齐重），北京北一机床（北一）、济南二机床集团（济二）、昆明机床等企业开始了其主打产品以外的重型机床产品的开发与生产。威海华东数控、宁波海天集团、深圳市三一精工等企业是重型机床行业新崛起的一支力量。

在中国制造业高速发展的大背景下，伴随着规模的不断扩大，我国重型机床产品和技术都有了很大的进步，与国外产品的差距逐步缩小。2009年"高档数控机床与基础制造装备"国家科技重大专项实施以来，集中布局的一大批项目陆续完成，高端产品领域技术不断得到突破，研制出了一批能源、船舶、航空航天、国防军工、交通运输等重点行业和领域急需的高速、精密、复合、多轴联动重型数控机床，特别是在极限制造方面很好地满足了一些国家重大项目的需求，一批共性、基础技术和关键技术研究也有了新的进展。各企业相继成功研制出加工直径为16、20、25、28 m的数控单柱、双柱立式铣车复合机床，镗杆直径为ϕ200、ϕ260、ϕ320 mm的高性能落地式数控铣镗床，加工宽度在5 m以上的工作台移动、龙门移动、双龙门移动式数控龙门镗铣床，龙门通过宽度为12 m的超重型数控龙门移动式镗铣床，回转直径为ϕ5000 mm、承载质量达500 t以上、加工长度为20 m的超重型数控卧式钻镗车复合加工机床等一批具有自主知识产权，而且整体技术达到世界先进水平，部分技术达到世界领先水平的重型机床系列产品。这些世界超大规格的重型、超重型机床产品大都具备了复合加工功能；部分产品具有五轴加工功能；采用了计算机辅助模块化设计技术、有限元分析技术、静压技术、卸荷丝杠技术、导轨卸荷技术、双电动机双齿轮齿条（齿圈）消隙传动技术、大型钢结构消除应力技术等先进技术，是我国先进设计与制造技术的集中体现。

我国重型机床产业取得了长足的进步,但是从行业总体上来看,我国还缺乏具备国际市场竞争力的世界知名品牌。重型机床产品也主要集中在中低端,在高档机床特别是在装备与工艺的融合性、高可靠性、机床整体制造工艺水平及质量、机床外观等方面与国际先进水平差距较大。如今我国自主开发制造的重型和超重型机床已能够满足部分国家重点工程需求,但还有一部分高端精密产品,因为关键核心技术问题不能解决而需要进口。究其原因,是我国重型机床行业总体仍然没有摆脱以规模扩张为主要特征的发展模式。产能结构失衡、同质化特征明显、高档产品竞争力薄弱是我国重型机床行业发展中存在的三个突出问题。

受前期市场需求旺盛的吸引,大量投资涌入重型机床行业,全行业的生产能力快速扩张。但增长起来的巨大产能的结构却是失衡的,通用型中低端产品产能严重过剩,而中高档产品尤其是面向高端细分市场的专业化产品供给能力严重不足,尤其是国家重点支持发展的航空航天、船舶、能源、汽车等重要领域和战略性新兴产业需要的高档乃至尖端的重型机床产品。虽然我国重型机床企业在新产品开发上开展了许多工作,已经能够生产五轴、高速、高精、复合等高档重型机床产品,具备相应生产线,但真正应用在重点领域关键工序的还不多,形成商品化、产业化的更少,多数仍然处于展品和样机阶段。

产品同质化主要表现在我国重型机床企业在开发新产品时缺乏针对性,大部分为通用机床,专用机床、特种用途机床比例低,且大部分机床质量一般,存在可靠性差、漏油、防护不足、排屑不良等问题,以企业的标准产品满足不同领域用户的需求,要求用户适应产品的性能,往往一种机型广泛应用于装备制造业各个领域。另一表现就是重型机床企业多数还处于单纯卖设备的阶段,对用户工艺研究不够深入,缺乏为用户提供全面解决方案的能力,提供成套综合服务的能力还很薄弱。同质化的后果是使企业的竞争主要反映在价格的恶性竞争上,形成低端产品混战的局面。

高档产品竞争力薄弱也是我国重型机床行业面临的一个严重问题。目前我国重型机床重点用户中,国产高档重型机床的应用数量很少,且尚未进入关键制造工序。在用的部分国产中高档重型机床产品故障比较多,精度保持性差,已严重影响用户使用国产高档重型机床的信心;而国外产品以高性能、高质量、高可靠性已经赢得了国内中高档重型机床用户的信任。因此当前国产高档重型机床竞争力薄弱是不争的事实，且是未来一段时间我国重型机床行业面临和需要解决的突出问题。

1.3.3　技术发展趋势

随着重型机床制造企业技术改造、新产品开发的深入，企业创新能力得到迅速提高，在开发能力、技术水平以及工艺手段上都有了长足的发展。从近十年来的国际、国内机床展览会来看，重型机床逐渐向高速、高精、高效、复合化、智能化、高可靠性和绿色环保化的方向发展。

高速方面，以高切削速度、高进给量为主要特征，重型机床已采用高速电主轴、高速滚珠丝杠、双电动机双齿轮齿条、直线重载导轨等新型功能部件，机械主轴转速先进水平已达 3000～4000 r/min，快速进给先进水平达 20000～30000 mm/min。

高精度方面，综合运用机床结构优化、误差补偿等技术提高机床的几何精度和运动精度，近年来重型机床主轴精度已达到 5 μm，定位精度达到 0.01/1000 mm，重复定位精度已达 0.003～0.007 mm。

复合加工方面，利用数控系统技术智能化、网络化，以及交换工作台、多龙门、多刀架、多工作台等多种形式结构，实现车、铣、钻、镗、磨、制齿等多工序的复合。奥地利 WFL 系列车铣复合加工中心实现了车削、铣削、钻削、铣齿、磨削等多种工序复合。

智能化方面，广泛引入自适应控制、模糊控制、神经网络控制、专家控制、学习控制、前馈控制等智能控制技术，实施系统和人工智能相互结合。德国政府提出“工业 4.0”战略就是以全方位的网络化、智能化为措施，推动以“智能制造”为主导的第四次工业革命。

高可靠性方面，研究机床刚度、热变形、振动、噪声、精度补偿技术和加工及检测、机床结构、驱动控制技术，提高机床稳定性。进口的高档重型机床平均无故障工作时间达到 2000 h 以上。

绿色环保化方面，考虑了设计时的减材优化，制造时的节能环保，使用时的节能降耗、延长刀具使用寿命、控制噪声和粉尘及有害物质排放，以及报废回收成本等问题，包括对运动部件进行重量优化、优化切削参数和切削力、干切削、半干切削、节能环保、功率消耗最小化、护罩全密封化等。

1.4 大型重载机床发展技术瓶颈及关键技术

1.4.1 制约我国大型重载机床发展的瓶颈

阻碍我国大型重载机床实现高速、高精、高效、复合化、智能化、高可靠性、绿色化等功能向高端发展的瓶颈主要包括四个方面：一是对机床结构与精度、可靠性、人性化设计技术及机床刚度、振动、热变形、噪声等关键核心技术的研究不够深入透彻；二是机床自制零件受加工工艺方法落后、设备的加工精度低、厂房加工环境恶劣等条件限制，精度无法保障；三是机床整体制造装配工艺水平低；四是缺乏对用户行业产品的加工工艺特点及要求的深入研究。

1.4.2 关键技术

为了满足用户的需求，实现大型、复杂、难加工等零件的高精、高效、低成本加工，大型重载机床必须具备高精、高效、高可靠性、复合化、智能化等功能。这要求我们必须突破制约发展的技术瓶颈，掌握相关的基础技术、关键核心技术及功能部件相关技术。这些技术大致包含以下几个方面：

(1) 大型重载机床的高精度方面的技术，包括大型重载机床的静压支承技术，高速、精密主轴结构设计技术，重载、高速、精密进给驱动结构设计技术，精密回转工作台设计技术，整机结构动、静刚度设计及优化技术等；

(2) 大型重载机床的关键零部件的加工、装配与调试技术，大件的设计优化与加工技术，典型零件加工工艺，机床的装配与调试技术，机床的结构性能分析与测试技术等；

(3) 大型重载机床的可靠性技术及可靠性增长技术，高档数控机床床身精度保持技术等；

(4) 大型重载机床的智能与控制技术，高速进给系统的精密及同步控制与动态误差补偿技术，伺服驱动优化技术，机床热变形及其补偿技术，数控及诊断技术，数控系统误差补偿技术，在线检测技术等；

(5) 大型重载机床的驱动技术，力矩电动机驱动双摆铣头，抑振技术，直驱技术及控制技术等；

(6) 大型重载机床的复合技术，多轴联动铣车复合加工工艺，五轴联动数控编程技术等。

本套书主要阐述了以下七项内容。

1. 大型重载机床的结构性能分析与测试技术

大型重载机床结构尺寸大，质量大，接合面多，共振频率低；切削时载荷巨大，冲击力强，既要能强力切削，又要能高精度加工。随着制造业对加工设备的高速化、高精化需求日益提升，大型重载机床所承受的载荷越来越大，机床加工过程中所承受的动载荷频率范围越来越大，机床部件的热功率越来越大，而对机床精度的要求却进一步提升，因此大型重载机床的结构特性测试与分析技术非常重要。其挑战在于：大型重载机床结构性能的测试及参数辨识、机床整机及部件动力学特性的建模及性能优化、机床性能与机构及其结构参数映射规律。

2. 大型重载机床的静压支承技术

液体静压支承由于具有精度高、减振性好、承载能力大、摩擦阻力小、寿命长等一系列显著优点，而在大型重载卧式车床主轴(托架)，大型落地镗铣床(镗床)主轴、床身及横梁导轨，大型立式车床回转工作台等领域获得了广泛的应用，其技术是支撑重型机床发展的基础共性技术之一。机床大型化带来了承载能力大，刚度要求高，主轴(回转工作台)变形量大，油膜剪切发热大，轴承承载特性与油膜间隙、轴系热变形、载荷变形之间的耦合关系复杂等一系列新问题。要解决上述问题，必须深入、透彻地分析机床工作过程中静压支承各个油腔的流场特性、承载特性以及不同油腔的特性差异，必须深入地揭示静压支承承载特性与主轴(回转工作台)系统受载、受热变形等之间的相互耦合规律。

3. 大件的制造与热处理技术

重型机床的制造工艺水平直接关系到机床性能，作为重型机床主要件的大件，其工艺技术更是重中之重。但由于机床大型化，大件尺寸、质量远远超出一般零件，且其结构复杂，材质不均。对于大件毛坯成形，防止毛坯制造、冷加工和热处理阶段的变形，制定通用性较强的重型加工设备等问题给大件特殊部位的加工工艺等带来了很大难度。要解决上述问题，需研究铸造、焊接、锻造的材料配方、成形工艺，典型大件加工和热处理方法，从设备、工装、刀具、方法等方面提出精度的保障措施。

4. 大型重载机床的装配与调试技术

装配是保证机床最终整机合格的重要工序。相对小型数控机床，大型重载数控机床的装配难点在于超大、超重零部件的吊装，装配工艺，质量检测，刚度及热变形等方面，既要保证普通重载机床的重切削、高效率的优势，又要满足机床数控化后的高质量、高精度、高速度的要求。因此需要不断地实践，在大型零件几何误差的测量、机床误差测量、最佳装配工艺参数设计、先进工装的设计、新装配工艺的研发等方面不断取得突破。

5. 大型重载机床的数控及诊断技术

数控技术如同大型重载数控机床的大脑，航空航天、船舶、发电领域等加工对象的不断变化(巨型化)，对大型重载机床的功能提出了更高的要求。为了达到相应的控制效果，不仅需要机械结构性能的提升，也需要数控技术的不断进步与发展。数控技术涵盖控制分析处理技术、驱动控制技术、友好的人机界面技术、加工程序管理与形成技术、检测元件的管理与通信技术、误差控制技术、诊断技术等多个方面，直接影响机床的加工能力和加工精度。需要对驱动控制技术、误差控制技术、多电动机驱动技术、多轴插补技术、监控加工状态的自适应技术、机床故障诊断技术、远程诊断系统的关键技术等进行研究。

6. 大型重载机床热变形与误差补偿技术

相比于中小型机床，重型机床由于结构尺寸大、行程长、加工载荷变化大、切削功率大，其热变形的影响更加显著。环境温度的变化、工作空间环境温度梯度、自身发热都会引起热变形，热变形误差甚至占到重型机床误差的30%。因此热变形及其精度补偿也是重型机床面临的重要问题。其主要包括：环境温度(昼夜温差、空间环境温度分布)对机床热特性影响规律、变工况下机床热特性、热误差预测模型、机床结构的热优化设计、热变形补偿等。

7. 大型重载机床的典型加工工艺

近年来机床行业迅猛发展，用户需求出现了从单机产品的需求向零件完整解决方案需求的巨大转变。大型重载机床与普通机床在加工对象、所使用的工装刀具及加工工艺过程方面都有着较为明显的差异，为了充分发挥每台机床的性能，满足用户需求，对典型加工工艺的研究就尤为重要。其研究内容包括各类大型重载机床的加工特点、典型加工对象、典型刀具、工装及特殊的加工工艺。

本章参考文献

[1] 杨丽敏.国内外重型数控机床的技术对比与发展[J].金属加工(冷加工),2010(7):17-19.

[2] 翟巍.从CIMT2011看我国重型机床行业自主创新能力的提高[J].世界制造技术与装备市场,2011(04):50-55.

[3] 张曙,朱志浩,樊留群.中国机床工业综述:过去,现在与将来[J].世界制造技术与装备市场,2011(05):54-62.

[4] 中国机床工具协会重型机床分会.快速发展的中国重型机床制造业[J].世界制造技术与装备市场,2009(06):47-49.

[5] 张凌.重型机床竞合路在何方[J].装备制造,2010(01):40-40.

[6] 白洪良.浅谈我国重型数控机床工业发展趋势[J].民营科技,2011(03):166-166.

[7] 中国机械工业年鉴编辑委员会,中国机床工具工业协会.中国机床工具工业年鉴[M].北京:机械工业出版社,2010.

[8] 于胜军.曙光中的中国数控重型机床[J].世界制造技术与装备市场,2001(01):12-13.

第2章 大型重载机床的功能与总体设计

大型重载机床是航空航天、轨道交通、能源、冶金、军工等行业大型、超大型装备乃至机床工业自身装备的工作母机，是集机械、电气、液压、气动、微电子和信息等多项技术为一体的机电一体化产品，是机械制造设备中具有高精度、高效率、高自动化和高柔性化等特性的高端装备，是国民经济重点行业领域和国防军工的关键设备，代表了国家的工业化水平，其设计和制造对于推动国民经济发展，有着十分重要的现实意义。

我国自“一五”计划开始谋划重型机床产业布局，经过近年来的不断发展完善，重型机床产业陆续为国家重点行业提供了大量急需的大型重载机床，相继成功研制出加工直径为16、20、25、28 m的数控单柱、双柱立式铣车床；镗杆直径为ϕ200、ϕ260、ϕ320 mm的高性能落地式数控铣镗床；加工宽度在5 m以上的工作台移动、龙门移动、双龙门移动式数控龙门镗铣床；回转直径为ϕ5000 mm、承载质量达500 t以上、加工长度为20 m的超重型数控卧式钻镗车复合加工机床。大型重载机床也形成了较为完善的产品门类，根据功能特性和结构特性的差异，大型重载机床主要包括重型立式车床、重型卧式车床、落地铣镗床、龙门镗铣床、轧辊磨床、重型滚齿机等。

从当前我国大型重载机床整体发展水平来看，国内的大型重载机床产品与国外先进机床产品相比，主要机型均已实现了数控化且功能接近，结构上各有特点，均能够满足用户的尺度加工需求和型面加工需求。但是在加工精度、加工效率及加工对象工艺研究方面与国外先进水平还存在一定的差距，如主轴和进给系统的运行速度和精度保持性、核心功能部件的力学性能、整机可靠性、制造工艺水平等方面落后于世界领先水平，显现出了我国重型机床行业在自身基础共性技术、核心关键技术、用户加工对象工艺研究层面的不足。

本章结合国内重型机床行业的主要产品，简要分析了重型数控机床型谱系列、功能、结构的特点；系统论述了大型重载机床功能与结构总体设计技术。首先介绍大型重载机床主要功能，详细分析大型重载机床功能需求差异，以及结构设计难点；针对大型重载机床结构特点，讨论其加工适应性特点及关键技术，并提供相关应用范围和对象作为参考；然后系统地介绍了大型重载机床的结构分类和特点，最后以CKX5680数控双柱立式铣车床等机床为例分析了大型重载机床的功能需求和结构总体设计。

2.1 大型重载机床的加工工艺分析

机床是用来加工的设备，是工作母机，因此在设计大型重载机床时首先需要从零件加工工艺角度分析机床应选用的参数和结构。本节介绍大型重载机床加工工艺需考虑的内容。

2.1.1 工艺范围

机床的工艺范围主要指机床的工艺可能性，即机床适应用户不同生产要求实现工艺过程的能力。在进行机床设计时，一般都是根据机床本身的用途来决定其工艺范围，工艺范围取决于加工对象、生产批量和生产要求等因素。不同类型的机床，设计时考虑的工艺范围的侧重点也不同，通用机床主要考虑万能性和扩大工艺范围；专门化机床主要考虑对特定加工对象的适应性；专用机床主要考虑适应大批量加工需求，加工工艺范围单一，侧重经济性；大型重载复合加工机床主要考虑工序集中或分散程度和高效率；数控机床主要考虑实现柔性自动化加工，兼有高效率、高精度、高柔性特点。

工艺范围主要从下列四个方面进行分析：

(1) 机床可完成的工序种类，如车、铣、刨、磨等加工工艺方法；

(2) 加工零件的类型和尺寸范围；

(3) 切削用量的可能范围；

(4) 能加工的工件材料和毛坯种类。

2.1.2 大型重载机床加工对象的特点

随着技术的提升，现在的大型重载机床多已实现了数控化，已具有数控机床的功能，具有高效率、高精度、高柔性的特点，数控加工适应的加工对象可以体现大型重载机床的工艺范围特点。典型加工对象具有下列特点：

(1) 具有复杂曲线和曲面轮廓；

(2) 加工精度要求高；

(3) 零件本身具有很大尺寸及很大质量；

(4) 难测量、难控制进给和尺寸的不开敞内腔壳、盒类异形零件或者带有凹槽、环形槽的复杂零件；

(5) 必须在一次装夹中完成多工序复合加工；

(6) 装夹困难，调整时间较长，需要人工找正定位才能保证加工精度。

这类零件是普通机床难以加工的，从加工工艺分析用大型重载数控机床加工既有可能性又有方便性。

2.1.3 扩大大型重载机床工艺范围的措施

大型重载机床从通用机床发展而来，其工艺范围的侧重点是在传统工艺基础上尽可能扩大其工艺范围，同时在数控化、自动化、复合加工等性能方面有较大提高。大型重载机床扩大其工艺范围的主要措施如下：

(1) 具有使用多种刀具、辅具、磨具的可能性，力求实现多种工序加工；

(2) 尽可能适应各种不同类型工件，力求具有多种不同工件装夹方式的可能性；

(3) 切削用量的可能范围尽量宽一些，适应粗加工、半精加工、精加工的要求，并适应工艺发展的需求；

(4) 采用各种特殊附件，增加机床的功能，如卧式车床增加铣头刀架，立式车床增加铣头、磨头附件等；

(5) 通过更优化的机床布局扩大机床工艺范围；

(6) 采用加工中心的方式，进一步拓宽工艺范围，在工件一次装夹下完成多工序复合加工，如以镗铣为主的加工中心，备有可转位工作台、刀库、换刀机械手，可进行多面、多工序加工。

2.1.4 生产效率

生产效率是直接反映机床生产能力的一项指标，一般用机床在单位时间内所能加工出来的零件数量来表示。大型零件多采用铸造、焊接、锻造等形式来制作毛坯。一般来说，零件尺寸越大，其毛坯误差越大，故要保证最终的零件加工尺寸，大型零件毛坯所留的加工余量也大，这需要大型重载机床具有更高的加工效率来缩短加工时间。一些特殊行业，如航空航天、军工行业，有些关键大型零件采用实心毛坯，材料去除率达80%～90%，对重型机床的加工效率要求更高，要求机床进给运动有极大的加速度和快速移动速度，且在这些极限运动状态下，要求机床具有良好的动态性能、抗振性和热稳定性。

要保证大型重载机床的加工效率，机床就必须能达到足够的切削力和切削扭矩，这就要求整机具有足够的静刚度和动刚度(抗振性)，同时在重载切削过程中，各导轨副具有足够的承载能力，能承受重载切削的冲击而不会造成导轨副自身的损伤。

对加工效率要求较高时，如航空航天工业大型零件的加工，必须针对其零件的材料(铝合金、钛合金)类型，选择合适的刀具和加工工艺参数，有针对性地确定机床的主运动、进给运动的参数，才能满足加工效率要求。

1. 立式车床提高加工效率的方法

火车轮加工提高效率的方法：火车轮的加工生产线采用机加工单元的布置方式，每个机加工单元可配置多台立式车床和门式机械手。如马钢集团的火车轮生产线，采用4个机加工单元，每个机加工单元包含3台立式车床和1台门式机械手，以实现自动上下料。4个机加工单元中，前两个机加工单元完成车轮外侧面与踏面的加工；后两个单元完成内侧面与轮缘的加工。立式车床按照刀具的最大切削用量来设计，立式车床具有自动检测车轮各部分尺寸及选择加工的功能，能自动换刀，刀片破损时能自动报警。

火车轮加工中提高效率的方法还有：采用双主轴立式车铣加工中心，双刀库，三爪自动定心工作台。

2. 卧式车床提高加工效率的方法

1) 卧式车床重切双刀排刀架

大型重载机床加工零件一般有毛坯去除量大的特点，为提高切削效率，可采用双刀排和双刀架的形式，同时，在设计刀架时，注重结构刚度，加工时采用大切削用量的工艺参数，这就对重切刀架提出了更高的要求。

可在大型重载卧式车床上配备双刀排的重切刀架(还可采用双刀架布局形式)，每个刀排上设计有能安装重切刀夹的接口。在刀夹上可安装机夹刀杆，方便换刀。刀架纵向(Z、$Z1$ 轴)、横向(X、$X1$ 轴)导轨均为闭式恒流静压导轨。刀架具有吸振能力强、导轨摩擦因数小(可达 17×10^{-6})、寿命长、精度高的特点。由于是恒流静压导轨,静压导轨板与刀架床身间隔了一层油膜,无论重切还是精车,都能保持很好的工作精度。

2) 卧式车床多功能复合技术

重型轴类零件吊装装夹困难,不仅费时费力,还会对加工精度造成极大影响,所以需尽量避免加工零件的多次装夹转运。为提高重型卧式车床的工艺适应性,大型重载卧式车床对功能复合提出了更高的要求。以核电重型转子为例,传统的超重型数控卧式镗车床有 2 个独立的车刀架和 1 个镗刀架,每个刀架都能够独立工作。在实现大承重的同时,以重车切削为主,将车、铣、磨、大直径深孔镗、小直径深孔钻、镗、珩磨等多功能复合于一体。该机床一次装夹,便可完成超临界核电半速转子、超重型轧辊等超大型复杂零件的全部加工工序。

3. 镗床提高加工效率的方法

功能复合是提高镗床加工效率的重要方法,单一功能的镗床只能满足特定的加工功能,如果要使用其他的加工方法,则需要将工件吊装到其他机床上完成,这样就会降低加工效率。目前,单一功能的镗床已经不能满足现在的加工要求,附件可以大大提高镗床的应用范围,镗床的主要功能附件有直角铣头、万能角铣头、数控摆角铣头、数控平旋盘、回转工作台等,可实现多面体及曲面加工。通常一台落地铣镗床会配几个功能附件,功能附件放置在附件库中,滑枕端面上有自动拉紧机构,可实现附件铣头的自动装卸和自动拉紧。

提高主轴电动机功率,提高传动系统的刚度,从而提高主轴的最大扭矩,实现重型机床的大切削力、高切削效率。随着刀具技术的发展,现在以提高主轴转速、进给速度和大功率切削为高效切削的发展方向。

回转工作台是镗床的重要组成部分,大型重载机床的回转工作台承载能力大,回转精度高,能实现 $4\times90^\circ$回转定位和 360°连续回转,以前的深孔加工现在可以改为回转 180°后加工。此外还有可以翻转的工作台,翻转角度可调,能进一步扩大镗床的加工范围。

2.2 大型重载机床的功能需求分析

2.1 节分析了大型重载机床与小型机床的加工工艺差异。针对这些工艺上的差异，大型重载机床设计也与小型机床有差异。本节介绍大型重载机床与小型机床相比有哪些不同的设计要求，以及实现方式。

2.2.1 大尺度加工功能

大型重载机床是用于加工大尺寸规格或大质量零件的机床，随着航空航天、轨道交通、能源、冶金、军工等行业的发展，零件的尺度（即工件规格、质量）越来越大，带动了大型重载机床大尺度加工功能的发展，促进了我国重型机床行业极限制造能力和水平的不断提升。

从被加工工件的尺度来看，重型机床需具备大尺度加工功能，即重型机床产品必须能满足不同尺寸或不同质量的大型、超大型零件加工的功能需求。例如水电行业的转轮体、顶盖等大型回转类零件以及核电工业的核反应堆压力容器、堆芯吊篮、蒸发器等回转类零件，都具有超大的外形尺寸，如图 2.1、图 2.2 所示。

图 2.1 水电站转轮体

图 2.2 压力容器、堆芯吊篮、蒸发器

1.重型立式车床的主要尺度规格介绍

目前国内外的重型立式车床制造厂家主要有武重、齐重、意大利 PIETRO CARNAGHI、德国 SCHIESS、日本 HOMMA 等。

立式车床产品按照结构特点可以分成数控单柱立式车床、数控双柱立式车床两大类,如图 2.3 所示。

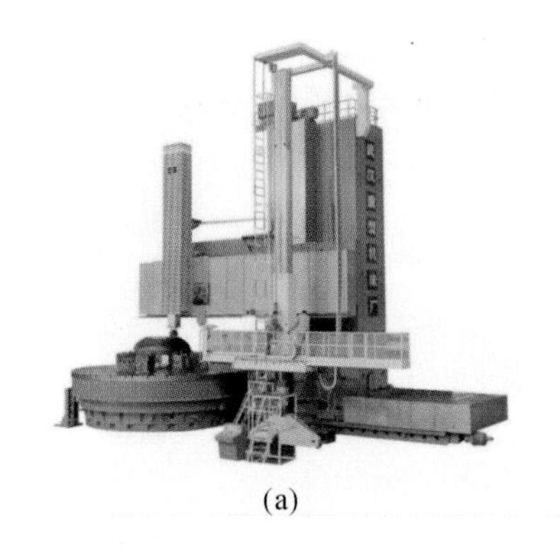

(a)

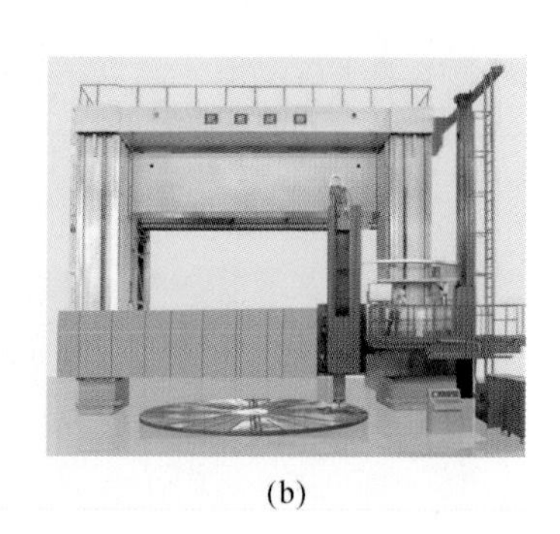

(b)

图 2.3 重型立式车床

(a) 数控单柱立式车床 (b) 数控双柱立式车床

数控单柱立式车床又分立柱固定式和立柱移动式。单柱固定式的立式车床加工工件直径较小,多为 $\phi1.25 \sim \phi3.15$ m。单柱移动立式车床采用立柱移动结构,立柱在床身导轨上沿工作台径向移动,可以调整加工工件直径,多用于

加工直径在 ϕ16 m 以上的工件，立柱移动也便于大型工件在工作台上的吊装。数控双柱立式车床采用龙门式结构，受到横梁弯曲变形的影响，机床尺寸居中，多用于加工直径在 ϕ12.5 m 以下的工件，是应用最广泛的立式车床。立式车床加工范围如表 2.1 所示。

表 2.1　立式车床加工范围

项目	数控单柱固定立式车床	数控双柱立式车床	数控单柱移动立式车床
最大加工直径范围/mm	1250～3150	3150～12500	16000～28000
最大加工高度范围/mm	1000～2500	2000～7000	6500～12500
工作台承载质量范围/t	≤25	≤600	≤800

目前国内最大的工作台直径为 12.5 m，当加工直径在 16 m 以上的工件时，由于工作台直径受到限制，因此采用托架技术，用与工件直径相当的钢结构的大型辅助托架将工件固定在工作台上，托架直径可以满足大直径工件的装夹，同时还能够将工件的重量传递至工作台、底座的环形导轨处，使工作台具有较大的承重能力、刚度和抗颠覆能力，确保机床最终的几何精度和加工精度。

为减少多次装夹带来的误差和辅助时间，对质量大、结构复杂、加工工序多及装夹烦琐的工件，越来越多地采用一次装夹、具有复合加工功能的机床，如具有车、铣、镗、磨、钻等功能的车床。此外，对机床辅助功能也有一定的要求，如刀库（自动换刀和手动换刀）、排屑功能、冷却功能（内冷和外冷）、对刀功能（包括机内对刀和机外对刀两种形式）、工件自动测量功能、操纵台升降功能和安全保护功能等。

2. 重型卧式车床的主要尺度规格介绍

目前国内外的重型卧式车床制造厂家主要有武重、齐重、青重、德国 Waldrich Siegen、捷克 SKODA、意大利 SAFOP 等。

卧式车床用于加工回转体零件，与立式车床不同的是，卧式车床更适用于长度和直径的比值大于 2 的回转体工件，如图 2.4 所示。立式车床在加工时采用的是工件一端固定在工作台上，另一端自由的装夹方式，在加工长度和直径比值较大的工件时，工件重心高，工件回转运动的稳定性下降，从而影响加工质量。卧式车床一般为前后两顶尖支承工件重量，由于工件采用卧式两端固定的装夹方式，工件回转运动的稳定性优于立式车床的，因此，在加工超重、超长回转体工件时通常选用卧式车床。

图 2.4　重型卧式车床

重型卧式车床一般可以满足质量在 18～500 t 的零件加工需求，最大加工直径为 5600 mm(大头卧式车床回转直径可达 8000 mm)，最大加工长度可达到 50 m。同立式车床一样，卧式车床通过掉头辅助装夹，实现零件的外圆和内孔加工。为提高加工精度和加工效率，卧式车床一般会根据需求提供多功能复合加工功能，如车、铣、磨、小直径深孔钻、大直径深孔镗、珩磨等。随着复合加工、柔性化技术的发展，重型卧式车床也逐渐具备自动更换附件刀架、附件铣头、附件磨头，自动换刀，机内对刀，刀具冷却，排屑等功能。重型卧式车床在能源、交通、冶金及其他重型机器制造行业应用广泛，常用来加工核电转子、超重型轧辊、大型舰船舵轴及传动轴、发电机转子、汽轮机转子及围带、大型筒体和机器主轴等。

3. 重型铣镗床的主要尺度规格介绍

目前国内外的重型铣镗床制造厂家主要有武重，齐齐哈尔二机床，昆明机床，中捷机床，捷克 SKODA，意大利 INNSE、PAMA 等。

重型铣镗床是以铣镗床的结构形式和镗杆直径为分类特征的，主要分为卧式铣镗床、刨台卧式铣镗床、落地铣镗床，如图 2.5 所示。卧式铣镗床的镗杆及主轴水平设置；落地铣镗床具有滑枕式主轴，其镗杆及主轴位于滑枕内部并水平设置，滑枕主轴与立柱在床身上水平移动的方向垂直，镗杆和滑枕均可以沿主轴轴线方向伸缩，镗杆和滑枕的行程可以叠加，以拓宽铣镗床的加工范围。滑枕端面上可以安装各种附件铣头、平旋盘等，以扩展出更多功能。

重型铣镗床按照镗杆直径分可以分为 100、130、160、200、260和 320 mm 几种，是按照国家规定的铣镗床型谱划分的，国外机床的镗杆直径可能与以上直径有所不同，但是相差不大。通常镗杆直径较小(如 100 mm、130 mm和 160 mm)的重型铣镗床的主轴回转使用的是滚动轴承，具有较好的回转精度和较高

图 2.5　落地铣镗床

的转速，但是这种轴承主要依赖进口，而且大直径的滚动轴承价格较高，维修更换成本较高。而镗杆直径较大的重型铣镗床的主轴回转偏向于使用静压轴承，具有较好的抗振性和使用寿命，但是静压系统对油品和加工精度要求较严格，初期需要调试和跑合，如果主轴研伤则会造成较大损失。

4. 龙门镗铣床的主要尺度规格介绍

目前国内外的重型铣床制造厂家主要有武重、北一、济二，德国 Waldrich Coburg、Waldrich Siegen，意大利 JOBS、INNSE，日本 Toshiba Machine、Mitsubishi Heavy Industries 等。

重型龙门镗铣床是具有门式框架和卧式床身的铣床，如图 2.6 所示。龙门镗铣床可广泛用于机械制造行业各种大、中型基础件、箱体件、机架、底座等复杂零件的粗、精加工，可对各种钢件和有色金属零件的平面、孔系、斜面、斜孔、曲面以及零件型腔内部的孔和窄小空间内的平面进行加工。龙门镗铣床具有铣、镗、钻、铰、攻丝等功能。机床可配各种快换附件头（直角铣头、万能角铣头、加长主轴头、反锪铣头等），在工件一次装夹下能完成内外五个面的镗、铣、钻、铰孔、攻丝等加工工序。

图 2.6　龙门镗铣床

横梁固定工作台移动式数控龙门镗铣床加工宽度在1000～5000 mm范围内;横梁固定龙门移动式数控龙门镗铣床加工宽度在2000～5500 mm之间;工作台移动式数控龙门镗铣床加工宽度在1600～5000 mm之间;龙门移动式数控龙门镗铣床加工宽度在3000～7000 mm之间。

2.2.2 大尺度加工适应性

重型机床产品从总体布局设计、结构设计上,必须考虑满足不同尺寸或不同质量的大型、超大型零件加工的功能需求。

重型立式车床(规格从小到大)采用单柱、双柱、单柱移动、双柱移动布局结构;液压系统能自动供油,无需人工加油,具有报警功能,静压系统能适应从空载到最大承重的不同质量工件的承载需要;升降走台设计方便操作者操纵;复合加工功能(车、磨等)能提高加工效率。产品采用模块化的设计,提高产品的通用性,增加产品的种类,适应大尺度加工的需求。

重型卧式车床结构形式相对简单,主机结构上,可加大主轴箱和尾座主轴直径,以满足大承载能力的要求;加大机床中心高度,增加刀架形成等,以满足大加工范围的需求。液压系统能自动供油,带有静压功能的液压系统自动回油。附件功能上,除刀架可配置双层走台外,为装配机床时更为便捷,加工时方便观察工件状况,还可在主轴箱和尾座上配置走台。重型工件具有大切削量的特点,在床身中间(分体导轨床身)或旁边(整体导轨床身)的地基中增加自动排屑系统,能极大降低操作者的劳动强度。

重型镗床为适应大尺度的加工,机床设计成较长的床身,这些床身由长度不一的床身段拼接而成,中间用螺栓连接,因此可以根据实际情况灵活配置,立柱在床身上移动,根据需要可以在床身上安装多个立柱,组成多个主机加工零件。镗床的立柱高度是根据工件尺寸和厂家要求来设计的,避免行程不够或者过长,满足加工要求的同时节省成本。为了满足大型零件的加工需求,镗杆的行程较长,为了进一步增加行程,镗床主轴箱还设计了滑枕的结构,滑枕具有大的方形横截面积,能使用滑枕加工的地方,尽量不使用镗杆,能提高机床的刚度,改善加工精度。为了方便大型重载机床的操作者,镗床设置有升降走台,有的走台与主轴箱一同升降,有的走台可以独立升降,根据需求来设计走台,满足操作者的要求。回转工作台是落地镗床的重要组成部分,回转工作台通常有两个运动轴,可完成沿床身方向的直线运动和围绕工作台中心轴线的回转运动。大型零件的装夹是一个费时费力的工作,可以将零件装夹到回转工作台上,回转工作台可以 360°连续回转,一次装夹完成多个面的加工,提高效率和精度;另外对于滑枕刚度仍然不足的情况,可以采用回转工作台进给,进一步提高机床的刚度。大型镗床的床身导轨和立柱导轨通常采用静压导轨技术,静压导轨的刚度大、精度高,而且摩擦力小、寿命长、承载能力大,特别适用于反复启停的场合,具有很强的吸振能力和低速无爬行现象。开式静压导轨适用于载荷均匀的场合,闭式静压导轨适用于变载荷的场合,但是静压导轨对温度比较敏感,而且对油的品质要求高,对杂质的容忍度低。后立柱是配合镗床主机使用的,通常用于加长刀杆的辅助支承,对于落地镗床,后立柱的床身平行于主机床身方向,工作时后立柱的套筒与主机镗杆同心,加长刀杆安装在主轴锥孔和套筒之间,刀杆上可以安装多个刀刃,可同时加工多个孔,提高加工效率,且由于后立柱的辅助支承作用,加工精度也比较高。

重型龙门移动车铣复合加工机床主要用于加工大型核电、风电箱体类零件,此类零件需要车铣端面及镗孔等多种工序。为了适应工序,该机床配备了固定工作台和回转工作台;为了适应大型零件的吊装,机床设计为龙门移动的结构;为了适应大型零件的加工,龙门设计为动梁的结构;该机床还配备了直角铣头、万能铣头、加长铣头等以适应不同加工的需要。机床的车铣回转工作台可完成车、铣、镗等多种工序,在该机床上加工可实现“一次装夹,全部完工”,加工精度高,避免了重复装夹、找正产生的误差。如加工大型汽轮机的缸体,该缸体由两半组成,为了减少零件装夹次数,提高加工精度,在机床的固定工作台上铣削两水平接合面,加工两接合面上的螺钉孔组,然后进行组装,将组装完成后的缸体装夹在机床的车铣回转工作台上,加工内孔和法兰以及气缸外部各法兰、孔和管口等。通用机床还可以加工核电压力容器、蝶形阀、风电轮毂、风电底座、叶片模具、大型钢结构件、机床大件等。车削主运动和铣削进给均采用双交流主轴电动机驱动,通过圆弧齿形带经行星齿轮变速箱带动工作台回转,高精度的 C 轴圆光栅做闭环检测。

2.2.3 型面加工功能

大型零件(如回转工作台类、箱体类、轴类等)的形状各有不同,需加工的型面也千差万别。同时,一个零件也多具有不同的型面,如核电堆芯吊篮,需要加工内外圆柱面、端面、内壁沟槽、曲面、圆孔等。

型面成形方法的基本原理相同,即所有的机床都必须通过刀具和工件之间的相对运动,切除坯件上多余金属,形成一定形状、尺寸和质量的表面,从而获得所需的型面。如用轨迹法加工平面、圆柱面、圆锥面、螺旋面等可用车床来完成;用成形法加工型面要求成形刀具切削刃与所需形成的发生线完全吻合,可在重型机床上配置成形刀具完成;用相切法加工型面可用铣床、磨床来完成;用范成法加工齿形可用滚齿机等完成。

从型面特征而言,不同的加工型面,要求具备相应型面加工功能的重型机床和功能附件铣头、镗头等来加工。例如:回转类外圆零件根据长度和直径,可用立式车床或卧式车床加工;大型平面可用龙门镗铣床加工;侧平面、斜平面、斜孔可用龙门镗铣床、落地铣镗床配置功能附件铣头加工;箱体孔系可用落地铣镗床加工;自由曲面(叶片等)可用五轴机床加工。

1. 重型立式车床的主要型面加工功能介绍

立式车床主要加工型面为内外圆柱面、端面、圆锥面、圆弧面、球面等回转面。相对于卧式车床,其工作台面在水平面上,工件的安装和调整比较方便,工件重量对主轴及轴承影响较小,主轴可以长期保持较高的工作精度。

立式车床的特点是刀具不转、工件旋转。立式车床刀架水平移动轴为 X 轴,刀架滑枕上下移动轴为 Z 轴。加工内外圆柱面时,只需要控制 Z 轴移动;加工平端面时,只需要控制 X 轴移动。加工圆锥面时,有两种加工方法:对于数控立式车床,利用数控系统中的插补功能,同时控制 X 轴和 Z 轴联动,使得刀尖的轨迹为圆锥面的母线;对于普通机床,由于没有数控系统,不能够插补,所以在机床刀架上设置一个装置,可以手动或自动,让刀架倾斜一个角度,使得倾斜刀架进给方向与圆锥面的母线平行,从而控制 Z 轴移动,加工出所需要的形状。为加工一些特殊的工件(如具有孔、螺纹、键槽、斜孔),可用具有铣削功能的铣车复合刀架及带有 Y 轴功能的附件铣头,这样既能进行钻孔、攻丝、铣键槽、镗孔、磨削等复合工序,又可减少零件的装夹次数,提高加工效率。这类机床除了具备标准立式车床的加工范围外,还可以一次装夹,完成五个面的铣削。

2. 重型卧式车床的主要型面加工功能介绍

卧式车床主要适用于轴类零件的加工,使用刀具主要为车刀,用于加工各种回转表面(内外圆柱面、圆锥面、回转体成形面等)和回转体端面,配备分度主轴和成形刀具可进行螺纹加工,配备钻镗附件能进行深孔钻镗。加工时的主运动一般为工件的旋转运动,进给运动则由刀具直线移动来完成。汽轮机转子、围带、发电机转子、风电主轴、水轮机主轴、轧辊等重型零件的外圆、台阶面、深孔等型面具有大尺度的特点,重型卧式车床均可实现对上述零件型面的加工,其极限加工型面参数如下。

(1) 回转面加工尺寸:最大加工直径为 5600 mm。

(2) 钻孔尺寸:钻孔深度为 20000 mm,深孔长径比可达 150 以上,表面粗糙度为 *Ra* 3.2。

(3) 镗孔尺寸:镗孔深度为 8000 mm,镗孔直径为 3000 mm,表面粗糙度为*Ra* 0.8。

3. 重型铣镗床的主要型面加工功能介绍

重型铣镗床最初是用来加工孔的机床,经过不断发展,加强了铣削功能,形成了重型卧式铣镗床、落地铣镗床等类型。总的来说,铣镗床适用于孔系和箱体的加工,通过安装不同的刀具和附件铣头,可以极大地扩大铣镗床的加工范围,完成钻孔、攻丝、扩孔、铣面、曲面加工等功能,所以铣镗床是一个比较万能的机床。

在大型重载机床领域,落地铣镗床比较常见。对于超长超宽的加工对象,落地铣镗床具有更好的适应性。因为落地铣镗床可以配置较长的床身,使 X 轴行程达到数十米;立柱行程可以达到 10 m 以上,镗杆和滑枕的总行程可以达到 3 m 以上,通过安装附件平旋盘,可以加工直径大于 1 m 的大孔,较大的行程覆盖范围能满足超长超宽的加工对象的需求,沿床身可以布置工作平台,用来放置大型工件,工作平台对工件的尺寸限制较少,还可以选配回转工作台,一次装夹完成多个面的加工。

随着加工要求的不断发展,大型重载机床往往是根据加工对象来定制的,不同的需求使落地铣镗床的功能也不断拓展和完善。例如刀具内冷可以满足高速加工和深孔加工要求。为了方便机床操作人员和提高加工效率,大型铣镗床通常带有电动机驱动的刀库,可实现自动换刀。附件也是铣镗床的重要组成部分,如铣头、平旋盘、测量装置等,通过安装不同的附件,可以拓展机床的适用范围,落地铣镗床甚至还能与其他机床组合,实现流水线加工。

4. 龙门镗铣床的主要型面加工功能介绍

龙门镗铣床主要用来加工大型平面，最显著特点是在横梁上一般只装有一个大功率的滑枕式镗铣头，能够实现复杂多维空间曲面加工的智能化控制，并具有高效率、高精度、良好的安全和环保性。通过各种快换附件铣头(单双面直角铣头、万能直角铣头、加长主轴头、反锪铣头，两坐标铣头和专用铣头等)，可实现工件一次装夹、五面加工，即铣、镗、钻和内螺纹孔的加工。四个进给轴(X轴——工作台或龙门，Y轴——镗铣头，Z轴——滑枕，W轴——横梁)中，Z、W两轴为垂直进给轴，供用户选择加工方式，增加灵活性；W轴进给可加工大直径的深孔和较高的工件侧面；Z轴进给加工能获得更好的加工精度和表面质量。数控龙门镗铣床一般按用户要求配置数控系统，可以进行两轴或更多轴的联动，实现轮廓铣削和曲面加工。它一般可使生产效率提高3～4倍，并能使工件获得良好的加工精度和表面质量，它是加工大功率柴油机、电站汽轮机、大型叶片、大型减速器、轧钢机、重型机床等大型基础件的理想设备。

近年来，市场开发的高效多工序加工的数控龙门镗铣床、龙门立式加工中心和柔性化系统，加工宽度范围为1250～3000 mm，加工件长1250～20000 mm，加工件高1250～3000 mm，主电动机功率在45 kW以上，主轴转速可达24000 r/min以上，快速行程大于60 m/min。一次装夹可完成铣、钻、车、磨、车-铣和五轴联动加工多维空间曲面，机床产品具有模块化结构，能够保证快速组合成精良的柔性立式加工系统和由多种机床组成的柔性综合加工系统，大幅度缩短了工件装夹时间，成倍地提高了生产效率和经济效益。

2.2.4 型面加工适应性

重型机床产品门类较多，如重型立式车床、重型卧式车床、落地铣镗床、龙门镗铣床、滚齿机等，可满足各类型面加工的要求，如表2.2所示。为减少工序转换的装夹次数和时间，重型机床通过配置各种附件，来拓展型面加工功能；甚至配置第二主轴，实现复合加工。如：在立式车床的基础上，在刀架的滑枕中配置铣削主轴，工作台增加回转分度进给功能，可以实现铣削功能；配置磨头、铣头、平旋盘、螺纹旋风铣头等，还可更进一步拓展出磨、铣、钻、铰、镗、螺纹铣削等型面加工功能；配置数控两轴铣头，可五轴联动，实现曲面铣削加工。

表 2.2 重型机床的型面加工功能

重型机床产品门类	适用的加工零件形状类型	主要型面加工功能	配置第二主轴增加的型面加工功能	可配附件	通过附件增加的型面加工功能
重型立式车床	大直径回转类零件	车削	铣削	磨头、铣头、平旋盘、螺纹旋风铣头	磨、铣、钻、铰、镗、螺纹铣削
重型卧式车床	轴类零件	车削	铣削	磨头、铣头、深孔钻、深孔镗、珩磨头	磨、铣、螺纹铣削、钻、镗、珩磨
落地铣镗床	箱体类零件	镗削	—	铣头、平旋盘、测量装置	铣、钻、铰、镗、螺纹铣削、在线测量
龙门镗铣床	箱体类零件	铣削	—	万能铣头	铣、钻、铰、镗、螺纹铣削
滚齿机	齿轮	滚齿	—	—	—

1. 重型立式车床的主要配置介绍

为提高设备加工效率，有些立式车床会配置两个车削刀架，可以同时进行切削，还有些立式车床配备的两个刀架为一个车刀架和一个车铣复合刀架、一个车刀架和一个磨刀架、一个车铣复合刀架和一个磨刀架，在不更换机床和刀具的情况下，完成车削、铣削、磨削、钻孔等多道工序。

随着技术的进步，数控立式车床也可以进行刀具的自动更换。由于立式车床能够承受的切削力较大，所以刀夹尺寸和质量都较大，盘式刀库成为了数控立式车床刀库配备的首选。在滑枕内部增加一套自动拉刀装置，通过程序控制自动换刀。

为节约工件找正和装夹的时间，一些小规格的数控立式车床设计成交换工作台结构，交换工作台结构根据原理不同可以分成四类：回转交换工作台系统、转换交换工作台系统、Y 轴交换工作台系统、柔性制造系统。回转交换工作台系统是将两个工作台放置在一个回转平台上，每次只有一个工作台进入加工区域，另一个工作台可以在加工区域外进行工件的装夹和找正，当加工区域的工件加工完成后，回转平台回转，将待加工工件转入加工区域内进行加工，加工好的工件在加工区域外卸下，这样又可以重复进行工件的装夹和找正。转换交换工作台系统是通过一个运动部件将多个装夹好工件的工作台按次序送入加工区域内进行加工，这样，一台机床可以配备多个工作台，工作台可以布置在加工区域周围,通过运送部件进行位置的传送。Y 轴交换工作台系统是将工作台设计成可移动的 Y 轴,但是与带有 Y 轴的车铣复合加工中心不同的是,其 Y 轴上设计有两个或者多个工作台,通过 Y 轴的移动分别将工作台移动到加工区域,此种交换工作台系统与回转交换工作台系统的区别为一个是回转运动,一个是直线运动。柔性制造系统是在由两台及以上机床构成的机群中,设计一套转换交换工作台系统,使得机群中的机床都可以共用这套转换交换工作台系统。

2. 重型卧式车床的主要配置介绍

重型卧式车床的加工零件往往质量大、尺寸大,难以吊装、装夹,同时加工工件材料去除率也较普通零件大很多。如何通过一次装夹尽可能多地完成加工工序、缩短长达几个月的加工周期,成为了机床用户和机床制造厂家的共同追求。为了提高加工效率,重型卧式车床往往采用增加特殊功能部件实现一机多用、提高扭矩增大切削量和以车代磨提高精度等方法,较好满足了高效率加工的要求。

(1) 工序集中设计:一机多用的重型卧式车床除了具有一般车削功能外,还可配置磨头、铣头、镗削头、深孔钻等装置完成轴类零件的全序加工,可实现一次装夹完成更多的加工工序,不仅能节省其他功能机床的购置费用、节约场地占用,还能极大减少加工时间,降低操作人员工作强度。同时,一次装夹完成多种工序还可以提高工件的加工精度。

(2) 重切刀架设计:大型零件毛坯难以获得,加工工件材料去除率极大,为缩短加工时间,需要提高切削效率。重型卧式车床主要通过采用重切刀架和配置多个刀架同时切削这两种方法来提高切削效率。

(3) 选配参数设计:切削参数的优化可在一定程度上提高加工精度,实现以车代磨等要求,提高加工效率,降低加工费用。

3. 重型镗床的主要配置介绍

在数控落地铣镗床的发展中,选择好配套件是非常重要的工作,如优质功能部件、附件、传动元器件、数控系统、刀库、柔性化运载机构、刀具系统、高速主轴箱、多轴控制五轴联动两坐标铣头等的选择,都关系到主机的总体水平和运行的可靠性。一般地讲,现在国内一些著名机床制造公司,在产品发展中,已建立了自己的优良社会配套基地,包括国外配套选择点,具备了优质配套条件。但在市场运行中,针对买方市场一些特殊工艺需求,对某些配置机构需要协商、沟通选择,其中特别是数控系统、刀具系统、刀库换刀机构等的选择更是如此,这些方面也是易于达成共识的。

对于数控落地铣镗床来讲,选好数控系统尤为重要,当前国内外多选用西门子系统,其性能也确实可靠,有关国外配套就不赘述了,这里主要介绍国内数控系统的发展情况。国内数控系统的发展,近几年上了一个大台阶,如华中数控开发的数控系统,已被国内许多机床公司选用,反映情况良好,建议买方在设备选购时,多接触国内数控系统公司,最终选出物美价廉的数控系统,降低采购设备的成本。

4. 重型铣床的主要配置介绍

机床的运动机构,能够实现复杂多维空间曲面加工的智能化控制,并具有高效率、高精度、良好的安全和环保性。一次性装夹和多工序高效加工是新产品开发、制造,发展共性关键技术和高技术功能附件之根本,同时决定了数控龙门镗铣床和龙门立式加工中心的研制和开发工作能否快速地上档次,达到国际高技术水平。

两坐标铣头和高速技术是数控龙门镗铣床、龙门立式加工中心和柔性化龙门立式加工系统开发经营的两项重要关键技术。有了这两项技术可大幅度地提高产品的市场需求覆盖面和竞争性,从技术上扩大了开发、研制和发展新产品的空间。

两坐标铣头是数控龙门镗铣床、龙门立式加工中心和柔性化系统实现五轴联动的关键的不可缺少的功能附件,通过多轴编程控制,它可以实现回转和摆动两个坐标以及主机的三个坐标的五轴联动以加工三维曲面。五轴联动已是这些产品现时必须具有的功能,对于高技术产品制造更是如此。

2.3 大型重载机床的分类与总体结构设计

大型重载机床的总体结构设计,用于解决机床各部件间的相对运动和相对位置关系。传统机床在总体结构布局上,一般均采用由床身、立柱、主轴箱、工作台、刀架等部件串联而成的布局形式。

随着高新技术的发展,大型重载机床由于采用了数控技术、伺服系统及增设了刀库和机械手等,总体结构形式发生了较大的变化。另外,在很多大型加工中心中，由于运动部件是由伺服电动机单独驱动，各运动部件的坐标位置是由数控系统控制的，因而各坐标方向的运动可以精确地联系起来，形成两坐标轴联动、三坐标轴联动、四坐标轴联动、五坐标轴联动或更多坐标轴联动的重型数控机床，这也导致结构形式有很大的变化。

从结构形式上看，重型机床可分为重型立式车床、重型卧式车床、落地铣镗床、龙门镗铣床、重型滚齿机等不同类型，每一类机床都是根据需要来设计的，是一种总体的优化设计，都有着自身特点以及不同的加工对象，下面主要介绍大型重载机床中的立式车床、卧式车床、镗床、铣床的总体结构设计及布局特点。

2.3.1 重型立式车床

根据结构特点，重型立式车床可做如下分类，即单柱立式车床和双柱立式车床，如图 2.7 所示。

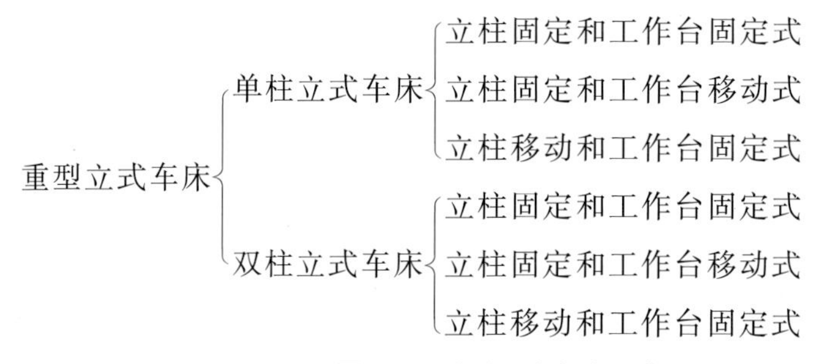

图 2.7 重型立式车床分类

单柱立式车床结构如图 2.8 所示。可见，单柱立式车床大致由底座、工作台、立柱、横梁、侧刀架、滑枕组成。工作台的回转轴线和立柱导轨在竖直平面内是平行的。横梁部件的主导轨与立柱导轨垂直，横梁可以是固定式或移动式的。若横梁是固定式的，则横梁和立柱成刚性连接，或有时与立柱成一整体；若横梁是移动式的，则横梁在与工作台回转轴平行的立柱导轨上移动。

在横梁水平导轨上有一个或两个移动的垂直刀架。垂直刀架具有一个能垂直或倾斜移动的滑座或滑枕，在其上装有一个刀夹或转塔头。有时机床可以配置一个侧刀架，侧刀架装在工作台侧面，并用平行于横梁垂直移动的垂直导轨移动。侧刀架带刀夹或转塔头，并具有水平的或倾斜的移动。

切削运动由工作台转动实现。进给运动则较多，包括垂直刀架沿横梁的水

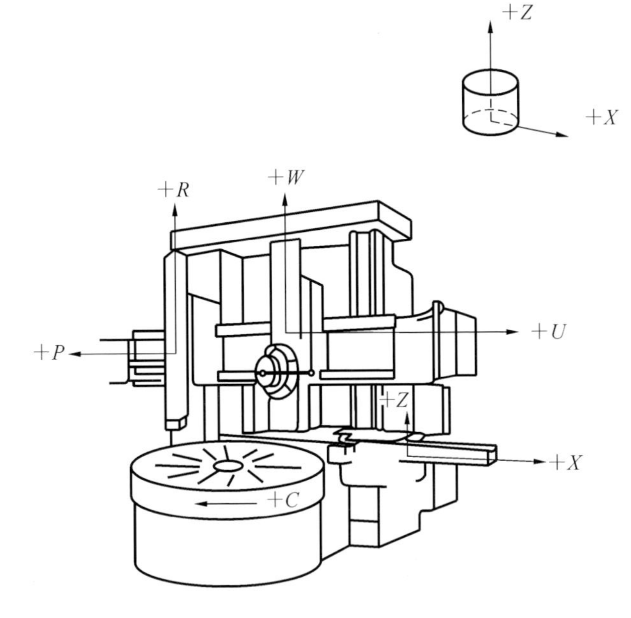

图 2.8　单柱立式车床结构

平运动、垂直刀架滑枕的垂直或倾斜运动、侧刀架的垂直运动、侧刀架滑枕的水平或倾斜运动。横梁的垂直运动、工作台或立柱在床身上的移动，仅是移动位置的运动而不是进给运动。

单柱立式车床可车削内外圆柱面、内外圆锥面、回转曲面、平面等。另外，刀架也可设计为带铣功能的铣刀架，配置磨头附件、铣削附件、镗削附件后，可完成零件的镗孔、平面铣削、端面键槽铣削等功能。

目前，世界上最大的单柱立式车床是 CKX53280 数控单柱立式铣车床，其最大加工直径为 28 m，最大加工高度为 13 m，工作台最大承载质量为 800 t，如图2.9所示。

双柱立式车床大致由底座、工作台、左右立柱、横梁、垂直刀架、侧刀架等组成。双柱立式车床都有一个能垂直移动的横梁。在横梁水平导轨上有一个或两个移动的垂直刀架。垂直刀架具有一个能垂直或倾斜移动的滑座或滑枕，在其上装有一个刀夹或转塔头。有时候机床在右立柱上配置一个侧刀架，用平行于横梁垂直移动的垂直导轨导向。侧刀架滑枕能水平或倾斜移动。侧刀架可装有一个刀夹或转塔头。

双柱立式车床的切削运动也是由工作台回转实现的。进给运动则包括两

图 2.9　CKX53280 数控单柱立式车床

垂直刀架沿横梁的水平运动、垂直刀架滑枕或滑座的垂直或倾斜运动、侧刀架滑枕的水平或倾斜运动、侧刀架的垂直运动。横梁的垂直移动、立柱在床身上的移动,仅是移动位置的运动而不是进给运动。

目前,世界上最大的双柱立式车床是 DMVTM2500,其最大加工直径为 25 m,最大加工高度为 6 m,加工工件最大质量为 600 t,如图 2.10 所示。

图 2.10　DMVTM2500 双柱立式车床

立式车床典型的加工零件包括水轮机转子、核电压力容器等。采用何种结构布局通常由立式车床的加工直径参数决定。加工直径较小的立式车床通常采用单柱结构,其特点是刚度大、结构紧凑,一般加工直径在2500 mm以下的立式车床多采用单柱结构。加工直径较大的立式车床则通常采用双柱龙门结构,这是因为加工直径较大的立式车床采用单柱结构会产生过大的刚度冗余,造成制造成本增加,采用双柱龙门结构可以在获得合理的结构刚度的同时使机床的制造经济性更好,一般加工直径为3～12.5 m的立式车床多采用双柱龙门结构。而超大加工直径的立式车床则通常采用单柱移动结构,这是因为超大加工直径的立式车床采用双柱龙门结构要有一个大跨距的横梁,大跨距的横梁在刚度保证和制造方面的难度大幅提高,同时超大型零件具有通常为超大尺寸环形的特点,不需要机床在加工大直径外圆的同时具备加工工件小直径内孔的能力(加工内孔有最小直径的要求)。因为采用单柱移动结构在刚度保证和制造方面的综合性能优于双柱龙门结构,故一般加工直径在12.5 m以上的立式车床多采用单柱移动结构。

大型重载立式车床工作台、底座系统根据承载能力的不同采用滚动轴承支承、液体动压导轨支承和液体静压导轨支承三种结构。负载较小的工作台通常采用滚动轴承支承方式,由滚动轴承承载工件的重量,滚动轴承结构简单,易维护,适合于负载较小的重型立式车床工作台、底座系统。受到滚动轴承尺寸和精度的限制,随着大型滚动轴承尺寸的增大,制造难度提高,轴承的精度受到很大限制,滚动轴承支承通常应用在承载质量40 t以下,直径在3000 mm以下的立式车床工作台、底座系统。重载大尺寸工作台、底座系统通常采用液体动压导轨支承或液体静压导轨支承。液体动压导轨是通过工作台运转和导轨间的液压油产生动压效应托起工作台,液体静压导轨是通过具有压力储备的液压油将工作台浮起。相比较而言,液体静压导轨油膜刚度更大,动态刚度及稳定性高,目前大型重载立式车床工作台、底座系统通常采用液体静压导轨支承结构。

2.3.2 重型卧式车床

重型卧式车床结构及轴线运动如图2.11和图2.12所示。重型卧式车床主要包括主轴箱、刀架床身、工件床身、拖板、刀架、尾座等部件。刀架在拖板上沿着垂直于床身的导轨移动,拖板可沿着刀架床身上的导轨水平移动。

重型卧式车床的切削运动由主轴箱带动工件回转实现,进给运动则包括刀架垂直床身导轨的水平移动、拖板沿床身导轨的水平移动。尾座在床身上的移动仅是移动位置的运动而不是进给运动。

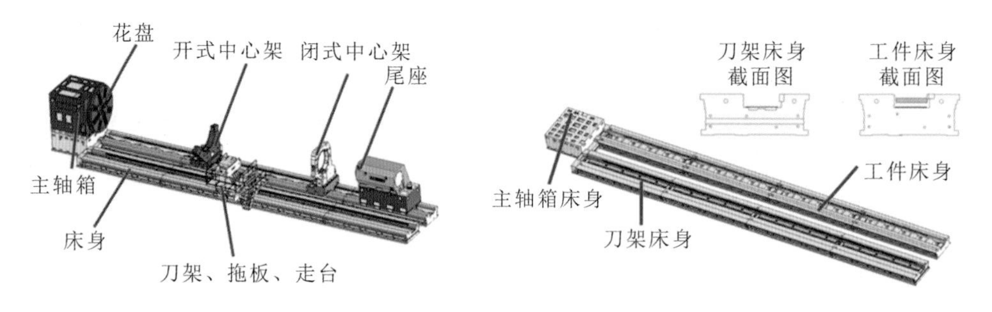

图 2.11　重型卧式车床的结构

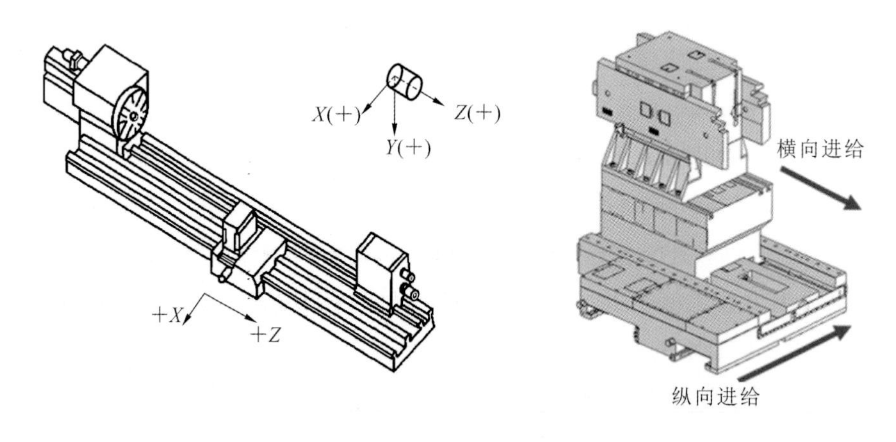

图 2.12　重型卧式车床的轴线运动

目前,世界上承载质量最大的重型卧式车床为 DL250,两顶尖最大承载质量为 500 t,如图 2.13 所示。该卧式车床的典型加工对象包括长轴类复杂零件,如核电重型转子、大型舰船低速柴油机传动轴及舵轮、超重型支承辊等。

图 2.13　DL250 重型卧式车床

卧式车床产品在总体布局上相对单一,由 X 轴(横向进给)、Z 轴(纵向进给)、C 轴(回转分度)三个基本轴构成。随着附件功能的增加,还可能有镗削轴、钻削主轴、转台刀架回转进给轴、铣头、磨头等多种形式。

重型卧式车床按照不同的承重规格,可以根据床身、主轴箱、尾座等典型结构和液压系统进行分类。

重型卧式车床身主要有整体床身和分体床身两种类型。整体床身结构刚度大,可保证机床工作时的稳定性,但对加工零件的尺寸有一定限制,一般只能用于加工直径在 2 m 以下的重型零件。分体床身结构简单,将大承重的工件床身和保证切削进给精度的刀架床身分离,避免了在重载情况下,工件床身对刀架床身的影响,多用于加工直径在 2 m 以上的重型和超重型零件。

主轴箱不仅要负责支承零件,还要提供零件的回转扭矩,因此,卧式车床主轴的支承方式是卧式车床设计的重点。目前,重型卧式车床主轴轴承主要采用滚动轴承和静压轴承两种方式,静压轴承又可分为定流量恒流静压轴承和变流量恒流静压轴承。滚动轴承一般用于承载 50 t 以下的零件,具有精度高、易装配的特点。但随着机床承重的增加,主轴直径也相应增大,对滚动轴承提出了更高的要求,滚动轴承不仅需要特殊定制,承载能力和回转精度还容易丧失。因此,在有更大承重要求时,可采用静压轴承。传统的静压轴承各油腔流量相等,在大变载加工时油膜厚度变化较大。若采用变流量恒流静压轴承,一腔一泵,即可根据运转状态调节不同部位油腔的流量,重载时下部油腔和空载时上部油腔始终保持一定的油膜厚度,使静压支承达到最好状态。

尾座的功能是对工件进行顶紧支承,在两顶尖支承工件重量时,主轴与工件一同回转,与主轴一头一尾分担工件重量。尾座主要由主轴、套筒、顶紧系统组成。由于工件尺寸很大,热变形量也很大,在加工过程中切削热和环境温度变化对其影响也很大。当温度升高时,超长零件的长度将会有较大增加,对尾座产生很大的推力;当环境温度降低时,零件长度缩短,顶紧力将变小甚至丧失,高速回转的重型零件将有坠落或甩出的可能,会产生极大的安全隐患。为此,尾座的顶紧系统采用了柔性碟形弹簧顶紧,在最初夹紧工件时,施加一定的夹紧力。同时,一般在顶紧系统的末端有测力装置,随时监测顶紧力的大小,保证工件回转安全。

刀架有 X 轴和 Z 轴两个方向的进给运动,一般分别由电动机-滚珠丝杠和电动机-双齿轮消隙-齿板传动。导轨形式可分为软带导轨、合金板导轨、静压导轨。附件有中心架、排屑器、活动走台等。

2.3.3 重型镗床

重型镗床按照结构及形式可分为:台式机床、带分离式工件夹持固定工作台的落地式机床、带移动立柱的刨台卧式机床。

台式机床的结构及轴线运动如图 2.14 所示。台式机床大致由床身、立柱、主轴箱、滑座、工作台组成。立柱固定在地基上,工作台沿垂直床身导轨的方向水平移动,主轴箱沿立柱导轨垂直移动,滑枕沿平行床身的方向水平伸缩,镗杆也可沿平行床身的方向水平伸缩。

机床切削运动由镗杆转动实现。进给运动包括工作台垂直床身的水平运动、主轴箱沿立柱导轨的垂直运动、滑座镗杆伸缩、滑枕伸缩。

与台式机床相比,在结构方面,刨台卧式机床取消了工作台下面的滑座,立柱不再是固定不动的,而是通过导轨连接在床身上,且可移动,如图 2.15 所示。刨台卧式机床将工作台沿床身的移动变为立柱沿床身的移动。切削运动及进给运动与台式机床一致。

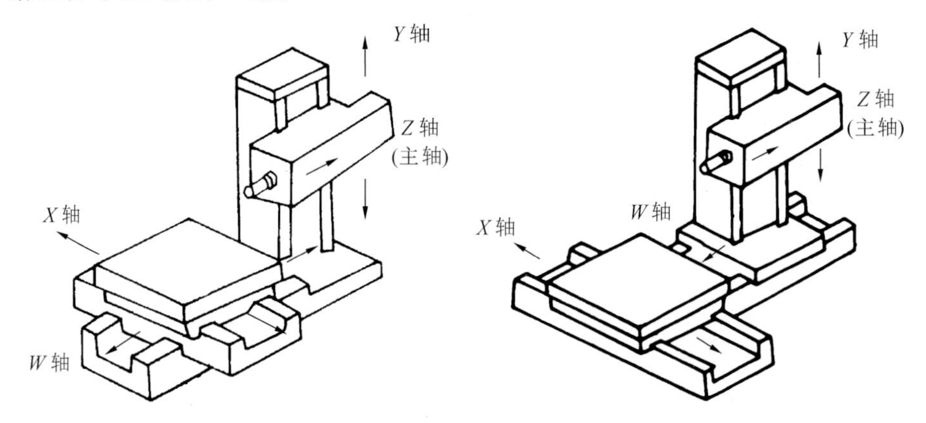

图 2.14　台式机床的结构及轴线运动　　**图 2.15　刨台卧式机床的结构及轴线运动**

落地式机床的结构及轴线运动如图 2.16 所示。与台式机床和刨台卧式机床相比,在结构上,落地式机床主要由固定工作台、床身、立柱、主轴箱等组成;在运动上,固定工作台已经不具备运动能力,运动全部由立柱及连接在立柱上的主轴箱、滑枕、镗杆实现。

目前,世界上最大的重型镗床是 FB320 和 TK6932,镗杆直径为 320 mm。其中 TK6932 的滑枕截面为 680 mm×780 mm,镗杆行程为 1800 mm,滑枕行

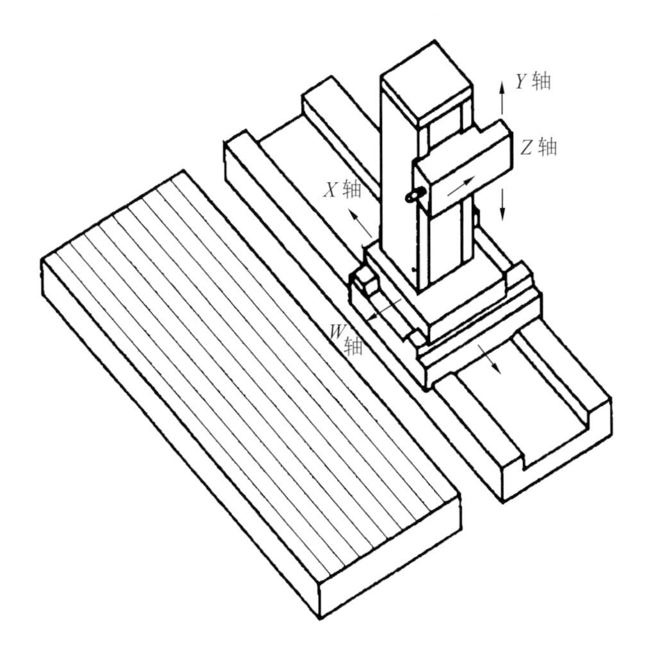

图 2.16　落地式机床的结构及轴线运动

程为 2000 mm，镗杆最高转速为 600 r/min。FB320 的滑枕截面为 800 mm×950 mm，镗杆行程为1800 mm，滑枕行程为 2500 mm，镗杆最高转速为 1000 r/min。图 2.17所示为 FB320 重型镗床。

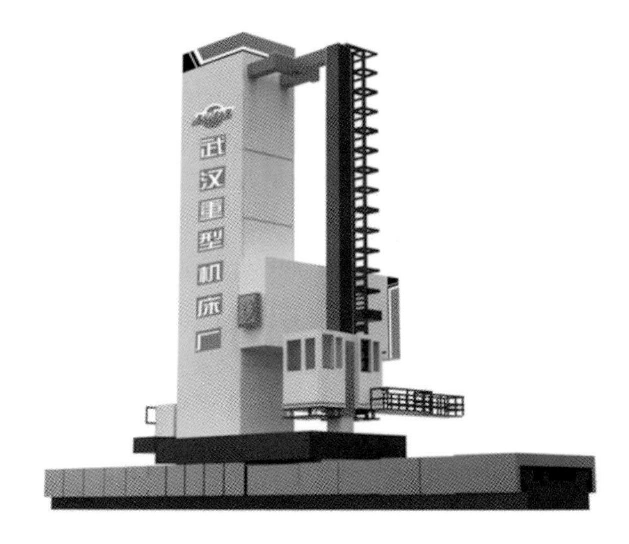

图 2.17　FB320 重型镗床

重型镗床的典型加工对象包括大型减速箱箱体、重型电动机壳体等。

重型镗床的一个重要技术指标是镗杆转速(主轴转速)。镗杆转速受到主轴轴承类型、安装、冷却、润滑等多个方面因素的影响。主轴轴承包括静压主轴轴承和滚动主轴轴承两种。静压主轴的优点包括对轴瓦的精度要求相对较低、较滚动轴承节省空间、有利于滑枕内部空间的布置等,缺点是主轴转速受到静压原理的限制,过快的线速度导致静压油发热升温、黏度下降从而使轴承失效。目前高速大直径静压主轴轴承还在不断探索和研究中。对于世界上镗杆直径最大为 ϕ320 mm 的主轴轴承,武重采用的是静压轴承,而齐齐哈尔二机床则采用的是滚动轴承。

主轴箱是重型镗床的核心部件,甚至可以说主轴箱的精度决定了机床的精度。主轴箱的重量一般由位于立柱内部的配重块抵消。但由于是不对称结构,即使有配重块,主轴箱仍然会呈现前倾后仰的姿态,即主轴箱会有一个远离立柱的倾角和一个头部上抬的倾角,一般可以通过调整与配重块连接的钢丝绳的拉力来调平。主轴箱沿立柱的传动方式较多,可通过齿轮齿条、单丝杠、双丝杠、双齿轮齿条等传动,应根据具体的设计需求进行选择。

有时候,为了扩大加工范围、提升加工能力及精度,重型镗床会配备数控回转工作台,数控回转工作台主要用于分度。

2.3.4 龙门铣床

龙门铣床按结构特点,根据龙门是否可以移动,可分为两大类:固定式龙门铣床和移动式龙门铣床。进一步细分,可根据横梁是否可以移动分为龙门固定横梁固定式铣床、龙门固定横梁移动式铣床、龙门移动横梁固定式铣床、龙门移动横梁移动式铣床,如图 2.18 所示。

龙门铣床主要由龙门床身、工作台床身、工作台、左右立柱、横梁、滑枕、连接梁组成。下面以龙门移动式铣床为例说明其运动情况。立柱或工作台可沿床身导轨方向水平运动,横梁沿立柱导轨垂直运动,滑枕沿横梁导轨水平运动,滑枕沿垂直方向运动。

机床的主运动由滑枕上的铣刀旋转完成,进给运动包括工作台、立柱直线运动,滑枕沿横梁导轨的水平运动,滑枕垂直方向运动。横梁沿立柱导轨的垂直运动仅仅是移动位置的运动,不是进给运动。

床身、工作台、滑座等基础件均采用树脂砂造型,采用高强度优质铸铁,并

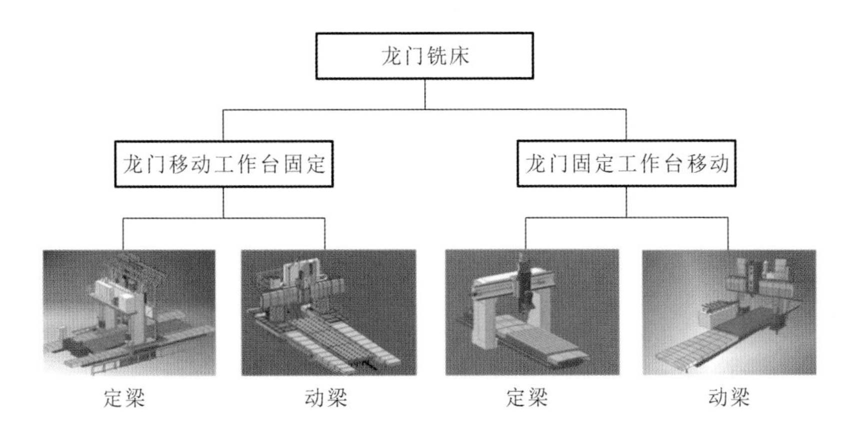

图 2.18 龙门铣床分类

经时效处理，具有大的刚度、良好的抗弯曲性能和优良的精度稳定性。立柱、横梁采用大刚度焊接件。

龙门框架由左右立柱、横梁等组成。左右立柱上端与横梁紧固连接，立柱下端直接与滑座牢固连接，形成大刚度的龙门框架结构。

世界上最大的龙门移动镗铣床如图 2.19 所示，XKD2755×570-2M 数控定梁双龙门移动镗铣床，是武重完全自主研发的超长行程、双龙门多工位、四滑枕、高档、高效数控机床，龙门行程长达 57 m。

图 2.19 XKD2755×570-2M 数控定梁双龙门移动镗铣床

X($X1$)轴：滑座—床身。床身导轨为两条矩形导轨，采用小流量多头泵供油的恒流静压导轨，具有抗偏载、重载能力强，运动刚度大的特点，低速运动平稳无爬行，抗振性强，运行速度高。两边各由两套交流伺服电动机分别驱动两套减速器,通过电子预加载实现双齿轮齿条消除间隙,实现龙门沿床身导轨水平平稳移动,无偏载。采用两套 HEIDENHAIN 精密光栅尺实现双检测全闭环位置反馈,有效保证龙门移动同步。

Y 轴:溜板—横梁。横梁导轨由两条正导轨、一条侧导轨及若干辅助导轨组成。导轨采用阶梯式设计,可确保机床精度和长期运行的稳定性。横梁导轨采用小流量多头泵供油的恒流闭式静压导轨,具有抗偏载、重载能力强,运动刚度大的特点,低速运动平稳无爬行,抗振性强,运行速度高。由两套交流伺服电动机分别驱动两套减速器,通过电子预加载实现双齿轮齿条消除间隙,实现溜板沿横梁导轨的横向水平无间隙运动。采用一套 HEIDENHAIN 精密光栅尺实现全闭环控制。

W 轴:横梁—立柱。立柱导轨采用聚四氟乙烯软带滑动导轨或静压导轨,横梁在立柱上垂直移动,通过分别设置在左右立柱上的一对电动机、减速器、滚珠丝杠副和光栅尺系统,实现横梁垂直进给的双电动机驱动、双检测反馈同步控制。无论是横梁在进给中还是镗铣头在横梁导轨上左右移动中,该系统始终能保持横梁导轨与工作台面的平行,保证镗铣头在横梁导轨上移动的直线性。

Z 轴:滑枕导轨采用聚四氟乙烯软带滑动导轨或静压导轨,具有摩擦因数小、承载能力强、运行平稳、低速无爬行等特点。由带制动器的交流伺服电动机驱动齿轮箱,带动预加载滚珠丝杠旋转,实现滑枕沿导轨上下运动,采用一套 HEIDENHAIN 精密光栅尺实现全闭环控制。滚珠丝杠支承轴承采用 INA 公司或意大利 UNITEC 公司产品。

滑枕式镗铣头安装在沿横梁导轨移动的溜板上,滑枕有 400 mm×400 mm、500 mm×500 mm、600 mm×600 mm 等截面尺寸,主轴由交流主轴电动机驱动,功率有 40 kW、60 kW、100 kW 等,主轴转速有 5～1200 r/min、5～2000 r/min、5～4000 r/min 等,主轴通过两挡变速主传动箱实现高、低挡变速,提高了主轴转速范围。

方滑枕式镗铣头主传动箱与滑枕采用分离式的设计结构,主传动箱置于滑枕顶端,主轴组外有冷却套,以防止滑枕的热伸长和主轴中心的热位移。

主传动箱输出轴通过两个无间隙的胀紧套与主轴组连接,提高了传动刚度。

镗铣头主轴前支承采用三件一套的高精度角接触主轴轴承支承，后支承采用两件一套的高精度角接触主轴轴承支承。两套轴承通过调节间隙提高轴向和径向的支承刚度，使主轴既可以承受重切削载荷，又可以适应较高的运转速度。

主轴采用渗氮钢，消除应力后经渗氮处理，再进行精密磨削加工。

镗铣头带有自动液压-碟簧拉刀机构，拉紧力（为方便起见，采用质量单位，下同）达到 3 t，安全、可靠，使重型机床刀具能够承受很大的切削力。

镗铣头装有附件头自动装卸机构，对附件头的总拉力达到 30 t，可根据加工工艺需要，在滑枕式镗铣头上配备各种附件头。

滑枕通过附件拉紧机构能自动拉紧各种附件头，同时通过主轴定向等装置可实现附件头的 4×90°转位，精度高、可靠性强，满足了高效率加工需求。

镗铣头有前倾、垂直、后倾自动调整功能，平面铣削时可防止扫刀，以提高加工面的表面质量和延长刀具的使用寿命。

镗铣头滑枕设有无能耗的液压平衡装置，以消除滑枕的自重引起的滚珠丝杠的拉伸变形，保证位移的准确性，液压平衡装置设有充油保压系统，实现自动监控、自动补油。

横梁除支承镗铣头外，还承受镗铣头加工时产生的主切削力，应具有足够的刚度，保证镗铣头加工的精度。

横梁采用封闭式箱形结构，内部除合理布局有加强筋外，在方箱形结构的对角线上布有斜拉筋，使横梁断面抗扭刚度大大增强，经过时效处理以消除应力，达到最佳的稳定状态。

横梁上设有卸荷辅助梁，辅助梁由钢结构件制成，其顶部按数控机床的受力情况的双支点梁挠度曲线方程，加工成反挠度曲线形状。卸荷辅助梁通过双支点梁将所受的力由丝杠传递于立柱上，避免了横梁产生弯曲变形，保证了镗铣头在横梁导轨上移动的直线性。

2.4 大型重载机床主要精度

机床精度是评价机床性能的重要参数。本节将介绍几类大型重载机床的主要精度指标。

2.4.1 机床静态精度与加工精度

机床的静态精度是机床在空载条件下检测的精度,包括几何精度、运动精度、传动精度、位置精度等。静态精度不能完全反映机床的加工精度,与机床加工精度相关的还有机床动态精度。机床的动态精度是指机床在受载荷状态下工作时,在重力、夹紧力、切削力、各种激振力和温升作用下,主要零部件的形状、位置精度,它反映机床的动态质量。

1. 静态精度

(1) 几何精度。机床零部件的加工和装配质量的好坏决定了机床几何精度的高低。几何精度是机床的原始精度,是在机床未受外载荷、静止或者很低速度运转时测量获得的,主要包括各主要部件间相互位置与相对运动轨迹的精度和主要零件的几何精度,如工作台面的平面度、主轴的轴向窜动和径向圆跳动、导轨的直线度等。

(2) 运动精度。运动精度是指机床在以工作速度运行时主要工作部件的几何位置精度,包括主轴的回转精度、直线移动部件的位移精度以及低速运动时的速度不均匀性(低速运动稳定性)等。

(3) 传动精度。传动精度是指机床内联系传动链的两端件之间的相对运动的准确性。若两端件为“回转-回转”式传动链,需要规定传动角位移误差;若两端件为“回转-直线”式传动链,需要规定传动线位移误差。机床的传动精度主要取决于传动链各元件特别是末端件的加工和装配精度以及传动链设计的合理性。

(4) 位置精度。位置精度又称作定位精度,是指机床有关部件在所有坐标系中定位的准确性。机床部件的实际位置与要求目标位置的偏差称为位置偏差。位置精度的评定项目包括定位精度(位置不确定度)、重复定位精度和反向偏差,数控机床的位置精度往往决定了机床的加工精度。

(5) 精度保持性。机床的精度保持性是指机床在生命周期内保持其原始精度为合格精度的能力。对于高精度机床或者大型重载机床,精度保持性是一项重要的评价指标。该项指标由机床的某些关键零部件(如主轴、导轨、丝杠)的首次大修期决定。为了提高这些零件的耐磨性,设计人员必须注意这些零部件的选材、热处理、润滑与防护等。

2. 加工精度

加工精度是由机床、刀具、夹具、切削条件和操作者等多方面因素决定的，机床本身的静态精度、动态精度、刚度、抗振性、热稳定性、磨损以及误差补偿策略都会影响加工精度。

通常将加工规定试件所达到的加工精度（称为工作精度）作为对机床动态精度的考核，因此工作精度可间接对机床的动态精度做出综合评价。

由于实际加工过程中除机床本身以外，影响加工精度的因素还有很多，另外也应使机床有合理的使用期限，所以机床在设计过程中需留有相应的精度储备。

2.4.2 大型重载机床的主要精度指标

随着工业的发展，航空航天、轨道交通、能源、冶金、军工等行业对大型零件的加工精度都提出了自己的个性要求。航空航天工业的加工零件多为薄壁件，加工变形引起的加工误差占总误差的比例大，故尽管最终工件的尺寸精度要求不高，但仍要求机床本身具有较高的加工精度，约为薄壁工件尺寸精度要求的 1/4。船舶工业的大型零件，如大型连杆的孔加工，或大型零件的孔阵列加工，需要机床在长时间连续孔加工后，仍保持较高的重复定位精度。我国近年来大力发展高速铁路，高铁时速已达到 300 km/h，这对高速车轮静平衡等级要求越来越高，高速车轮残余静不平衡量不超过 30 g · m。能源行业设备关键加工件质量大、形状特殊、精度高、加工难度大、价格昂贵（有些单件价格远超过一台重型数控机床的价格），其中核电设备关键件制造对机床的要求是大规格、大刚度、高可靠性。

1. 重型立式车床的主要精度指标

立式车床的设计过程中，很多部件都采用了对称设计，提高了机床的热稳定性，保证了机床的精度稳定性。大型立式车床工作台采用液体静压导轨，工作台与底座并不直接接触，而是通过在两者之间产生的一层静压油膜将工作台浮起来。工作台的浮升量受到液压油的流量和工件质量的影响。工作台的浮升量需要控制在一定范围内，从而保证较高的加工精度。但是，工件的质量可能相差巨大，所以为保证加工精度，在静压导轨的设计中，采用了泵组和变频电动机的设计理念。为匹配不同质量的工件，液压油的流量必须随工件的质量进行调整，通过设计多组泵组单独或者分组开启以及使用变频电动机调节电动机的转速来控制液压油的流量，来保证工作台的浮升量始终在合适的范围内。重型立式车床的主要几何精度、位置精度、工作精度指标如表2.3所示。

表2.3 重型立式车床主要精度指标

序号	检验项目	允差
几何精度		
G1	工作台面的平面度	工作台直径在1000 mm以内为0.03 mm,直径每增加1000 mm允差增加0.01 mm(平或凹); 局部公差:0.01 mm/300 mm
G2	工作台面的端面跳动	工作台直径在1000 mm以内为0.01 mm,直径每增加1000 mm允差增加0.01 mm
G3	工作台的径向跳动	工作台直径在1000 mm以内为0.01 mm,直径每增加1000 mm允差增加0.01 mm
G4	横梁垂直移动对工作台面的垂直度	在垂直横梁的平面内:在1000 mm测量长度上为0.04 mm; 在平行横梁的平面内:在1000 mm测量长度上为0.025 mm
G5	垂直刀架移动对工作台面的平行度	在1000 mm测量长度上为0.02 mm
G6	垂直刀架滑枕移动对工作台面的垂直度	在垂直横梁的平面内:在1000 mm测量长度上为0.04 mm; 在平行横梁的平面内:在1000 mm测量长度上为0.02 mm
位置精度		
P1	*X*、*Z*轴定位精度	在任意1000 mm测量长度上为0.03 mm
	X、*Z*轴重复定位精度	在任意1000 mm测量长度上为0.015 mm
	X、*Z*轴反向偏差	在任意1000 mm测量长度上为0.01 mm
工作精度		
M1	精车外圆的圆度	0.01 mm
	在纵截面内直径尺寸一致性	在300 mm测量长度上为0.02 mm
M2	精车圆盘端面的平面度	0.03 mm
M3	各圆柱面直径,各台阶面高度与指令值之差	±0.02 mm
	精加工工件表面粗糙度	平面、圆柱面:*Ra* 1.6 μm
		圆弧面、圆锥面:*Ra* 3.2 μm

2. 重型卧式车床的主要精度指标

卧式车床可分为普通卧式车床和数控卧式车床。为了满足能源、冶金、军工等行业用户对大型零件加工精度日益提高的要求，近年来的产品多为重型数控卧式车床，加工精度较普通车床有较大提升。重型卧式车床通过主轴高精度回转技术、导轨静压技术、深孔加工技术、测量技术等配合先进的数控技术，实现了重型零件的高精度加工，精度保持性高。高精度数控卧式车床的主要精度指标如表 2.4 所示。

表 2.4　高精度数控卧式车床的主要精度指标

序号	检验项目	允差
几何精度		
G1	溜板移动在垂直平面内的直线度	在任意 1000 mm 测量长度上为 0.02 mm，5～8 m 为 0.06 mm，8～12 m 为 0.08 mm，12～16 m 为 0.10 mm，16～20 m 为 0.14 mm，只许凸
G2	溜板移动在垂直平面内的平行度	0.03 mm/1000 mm
G3	溜板移动在水平面内的直线度	在溜板 1000 mm 行程上为 0.015 mm，每增加 1 m 允差可增加 0.005 mm；全长允差 5 m 以内为 0.05 mm，5～12 m 为 0.06 mm，12～20 m 为 0.07 mm
G4	主轴顶尖的径向跳动	0.03 mm
G5	主轴的轴向窜动	0.02 mm
G6	主轴锥孔轴线和尾座主轴轴线的等高度	0.12～0.16 mm，只许尾座高
G7	溜板移动对尾座套筒轴线的平行度	在垂直平面内：0.065 mm，只许向上偏，套筒伸出长度为 100 mm； 在水平面内：0.03 mm，只许向前偏，套筒伸出长度为 100 mm
位置精度		
P1	X、Z 轴定位精度	在任意 1000 mm 测量长度上，X：0.03 mm，Z：0.07 mm
	X、Z 轴重复定位精度	在任意 1000 mm 测量长度上，X：0.015 mm，Z：0.045 mm
	X、Z 轴反向偏差	在任意 1000 mm 测量长度上，X：0.012 mm，Z：0.02 mm

续表

序号	检验项目	允差
工作精度		
M1	精车外圆的圆度	0.015 mm
	在纵截面内直径尺寸一致性	在 500 mm 测量长度上为 0.065 mm
M2	精车圆盘端面的平面度	在测量直径上每 300 mm 为 0.025 mm,只许凹
M3	精车螺纹的螺距累积误差	在任意 300 mm 测量长度上为 0.07 mm,任意 60 mm 测量长度上为 0.02 mm
M4	各圆柱面直径,各台阶面高度与指令值之差	±0.025 mm
	精加工工件表面粗糙度	平面、圆柱面:*Ra* 1.6 μm
		圆弧面、圆锥面:*Ra* 3.2 μm

3. 重型镗床的主要精度指标

重型镗床通常是订单式生产,而且重型镗床的零件往往较大,加工时操作人员的经验对零件精度的影响很大,再加上装配时的个体差异,有时会出现相同的镗床精度差别很大的情况。在设计方法上,也有很多方法可以改进镗床的精度,例如镗床在工作时会产生热量,而热量又会使机床零件伸长从而影响机床的精度,可以在对应的发热部位安装油冷机,或者在设计零件时采用热对称的设计方法,使机床精度的变化在热源的影响下变得较小。解决好了这些问题,除了可以提高机床的精度,也可以提高机床精度的稳定性,从而生产出高精度且可靠的产品。重型立式镗床的主要几何精度、位置精度、工作精度如表 2.5 所示。

表 2.5　重型立式镗床的主要精度指标

序号	检验项目	允差
几何精度		
G1	立柱滑座移动的直线度	在 1000 mm 测量长度上为 0.02 mm;超过 1000 mm 时,每增加 1000 mm,允差增加 0.01 mm;最大允差为 0.12 mm
G2	立柱滑座移动的角度偏差	行程在 4000 mm 内,0.04 mm/1000 mm; 行程大于 4000 mm,0.06 mm/1000 mm

续表

序号	检验项目	允差
G3	主轴箱移动的直线度	在 1000 mm 测量长度上为 0.02 mm;4000 mm 内,每增加 1000 mm,允差增加 0.01 mm;超过 4000 mm时,每增加 1000 mm,允差增加 0.02 mm
G4	主轴箱移动的角度偏差	行程在 4000 mm 内,0.04 mm/1000 mm; 行程大于 4000 mm,0.06 mm/1000 mm
G5	主轴箱移动对立柱滑座移动的垂直度	0.03 mm/1000 mm
G6	镗轴锥孔的径向跳动	在靠近镗轴的端部:0.012 mm; 距镗轴端部 300 mm 处:0.025 mm
G7	镗轴轴线对立柱滑座移动的垂直度	0.03 mm/1000 mm
G8	镗轴轴线对主轴箱移动的垂直度	0.03 mm/1000 mm
G9	镗轴移动的直线度	在 300 mm 测量长度上为 0.02 mm
G10	滑枕移动对立柱滑座移动的垂直度	0.03 mm/500 mm
G11	滑枕移动对主轴箱移动的垂直度	0.03 mm/500 mm
	位置精度	
P1	直线运动坐标的定位精度	在任意 2000 mm 测量长度上,X:0.025 mm,Y:0.025 mm; 在任意 1000 mm 测量长度上,Z:0.02 mm,W:0.03 mm
	直线运动坐标的重复定位精度	X:0.015 mm,Y:0.015 mm,Z:0.015 mm,W:0.02 mm
	直线运动坐标的反向偏差	在任意 1000 mm 测量长度上,X:0.01 mm,Y:0.01 mm,Z:0.01 mm,W:0.015 mm
	工作精度	
M1	精镗内孔的圆度、圆柱度	0.01 mm
M2	被加工表面的平面度	在测量直径上每 300 mm 为 0.015 mm
M3	各面的相互垂直度	0.02 mm/100 mm
	各面的相互平行度	0.02 mm/100 mm

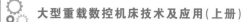

4.重型铣床的主要精度指标

数控龙门镗铣床亦称数控龙门五面体加工机床,它是当代机械加工的重要工艺装备之一。这种设备是能源、交通、航空航天、舰船主机制造、军工、工程机械等行业的主要加工装备,使用范围非常广泛。目前,国内外大、重型数控龙门镗铣床生产厂家的产品设计开发在经过向超重型、超大规格机床发展后,已经满足超大型、超重型零件的加工需要,现正向高速高效、多功能、高精度、柔性加工中心转型发展。高速龙门镗铣床领域中五轴联动已成为机床必不可少的功能,电主轴、力矩电动机直接驱动、直线导轨、直线电动机、热变形控制等技术也得到了广泛的应用,为其进行高速、高精度加工起到了支持作用。重型铣床的主要几何精度、位置精度、工作精度指标如表 2.6 所示。

表 2.6　重型铣床的主要精度指标

序号	检验项目	允差
		几何精度
G1	工作台面的平行度	在 5000 mm 测量长度上为 0.04 mm;5000～10000 mm,允差为 0.06 mm;15000 mm 以上为0.08 mm
G2	工作台面移动在水平面内的直线度	在 5000 mm 测量长度上为 0.04 mm;5000～10000 mm,允差为 0.06 mm;15000 mm 以上为0.08 mm
G3	工作台面对工作台移动的平行度	在 5000 mm 测量长度上为 0.02 mm;5000～10000 mm,允差为 0.03 mm;15000 mm 以上为0.05 mm
G4	横梁移动时的倾斜度	0.02 mm/1000 mm
G5	垂直镗铣头移动对工作台面的平行度	工作台面宽度在 1000 mm 长度上为 0.02 mm,每增加 500 mm,允差增加 0.005 mm
G6	垂直镗铣头移动在水平面内的直线度	工作台面宽度在 1000 mm 长度上为 0.015 mm,每增加 1000 mm,允差增加 0.010 mm
G7	垂直镗铣头移动对工作台移动的垂直度	0.03 mm/1000 mm
G8	垂直镗铣头滑枕移动对基准面的垂直度	0.01 mm
G9	主轴定心轴颈的径向跳动	在 300 mm 测量长度上为 0.02 mm
G10	垂直镗铣头主轴线对基准面的垂直度	0.02 mm/500 mm

续表

序号	检验项目	允差
G11	主轴的轴向窜动	0.01 mm
	位置精度	
P1	直线运动坐标的定位精度	在任意 1000 mm 测量长度上，X:0.025 mm，Y:0.025 mm，Z:0.025 mm，W:0.025 mm
	直线运动坐标的重复定位精度	X:0.015 mm，Y:0.015 mm，Z:0.015 mm，W:0.015 mm
	直线运动坐标的反向偏差	X:0.01 mm，Y:0.01 mm，Z:0.01 mm，W:0.01 mm
	工作精度	
M1	铣平面的平面度	0.02 mm
M2	镗孔的圆柱度	0.01 mm
	直径尺寸的一致性	0.024 mm
M3	各面的相互垂直度	0.03 mm/300 mm
	各面的相互平行度	0.025 mm

2.4.3 机床精度的提升方法

为了满足航空航天、轨道交通、能源、冶金、军工等行业用户日益提高的对大型零件加工精度的要求，机床制造商结合各自的重型机床产品的布局特点，采用各种技术，如重心驱动技术、反变形技术、箱中箱技术、热对称设计技术、卸荷技术、轻量化设计技术、动态设计技术、补偿技术等，有效地保证了整机的几何精度和最终工件的加工精度。

大型机床除在尺寸规格上与其他类型机床有差别外，在精度上的要求也与普通机床有差异。例如，用户通常要求大型机床可以完成零件的粗、精加工，而大多数小型机床的粗、精加工是在不同机床上进行的。用户对机床精度的要求是主观的，往往担心机床精度的保持性而提出过高的精度要求。大型机床必须满足用户以下要求：工件的尺寸范围，加工时间，工作效率等。

从大型机床的生产工艺上看，超过 100 t 的重型构件的木模制造和铸造均很困难，铸造毛坯废品率高，且需要较长的时间，一般采用构件分段制造的办法。车间的加工能力以及运输也是一个需要考虑的重要问题。

下面分别介绍不同类型机床的精度提升方法。

1) 立式车床提升精度的方法

立式车床结构框架对机床精度有较大影响。因此,立式车床的各主要结构件都有针对精度要求而改进的措施。比如,龙门框架采用热对称结构,可以防止单侧的热变形;横梁采用反变形加工,提前计算出由于刀架滑座重量引起的横梁变形,使得横梁能够在滑座移动中保持水平;部分横梁采用了卸荷梁结构,将刀架滑座的重量从横梁的中间分散到两端,减小横梁的变形;大尺寸的滑枕采用液压平衡油缸来平衡滑枕的重量。

2) 卧式车床提升精度的方法

卧式车床的主轴箱是整机中的核心部件,主轴箱精度对机床回转精度起决定性作用。卧式车床主轴箱主要有以下几个功能需求:

(1) 承受工件载荷,主轴箱和尾座基本按 1∶1 的比例承受工件的全部重量(两顶尖支承方式);

(2) 传递主运动,通过电动机—传动轴(多级)—主轴—花盘—卡爪—工件传递扭矩;

(3) 主轴回转精度直接传递到工件回转加工精度。因此,对于有极大承重要求的主轴箱,可采用可靠性更高的变频恒流静压轴承,并在承载末端增加辅助支承装置,减轻主轴承重,确保主轴箱在大承载的同时还能高精度运行。

一般数控卧式车床主轴轴承采用装配简单、精度高的滚动轴承,当承重规格变得更大时,普通的滚动轴承已无法达到要求,在承载质量范围为 80～200 t 的重型数控卧式车床上主轴径向轴承采用恒流静压轴承。恒流静压轴承通常采用普通的三相异步电动机驱动齿轮泵提供压力油至主轴静压油腔,静压油流量不变。由于恒流静压轴承的静压油流量受油的黏度、温度以及零件加工精度的综合影响,因此计算值与实际值之间存在较大误差,影响轴承的承载能力及精度。特别是在外载荷变化较大时,油膜厚度变化大,从而大大降低了静压轴承的精度及刚度。随着重型数控卧式车床的发展,要求静压轴承有更大的承载能力和更高的回转精度。

为了满足现代重型数控卧式车床的发展需要,产生了使主轴在大的承载下仍能保证高精度回转的变频恒流静压轴承。变频恒流静压轴承采用六油腔对称分布结构,每个油腔由一个定量齿轮泵供油,定量齿轮泵由交流变频电动机控制。静压轴承静压油的流量受油温、黏度及零件几何尺寸的综合影响，要达到高精度的要求，需要调到最佳流量。采用定量齿轮泵，通过交流变频电动机来改变齿轮泵的流量，达到最佳值后变频电动机转速锁定，齿轮泵流量恒定不变，通过恒流静压来实现高精度的要求。

变频恒流静压轴承包括控制系统，交流变频器，交流变频电动机，齿轮泵，径向静压轴承及压力、流量、温度检测反馈系统。控制系统包括数据处理系统、PLC控制器。PLC控制器的输出端与交流变频器输入端相连接，交流变频器输出端与交流变频电动机相连接，交流变频电动机与齿轮泵相连接，齿轮泵与压力、流量、温度检测反馈系统以及径向静压轴承中的静压油腔相连接。在径向静压轴承与数据处理系统单元之间，设置有压力、流量、温度检测反馈系统，如图2.20所示。

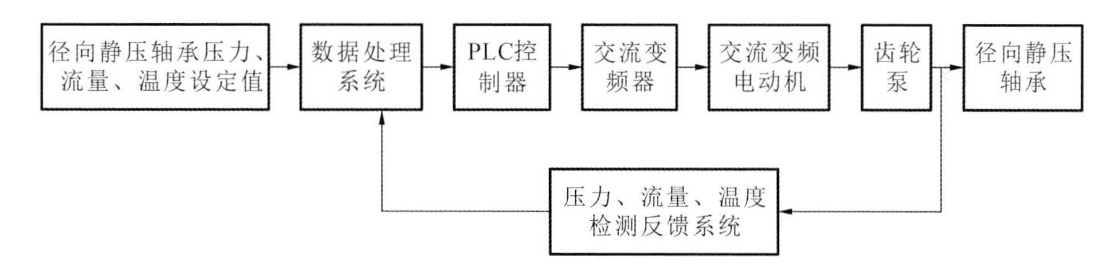

图2.20 变频恒流静压轴承方框图

在设计主轴箱时，主轴径向轴承采用超重、高精度、变频恒流静压轴承，同时还在花盘处设计了两个恒流静压托，静压托可卸去80%以上主轴箱所承载的工件重量。通过前后变频恒流静压轴承来保证主轴的回转精度，静压托卸去大部分工件重量，这种独特的设计使机床主轴具有大承载和高精度的特点。

3）镗床提升精度的方法

影响镗床加工精度的因素很多，例如机床零件精度、工作环境温度、机床刚度等，所以也需要采用很多方法来改善镗床的精度。

(1) 机床基础大件是影响精度的重要因素，增加床身、立柱的刚度，可以改善加工过程中的受力变形对精度的影响。但是限于机床结构和尺寸，不能无限制地增加床身、立柱的尺寸，因此可以采用有限元分析的方法，分析受力-变形的关系，优化关键部分的结构，达到增加刚度或者减重的目的。

(2) 针对镗床的具体结构，带滑枕的落地镗床在滑枕伸出时，滑枕会受到重力的作用产生弯曲，即滑枕低头现象。为了改善该现象，通常采用两种方法：一是在加工滑枕时，使滑枕预变形呈上翘形状，在滑枕伸出后抵消部分滑枕低头量;二是在滑枕上端安装拉杆,通过拉紧拉杆使滑枕上翘,抵消部分滑枕低头量(拉杆补偿),如果该方法不足以抵消低头量,还可以在主轴箱前端吊点位置安装液压缸或者调整用的丝杠,强制主轴箱向上抬(吊点补偿)。许多机床采用了拉杆补偿加吊点补偿的方法,使机床有充分的调整量来抵消滑枕低头量。

(3) 机床在加工过程中,周围的空气和机床有热交换,随着一天内环境温度的变化,机床会产生周期性的变形现象,另外如果机床地基不能很好地固定机床,会使机床发生漂移而回不到原点。以镗床立柱为例,如果环境温度的变化使立柱变形不均匀,发生扭转、弯曲现象,就会对机床产生很大影响。如果在设计时考虑热变形的影响,虽然温度升高时伸长不可避免,但是可以让变形尽量对称,这样就不会发生扭转、弯曲等现象。

(4) 大件的刚度和材料对立柱、床身、滑枕的受力变形有很大的影响,铸造件有很好的稳定性,不易发生加工变形,焊接件采取二次退火处理,进一步增加了零件的稳定性。焊接件便于制造加工,为了保证焊接件的稳定性,可以采用时效处理或者消除内应力处理。

(5) 在加工过程中,轴承摩擦、油液搅动等会产生热量,局部升温使机床精度变差,因此可以在主轴轴承处设置冷却套,使用油冷机强制冷却套内流动的油液,达到主轴轴承位置温度恒定的目的。

(6) 对于使用旋转轴承作为镗杆旋转支承部件的镗床,选用合适的主轴轴承是保证加工精度的重要手段。

(7) 由于大型超重机床的切削力较大,为了保证机床在加工过程中的精度,可以采用多电动机驱动方案,同时配置多反馈元件,例如双电动机双光栅尺驱动方案、四电动机双光栅尺驱动方案等。

4) 铣床提升精度的方法

(1) 卸荷梁反变形技术。

在龙门铣床上,当溜板及滑枕沿着水平的横梁左右移动时,由于重力的作用,横梁不可避免地会有弯曲变形,此变形会造成滑枕端部刀尖下移。根据移动部件在横梁上的位置不同,刀尖的下移量也不同。为解决此问题,在重型龙门铣床上应用了卸荷梁反变形技术。

在横梁上安装一个卸荷梁,移动部件的滚轮在卸荷梁上滚动,依靠碟形弹簧的作用力,通过偏心机构将滚轮压紧在卸荷梁上。卸荷梁顶面为反变形曲线，当移动部件从卸荷梁上滚过时，卸荷梁的顶面仍基本上为一水平面，这样移动部件的重量有很大一部分就作用在卸荷梁的销子上了，由于销子靠近横梁的两端，这就削弱了移动部件的重量对横梁弯曲变形的影响。

(2) 车铣复合机床滑枕采用全封闭静压导轨结构。

车铣复合机床既要能大功率铣削加工，又要能满足车削加工大刚度、无间隙的要求，故滑枕采用全包容结构、恒流闭式静压导轨。其优点是抗振性好、承载大、油膜刚度大、无间隙，满足车铣复合加工要求。

(3) 温度变化引起滑枕伸长的补偿技术。

理论上环境温度每上升1 ℃，金属材料每米伸长10 μm，普通条件下，使用的数控机床为保证较高定位精度和加工精度，需使用温度误差补偿等功能来消除温度变化造成的误差。温度误差补偿建立在位置误差与温度的对应关系基础上，表示在某一恒定温度 T 条件下，指定轴坐标与其对应误差之间的关系。一定温度 T 的定位误差可以用以下数学表达式来表示：

$$\Delta K_x(T) = K_0(T) + \tan\beta(T)(P_x - P_0)$$

式中：$\Delta K_x(T)$ 为 X 坐标轴上位置 P_x 处的温度补偿值；$K_0(T)$ 为 X 坐标轴上参考位置处的温度补偿值；P_x 为 X 坐标轴上的实际位置；P_0 为 X 坐标轴上的参考位置；$\tan\beta(T)$ 为位置误差近似曲线的斜率。

数控系统提供的温度误差补偿功能可以部分解决机床坐标轴热变形产生的加工误差问题。

(4) 立式滑枕双丝杠驱动进给技术。

国内生产的机床中，滑枕上下进给普遍采用单丝杠驱动，用平衡油缸平衡滑枕和主传动箱的重量，提高丝杠精度保持性。但是由于平衡油缸的安装不可避免地存在误差，导致滑枕进给时其与平衡油缸的运动不协调，故平衡油缸安装不好时容易给滑枕进给带来一定的偏载，影响机床精度。特别是当滑枕行程较长时，不得不采用多节拉杆式平衡油缸，每节油缸活塞杆面积的变化会导致在滑枕进给过程中，出现短时载荷突变，使滑枕进给过程出现波动，影响加工件表面质量。当滑枕行程更长时，平衡油缸的运用会出现更大的局限性。

立式滑枕双丝杠驱动进给技术首次采用了双电动机-双丝杠传动技术，双丝杠驱动符合重心驱动原理，进给部件的重量、进给力由位于滑枕左右两侧的两根丝杠分担，受力均匀、对称。双电动机双制动器起到制动双保险作用，充分保证了机床的安全可靠,提高了机床精度长期保持性。

(5) 机床部件接合面定位灌胶技术。

为了达到机床最终的几何精度,组成机床的各大部件必须保证各自的加工精度,如导轨面与接合面的平行、垂直、对称等几何精度。一般构成部件的大型构件必须进行磨削等精密加工。机床总装时,需要检测导轨面的各项几何精度,配修部件间的接合面,常用的方法是手工刮研,刮研要求工人具备较高的操作技能,劳动强度也大。

灌胶工艺是运用于高精度数控机床床身和立柱装配的一道新工艺。它是在传统的安装刮研工艺和现代的黏结技术的基础上发展起来的。灌胶工艺的工艺路线及技术要求是:在精密机床床身和立柱的安装过程中,为避免过度频繁地调整起吊而破坏连接精度,先支撑起这两个连接件并把它们调整到规定的位置精度,再向两连接件之间的缝隙灌注黏结剂,同时采取措施确保黏结剂凝固后二者的位置精度不变。

首先,在床身的安装面四周均布四个螺钉孔(四个螺钉的螺纹连接强度要能支承立柱重量),用这四个螺钉顶起四个钢球,然后用设置工具将钢球调整到距离床身一定的高度。钢球顶起的高度既要能够方便地调整立柱导轨与床身工作台面的位置,又不能让两连接面之间的间隙过大。间隙过大会增加注胶量,影响成本,且太厚的注胶层会影响黏结强度。随即在安装位置四周装上垫圈,以确保灌注黏结剂时不溢漏,并在床身注胶口前沿留出空气出口用来排出空气。注胶口可设置在立柱的后面。在距离底部一定高度(20 mm 左右)的位置钻一垂直通孔到立柱底面(距离立柱后面 20 mm 左右)。注意:在吊装立柱之前,要在立柱安装表面涂上分离剂,使立柱和黏结剂分离。然后吊装立柱,将它支承在钢球上,并反复调整压在钢球下的四个螺钉。调整立柱导轨与床身上工作台面的垂直度到合格的范围(立柱导轨与床身上工作台面之间的垂直度在 0.1～0.2 mm)内,灌胶前的准备工作就绪。

灌胶,可以选用环氧胶黏剂如 SKC 等。它的优点是强度很高,可以黏结、填充大的间隙和灌封,耐高温,化学性能好;缺点是固化慢,需严格按比例与稀释剂混合。研究发现,胶黏剂的种类和稀释剂的稀释比例对黏结强度有一定影响,间隙大小对黏结强度也有影响。胶黏剂的最终内应力随胶层的增加而增大,间隙一般在 1.5～2 mm为宜。调整好后,将胶黏剂与稀释剂严格按照规定的比例、速度和时间混合搅拌均匀，立即压入注胶口。灌胶时要保证两接合面的胶层充分饱满，以灌胶口前方的空气出口有胶液溢出为宜。然后让设备保持原位静止，使黏结剂在室温下充分固化，达到规定的参数要求。最后将所有连接螺钉按规定力矩拧紧，并校验立柱导轨与工作台面的垂直度误差。

(6) 溜板前、后倾功能提高加工精度。

溜板两侧安装有镗铣头前倾、垂直、后倾自动调整装置，通过四个三位油缸，控制镶条的微量伸缩，实现镗铣头前、后倾功能，操作者可根据铣削进给方向任意选择。平面铣削时可防止扫刀，有效地提高加工面的表面质量和延长刀具的使用寿命。镗铣头主轴对工作台面的垂直度可以利用溜板的上导轨前后镶条进行自动调整，当镗铣头四个微倾油缸在中间位置时，滑枕正导轨面与工作台面处于垂直状态；当四个微倾油缸处于前、后倾位置时，主轴对工作台微量前、后倾，在 1000 mm 长度内幅度为 0.04～0.06 mm。以上动作均已通过编程，由系统控制完成。

5) 滚齿机保证精度的方法

(1) 重载下静压卸荷导轨、复合滑动导轨技术。

工作台是滚齿机的核心部件，在重载情况下，工作台运行的平稳性将直接决定齿轮的加工精度。为了提高工作台运行平稳性，工作台采用径向静压轴承和静压卸荷导轨技术，有效保证了在切削加工工件时工作台的运转精度。需要注意的是，使用静压卸荷导轨技术也需要克服若干技术难点。根据流体润滑理论，在恒定的流量下，卸荷压力不相同时，油腔的油膜厚度不相同，刚度也是不同的；当卸荷压力相同时，不同载荷下油膜厚度也不相同，因此油膜的刚度也是不同的。通常而言，卸荷压力越小，油膜厚度越小，表明刚度越大。因此，为了提高刚度，应尽量减小油膜厚度。然而，当油膜厚度过小时，工作台旋转过程中可能出现金属接触，缩短工作台的使用寿命，也不利于精度保持。为了提高工作台刚度，保证加工质量，实际工作时应调整工作台的静压油膜处于边界润滑状况，此时工作台应处于似浮非浮状态。

(2) 滚刀架主轴无侧隙传动技术。

武重重型滚齿机的滚刀架主轴最高转速达到 20～200 r/min，主轴功率为 50 kW，要求滚切模数为 30，单齿分度模数为 40，齿轮滚切精度为 6 级。为了达到技术参数指标，重型数控滚齿机的滚刀架主传动开发了滚刀架主轴无侧隙传

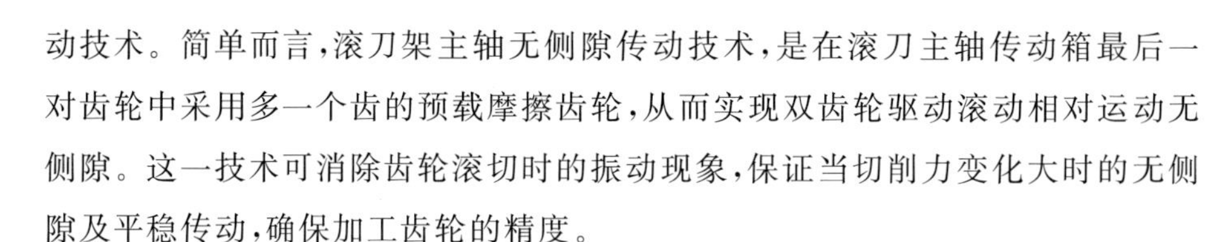

动技术。简单而言,滚刀架主轴无侧隙传动技术,是在滚刀主轴传动箱最后一对齿轮中采用多一个齿的预载摩擦齿轮,从而实现双齿轮驱动滚动相对运动无侧隙。这一技术可消除齿轮滚切时的振动现象,保证当切削力变化大时的无侧隙及平稳传动,确保加工齿轮的精度。

(3) 导轨面采用滚动块导向和半液压油卸荷技术。

在大型齿轮的加工中,为了保证加工精度,常常需要控制进给速度。而在低速下运行时,机床容易出现爬行现象。所谓爬行现象,是指在滑动摩擦副中从动件在匀速驱动和一定摩擦条件下产生的周期性时停时走或时慢时快的运动现象,表现在机床上就是工作台或立柱在运动工作中时停时走的现象。爬行现象会造成进给速度不均匀,并导致机床出现自激振动,降低加工精度。造成这种现象的主要原因是导轨动、静摩擦因数不同。因此,为了减少爬行现象的发生,一种切实可行的方法是降低摩擦因数。

由流体润滑知识可知,流体润滑时摩擦产生的原因是流体之间的剪切作用,其摩擦因数很小。采用液体静压导轨,摩擦因数很小,并且动、静压系数相差不大。然而,采用液体静压导轨之后,工作台与底座之间有一层油膜,造成工作台的刚度下降,不利于保证加工质量。考虑静压导轨的优点又不致使刚度减小过大,导轨面采用滚动块导向和半液压油卸荷的复合技术。

2.5 案例分析

本节将以铣床和镗床为例,介绍几类典型大型重载机床的大致设计流程,指导读者如何设计或者选择合适的大型重载机床。

2.5.1 CKX5680 数控双柱立式铣车床

1) 行业需求

大型螺旋桨用重型七轴五联动车铣复合加工机床,是我国现代舰艇、船舶关键零部件——螺旋桨加工急需的高精尖战略装备。据相关部门统计,大型螺旋桨总需求量和总产值巨大。另外,大型水电设备叶片的加工也急需该类高端制造装备:大型水电设备叶片未来总需求量与总产值持续增长。可见,螺旋桨和大型叶片加工制造市场需求巨大。

2）工艺分析

大型螺旋桨是舰船的关键部件，其毛坯一般为铸造件，毛坯材料一般为铸铁、合金结构钢、不锈钢、青铜、普通黄铜及特种黄铜等，硬度比较大。大型螺旋桨等叶片类零件的叶片一般是自由曲面，相邻叶片间区域较为狭窄，存在重叠区域，加工时易发生干涉碰撞。因此通常需要五轴联动数控机床来完成加工。

合理确定加工工艺是实现大型螺旋桨高质量、高效率加工的前提。为了保证螺旋桨的加工质量和加工效率，采取了工序集中的策略，即减少装夹次数和在一次装夹内完成多道工序。加工方法采用车铣复合的方式，车加工主要实现轮毂内孔的加工、螺纹的加工以及攻丝；铣加工主要完成桨叶的加工，包括叶面和叶背的加工、导边和随边的轮廓加工、轮毂和页面过渡圆角的加工、重叠区域的加工等。

根据对大型螺旋桨的数控加工工艺的研究和大型螺旋桨的叶片特征，研究人员进行了相关工艺规划的研究，探索出了一套针对大型螺旋桨加工的行之有效的优化技术。

合理划分大型螺旋桨叶片的重叠区域和非重叠区域对加工效率和加工质量的提高非常重要。划分的基本原则为：提高加工质量和效率，避免干涉。根据机床的加工特点，非重叠区域越大，加工质量和效率越高。在叶片加工区域划分时去掉在叶根处留出的修缘区域，对剩余区域进行划分。

根据加工机床的尺寸及螺旋桨的几何特性，考虑到加工时的工艺性要求，将螺旋桨叶面和叶背划分为若干加工区域，即导圆区、重叠区、非重叠区、导边和随边，如图2.21所示。

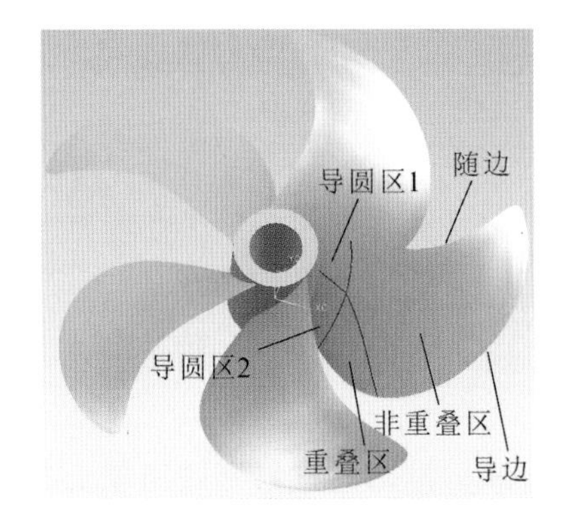

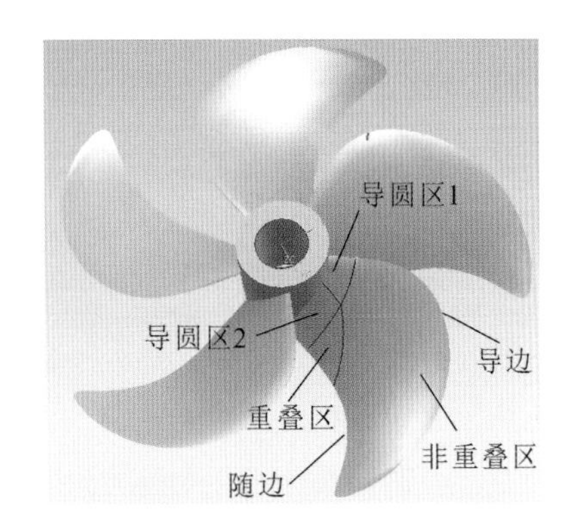

图 2.21　螺旋桨叶面和叶背加工区域划分

研究人员研制了两种铣头——标准铣头和特殊铣头进行大型螺旋桨的重叠区域和非重叠区域的五轴数控加工。其中,标准铣头配置的五个联动轴分别为 X、Z、$B1$、$C1$、$C2$;特殊铣头配置的五个联动轴分别为 X、Z、$A2$、$B2$、$C2$,此外还有一个辅助轴 $C1$,用于进行初定位以更好地避免加工中的干涉。如图 2.22 所示分别为七轴五联动车铣复合加工机床标准铣头和特殊铣头配置。不同区域加工时,根据加工区域特性采用不同的加工刀具,如非重叠区域加工时采用标准铣头、大尺寸金质合金端铣刀,材料去除率高;重叠区域采用特殊铣头、小尺寸金质合金端铣刀,满足区域加工避障要求的同时,能够考虑到特殊铣头刚度稍小,材料去除率可稍降低的特点;导边裁边时采用棒铣刀,纵向加工范围广。

(a)

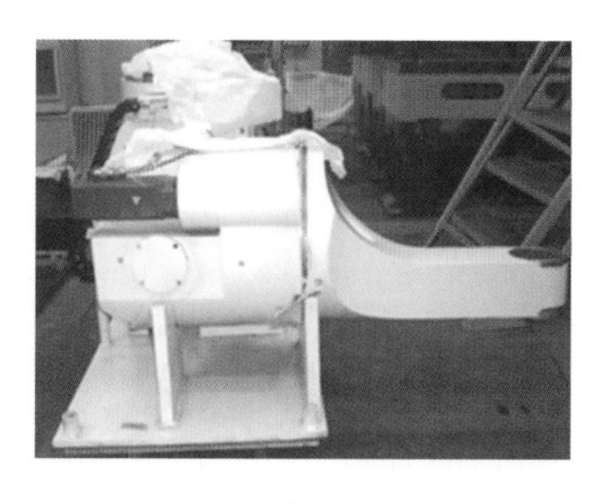

(b)

图 2.22 七轴五联动车铣复合加工机床两种铣削配置

(a) 标准铣头 (b) 特殊铣头

3) 机床总体方案

以面向实际应用为原则,选定大型船用装备中的螺旋桨关键零件为具体加工对象,基于对大型螺旋桨加工工艺的研究,结合螺旋桨加工机床五轴联动车铣复合的技术特点,针对机床控制要求以及大型螺旋桨复杂曲面在线测量与质量评估的需要,研究人员制定了大型螺旋桨用重型七轴五联动车铣复合加工机床的总体方案,机床实物如图 2.23 所示。

大型螺旋桨用重型七轴五联动车铣复合加工机床具有精密铣削加工螺旋桨叶面的功能,还能利用车铣功能复合的特点,完成螺旋桨锥孔及上下端面的加工,是一种新型的多功能、高精度、高效率七轴五联动数控机床,既有一般数

图 2.23　重型七轴五联动车铣复合加工机床实物

控立式车床所具备的功能，又具有镗、铣、钻孔、攻丝等加工功能，同时还具有工作台分度及表面恒速车削的功能，研究人员在此基础上提出了车铣复合加工中心整机技术方案。

整机采用双柱定梁框架结构。立柱和横梁采用螺栓紧固连接在一起，形成稳定的框架结构。回转工作台采用双电动机消隙技术，同时具备铣削分度和重车削功能，可以实现超低速进给的稳定传动。刀架为内置 $C1$ 轴大刚度双传动链的滑枕式车铣复合刀架，并配置大功率机械式数控摆角铣头、大扭矩机械式长臂数控摆角铣头，分别用于加工非重叠区域和重叠区域。数控系统为三回转两直线的七轴五联动车铣复合数控系统，并具有切削载荷自适应控制和加工安全保障技术及螺旋桨在线测量、毛坯余量分配、质量评估技术。

4）机床主要结构特点

(1) 整机结构方案。机床采用双柱定梁框架结构，立柱和横梁采用螺栓紧固连接在一起，形成稳定的框架结构。刀架随滑座在横梁导轨上水平移动为机床 X 轴，刀架滑枕沿刀架体垂直运动为机床 Z 轴，滑枕内置转位为 $C1$ 轴，工作台铣削分度进给为 $C2$ 轴。在加工螺旋桨非重叠区域时由大功率机械式数控摆角铣头的摆头（$B1$ 轴）与主机的 X、Z、$C1$、$C2$ 轴进行五轴联动加工。在加工螺旋桨重叠区域时，由独特的长臂数控摆角铣头的 $A2$、$B2$ 轴与主机的 X、Z、$C2$ 轴进行五轴联动加工。车削时由主机 X、Z 两轴联动车削加工或 X、Z、$C2$ 三轴联动车铣复合加工。

(2) 机床在横梁上设有一个垂直刀架,具有车、钻、镗孔和铣端面功能及 $C1$ 轴进给分度功能。刀架由刀架溜板和滑枕两部分组成,刀架溜板水平移动,滑枕上下移动,均采用交流伺服电动机驱动,双螺母预载滚珠丝杠传动机构。刀架溜板有液压平衡装置,由两个油缸平衡滑枕重量,并设有自动充油保压液压装置。

(3) 铣轴主电动机和变速箱安装在滑枕顶部,铣轴主电动机采用交流主轴电动机驱动,机械两挡自动变挡与电气配合可实现无级调速。主传动动力通过滑枕内中心轴传到主铣轴,主铣轴内装有自动拉刀装置,采用碟形弹簧拉紧,液压放松实现自动拉刀。主铣轴带有 $C1$ 轴,由交流伺服电动机驱动,经双齿轮消除间隙传动机构传动,实现 $C1$ 轴在 360°范围内任意连续分度运动。$C1$ 轴回转体设有液压夹紧装置,在需要时锁紧 $C1$ 轴。在刀架滑枕端,设有四个拉爪,采用碟形弹簧液压拉紧,液压自动松开,实现对铣头附件的自动拉紧、放松。附件的拉紧、放松、无附件三种状态均设有开关显示。主轴和 $C1$ 轴设有定向装置。

(4) 刀架溜板移动均采用多头泵恒流供油的静压导轨,其抗振性强,精度保持性好。滑枕移动采用滑动导轨,刀架滑座在横梁上移动采用辅助梁卸荷装置承受刀架重量,以保证刀架沿横梁导轨移动的精度。

(5) 铣轴主轴前后支承采用典型铣轴轴承布置结构,前支承采用三件一套高精度的角接触主轴轴承支承,后支承采用两件一套高精度的角接触轴承支承,实现轴向和径向定位。

(6) 机床配备各种关键功能部件,扩大主机使用功能,使机床具有广泛的工艺适应性。该机床配备有:①数控标准万能铣头,有 $B1$ 轴摆动功能,与 $C1$ 轴运动配合可在主机上实现五轴联动,完成空间曲面的加工;②特殊数控两坐标专用万能铣头,有 $B2$ 轴摆动和 $A2$ 轴回转摆动功能,与 $C2$ 轴运动配合可在主机上实现五轴联动,实现对工件专门部位的空间曲面的加工;③车削附件,可完成主机的车削功能。

(7) 工作台径向采用高精度双列圆柱滚子轴承定心,轴向采用预载恒流静压导轨承载,摩擦因数小,承载能力大。工作台有油膜测厚装置和温度保护装置,可根据载荷选用合适的流量。在机床突然断电时,设计上考虑静压断电保护,工作台主轴中心部分既具备恒定中心卸荷结构,可以减少和分担发热而引起的工作台导轨内侧的边沿载荷,也具有轻载时给静压导轨加预载的结构。

工作台车削运动时，采用由可控硅供电的宽调磁直流电动机，通过两挡齿轮变速带动工作台回转，圆周铣削进给和分度时，采用交流伺服电动机，通过齿形皮带和主变速箱传动，结构为双伺服电动机驱动带动工作台回转，利用双电动机、双齿轮来消除间隙。车削运动时铣削分度断开，铣削分度时车削断开。分度完成后工作台可自动夹紧。

2.5.2 CKX5363×95/160数控单柱移动立式铣车床

1）行业需求

在美国或欧洲工业发达国家，核反应堆零件通常采用大型加工中心机床来加工，特别是大型零件，如高压容器、装核心壳体和核心托座。核电设备制造厂的规模因其产品范围不同而有较大差异，但总体来说都较庞大，装备水平都较高，各工厂都采用数控联合机床，以流水线方式进行加工。比如生产核反应堆压力壳、蒸汽发生器、稳压器、反应堆控制棒驱动机构等重型关键设备的法国法马通公司的沙龙·圣特工厂，其车间有一台数控联合机床，在加工蒸汽发生器隔板（换热器管支承板）的流程中，从毛坯送上机床，到出成品全部由一位熟练工人在计算机屏幕前操作完成，其中还包括某些检测项目。又如日本三菱重工业株式会社神户造船所，该所主要生产压水反应堆（PWR）的蒸汽发生器、稳压器等，加工设备先进，具有国际水平，几乎全是数控组合机床。其工厂装有号称世界最大的数控三维铣床，可加工直径为10 m、高3 m的工件。还有德国SCHIESS-FRORIEP公司，已经生产出80DV单柱立式车镗铣复合加工机床，该机床最大车削直径为16000 mm，最大工件质量为315 t，最大车削高度为10000 mm，用于加工核反应堆压力容器等大型零件。

在核反应堆零件制造企业中，采用数控复合机床加工核反应堆零件，可在一台数控机床上完成铣、钻、扩、铰、镗和切削螺纹等工序，减少工件装卸、更换和调整刀具的辅助时间以及中间过程产生的误差，提高零件加工精度，缩短产品制造周期，还可以显著减少废品的数量和技术检查的工作量，并提高机床的利用率。对于生产核反应堆零件的大型企业来说，由于大多数的核反应堆比较固定，核反应堆零件的设计与制造有着连续性，因此，应用专用数控复合机床或专门加工中心机床，可以提高企业制造水平和零件产品质量。

由于我国的核电工业起步较晚，核电设备制造能力有限，包括吊篮在内的核电关键零件的加工,常需要通过外协加工完成。这其中,没有合适的核电专用设备,尤其缺少重型、复合、多功能的数控加工设备是主要因素之一,生产出的核反应堆零件的精度与质量还不能与国外先进的设备相比。因此,研制和生产加工核反应堆零件的专用数控机床,可以满足我国核电工业吊篮等相关核反应堆零件的加工需求,提高我国核反应堆零件制造企业的技术装备水平和核反应堆零件的加工质量,降低成本,促进核电的国产化建设。

2) 工艺分析

核反应堆是核电站的关键设备,链式裂变反应就在其中进行。核反应堆堆内构件是核设备中最关键设备之一,起到如下作用:支承和互换核燃料组件;正确引导控制棒进行核反应启动、停止,功率调整;为核反应堆温度测量、中子通量测量提供正确通道;建立核反应堆合理的水流通道;为核反应堆在事故情况下提供二次安全支撑。

堆内构件由上、下部构件以及压紧弹簧组成。上部构件由热电偶柱、控制棒导向筒、上支承板、上堆芯板等组成,总高度为 4206 mm,最大直径为 3630 mm,总质量约 37.1 t;下部构件由吊篮组件、二次支承、能量吸收器等组成,总高度为10001 mm,最大直径为 3630 mm,总质量约 82 t。

由于核反应堆活性区机械设备长期在高温、高压、强放射性辐射以及含硼水冲刷腐蚀等条件下工作,因此为了保证核反应堆装置的安全及可靠性,对核反应堆零件材料、加工制造和安装均有很高的质量要求。核反应堆零件材料必须满足耐辐射、抗腐蚀、耐高温、高纯度等要求,反应堆堆内构件都是用奥氏体不锈钢、Inconel 合金或锆合金制造的;压力容器的材料是低合金钢,内衬采用奥氏体不锈钢或 Inconel 合金。

核反应堆本体重型构件包括核反应堆压力容器顶盖及其下部筒体组焊件,堆内构件中的吊篮筒体,上、下支承板等。这些构件的特点是尺寸大、质量大,要进行铸、锻、焊、热处理和机加工等工序,而且尺寸公差和几何公差要求都比较高。核反应堆堆内构件结构复杂、精度要求高。

其中,吊篮筒体是一个大型薄壁圆筒,以目前主流规格百万千瓦级压水反应堆为例,其筒体直径 5～8 m,总体高度大于 8 m,壁厚 50 mm 左右,材料为奥氏体不锈钢。组焊好的压力容器筒体的加工部位有上部法兰端面,悬挂吊篮筒体用的台肩面、内圆柱面、内壁环形槽结构,上端面的盲螺纹孔、径向孔系等。

可利用移动横梁上的刀架车削法兰端面、台肩面、内圆柱面。由于压力容器筒体和顶盖靠螺栓连接，压力容器内承受很高的压力，且要求连接面绝对密封，故螺栓直径很大。上端面的盲螺纹孔可利用横梁上的车铣复合刀架，在刀架铣轴上安装铣刀和丝锥进行加工，靠工作台带动工件进行分度运动（C 轴）。对压力容器筒体的内外面的加工可利用立柱上的侧刀架和工作台运动来完成。侧刀架带有铣轴，并配有专用的镗刀盘，可加工压力容器筒体直径 1000 mm 以内的出水同心孔。

工件在一次装夹定位后，可完成内壁环形槽、径向孔系和上部法兰端面上的孔组等的加工。法兰端面、内圆柱面可利用移动横梁上的刀架进行车削。上部法兰端面上的孔系可利用在刀架的铣轴上安装铣刀、钻头等进行加工。内立柱装在吊篮筒体内部对工件进行加工。内立柱置于圆形工作台中心的支承面上，且固定不动，吊篮筒体与圆形工作台一起旋转，利用内立柱的刀架加工吊篮筒体内环槽，利用侧刀架的铣轴与圆形工作台的回转分度（C 轴）加工径向孔系，也可利用侧刀架的铣头或镗刀杆，加工吊篮筒体的出水管座的孔等。

3）机床总体方案

为满足民用核电 CPR1000 堆型（“二代半”）压力容器吊篮筒体的加工需求，根据其加工工艺特点，最终提出了加工核反应堆堆内构件的专用数控机床——CKX5363×95/160，总体方案模型图如图 2.24 所示。

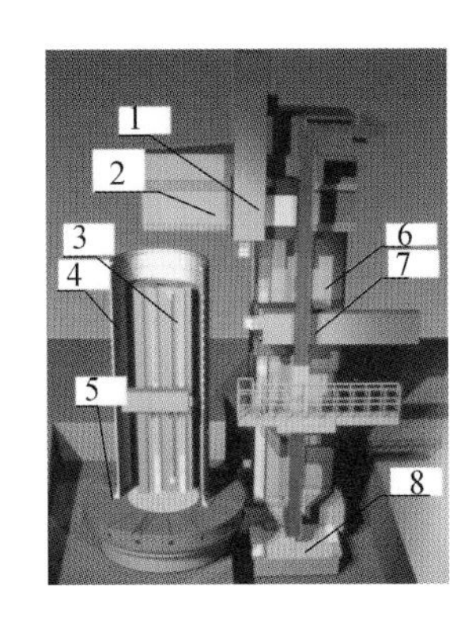

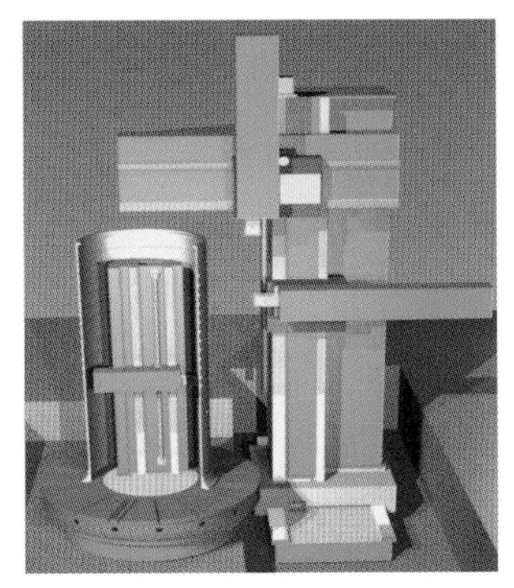
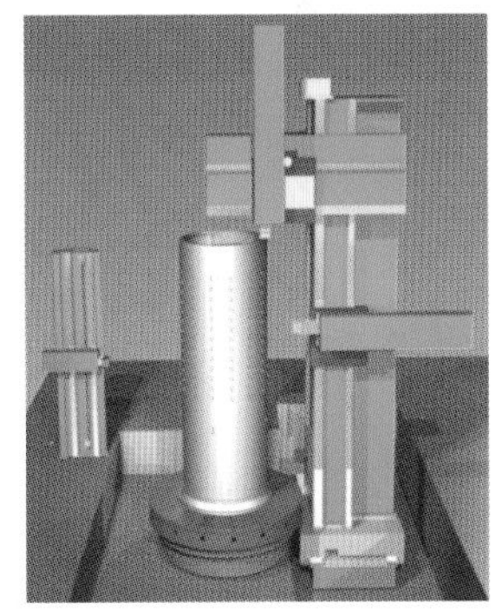

图 2.24 CKX5363×95/160 **机床总体方案模型图**

1—刀架；2—横梁；3—内立柱；4—工件；5—工作台；6—立柱；7—侧刀架；8—床身

针对吊篮筒体外部需进行的车、钻、铣、镗、磨加工，选择在机床外立柱上配置横梁立（主）刀架和侧刀架这一方案。立刀架可沿横梁水平移动（X 轴），刀架滑枕可垂直移动(Z 轴);侧刀架可沿外立柱导轨垂直移动(W 轴),刀架滑枕可水平移动(U 轴);工作台可实现精密分度旋转运动(C 轴);研制带 Y 轴的移动铣头,铣头能装在立刀架和侧刀架上,配合工作台转动,整机能实现两个四轴联动。立刀架和侧刀架滑枕内均布置有主轴电动机,配上铣头、钻头、专用的镗刀杆和电动磨头,能实现铣、钻、镗、磨的功能。

针对吊篮筒体内壁环形槽高精度加工需求,选择回转工作台采用中央大孔,孔内装自定心可拆卸内立柱,内立柱上配刀架滑枕这一方案。内立柱刀架可沿内立柱垂直移动(Z 轴),刀架滑枕可水平移动(X 轴),它们与工作台旋转(C 轴)结合能实现三轴联动。内立柱刀架上也可配置铣头,能很好地完成内环槽的加工和筒壁上无数小孔的加工。

另外,根据加工工艺,其还配备了各种功能附件头及定位安装技术,如直角铣头、专用镗刀盘、电动磨头等,以满足核电大型关键零件的加工需求。

4) 机床主要结构特点

该机床结合了超重型数控落地镗铣床和超重型数控立式车床的功能特点,不仅具有精密镗铣车钻复合加工的功能,而且利用在数控环形工作台中央大孔中安装内立柱,加工大型核电零件吊篮筒体内壁环形槽(环槽内安装辐板)实现大型核电零件吊篮筒体的一次装夹多工序的加工。机床除车削外,还可实现钻、铰、铣、镗、磨等功能,工作台可实现 360°精密分度,共 X、Z、U、W、$U1$、$W1$、C 七个数控坐标轴,X、Z、C 轴和 U、W、C 轴或 $U1$、$W1$、C 轴,三个三轴三联动,且为全闭环控制,具有恒线速度车削功能。该机床工作台直径为 6300 mm,最大加工高度为 9500 mm,工作台最大承载质量为 160 t。该机床由圆形工作台、工作台驱动及分度机构、外立柱、外立柱滑座、床身、横梁、垂直刀架、内立柱、内立柱刀架、侧刀架、铣头附件、电磨头等部件组成,机床实物如图 2.25 所示。

圆形工作台车削最高转速为 20 r/min,主电动机功率为 143 kW,圆形工作台齿圈采用双齿轮驱动,在铣削进给时,采用机械传动间隙消除和传动误差补偿技术,圆形工作台分度定位精度可达到±8″以内。横梁上有水平移动的刀架滑座,刀架水平行程为 3500 mm,滑枕垂直行程为 3500 mm。刀架滑枕内装有铣主轴,可与工作台实现三轴联动。横梁沿外立柱导轨升降移动,外立柱可在床身导轨上沿工作台切线方向移动。升降采用静压卸荷丝杠-螺母副,并配有直角铣头,工作台分度后,具有钻、铰、铣、镗功能,装电动磨头后,有磨内、外圆柱面和平面的功能。

内立柱呈半圆形，这样能够较好地利用工件内部的空间。内立柱置于圆形工作台中心的支承面上，便于拆卸。内立柱上有刀架和滑座，内立柱最大车削直径为 4200 mm，最大加工高度为 6580 mm。内立柱刀架滑枕做垂直移动，刀架做水平进给移动，可与工作台实现三轴联动。内立柱刀架滑枕端面带有定位接口，可分别装夹车刀夹、电动直铣头等，具有钻、铰、铣、镗功能，装上电动磨头后，可对内圆进行磨削。

图 2.25 CKX5363×95/160 **机床实物**

侧刀架沿外立柱导轨垂直移动，刀架滑枕可水平移动，与工作台实现三轴联动。刀架滑枕内有卧式布置的铣轴，配有专用的镗刀杆，用于镗 ϕ1000 mm 的孔。工作台分度后，具有钻、铰、铣、镗功能，装上电动磨头后，可对外圆进行磨削。

2.5.3 DL250 超重型数控卧式镗车床

1）行业需求

目前世界上有 60 多个国家有兴趣发展核电，其中大部分是发展中国家。世界核协会 2009 年 6 月 1 日更新公布了全世界核电动机组最新统计与预测，中国“在建”“计划建造”和“提议建造”的核电动机组数量均名列前茅，占同期世界相应新建机组 1/4，将达到 136 台。这表明，约在 2035 年，中国将成为世界第一核电大国。这一核电发展目标的实现，需要更多的核电加工专用数控机床，以提高核反应堆关键构件的加工能力和加工效率。同时，大型舰船（包括大型货轮、邮轮、舰艇等）是国家大力发展的对象，重型机械行业中的超大型轧辊机也是国家重点支持的对象。上述这些行业或装备中，有一个相似的大型零件——大型、超大型转子。

在 DL250 机床成功研制之前，国内还没有承载质量 500 t 的重型数控卧式镗车床，此类机床在国内尚属空白。超临界汽轮机转子、超重型轧辊、大型船舶

(航空母舰)舵轴、水轮发电机转子及大电机主轴的加工设备均需进口,国家不仅需花费大量外汇,同时,这也对我国的国防安全和产业安全构成巨大的威胁。因此,开发制造用于超临界核电半速转子加工的超重型数控卧式镗车床具有非常好的市场需求前景,国内发电设备、船舶、军工等行业的多家企业已提出订购需求意向。该机床还可用于加工大型船舶驱动轴、超大功率低速柴油机曲轴、超大功率汽轮机转子、水轮发电机主轴及大电动机主轴等超大零件。由此可见,该机床的需求量非常巨大。

2) 工艺分析

核电重型转子、超重型支承辊、巨型舰船异形舵杆等重型复杂轴类零件,具有尺寸超大、质量超大、加工工艺复杂、材料去除率大、精度要求高的特点。如图2.26所示,1100 MW 核电重型转子毛坯直径近 4000 mm,长 18000 mm,质量为500 t,圆度为 0.013 mm,圆柱度为 0.02/500 mm,外圆表面粗糙度为 Ra 1.6 μm,13 m 深孔表面粗糙度为 Ra 0.8 μm。从毛坯到成品需要经过车、铣、磨、深孔钻、深孔镗及深孔珩磨等多道工序。国外采用数控重型卧式车床、深孔钻镗床、落地铣镗床等多台超重型机床在多个工位进行加工,加工过程中工件需要在几台机床间多次转运、多次吊装、多次装夹找正,效率低、精度难以保证。此类零件加工机床的设计难点:①同时满足如此大的加工范围与承重能力,高精度、多功能;②重型卧式车床、落地铣镗床、深孔钻镗床等功能结构特征差异大,集成在一台机床上会造成部件干涉、主轴功能冲突。

图 2.26 1100 MW **核电重型转子**

3) 机床总体方案

针对核电重型转子、超重型支承辊、巨型舰船异形舵杆等重型复杂轴类零件的工艺特点,通过分析其加工工艺,提出基于工序集中加工原则的技术路线,并制定 DL250 超重型数控卧式镗车床的总体方案。依据该方案,DL250 超重型数控卧式镗车床应在实现大承重的同时，将车、铣、磨、大直径深孔镗、小直径深孔钻、镗、珩磨等多功能复合于一体，可在一台机床上完成超重型轴类、套类复杂零件的全部加工工序，实现此类零件高效、高精度加工。其整体结构如下。

机床由主轴箱、刀架床身、工件床身、尾座上体、尾座下体、纵横拖板、刀架、大直径深孔镗滑座、大直径深孔镗刀架、小直径深孔钻钻杆箱、钻杆前支承、钻杆辅助支承、鼓形卡盘、附件铣头、附件磨头、数控珩磨系统、液压系统、冷却系统及电气控制系统组成。

机床总体结构简图和总体实物分别如图 2.27、图 2.28 所示。

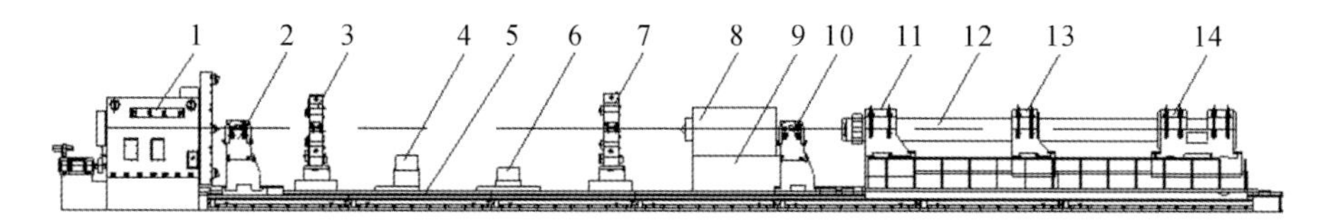

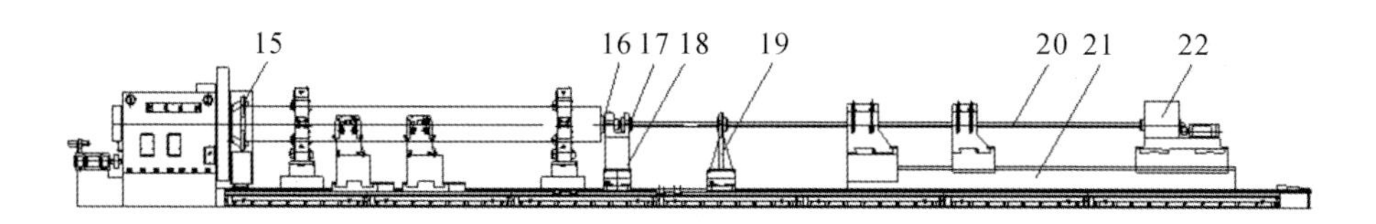

图 2.27 机床总体结构简图

1—主轴箱；2—前刀架；3—小闭式中心架；4—小开式中心架；5—床身；6—大开式中心架；7—大闭式中心架；8—尾座上体；9—尾座下体；10—后刀架；11—镗杆前支承；12—镗杆；13—镗杆辅助支承；14—镗杆进给支承；15—鼓形卡盘；16—受油器；17—减振器；18—钻杆前支承；19—钻杆辅助支承；20—钻杆；21—镗滑座；22—钻杆箱

图 2.28 机床总体实物图

4）机床结构特点

机床具备以下结构特点。

(1) 机床整体结构。该机床由 SIEMENS 840D 控制，有 13 个数控轴。机床有 2 个独立的车刀架和 1 个镗刀架，每个刀架都能够独立工作，包括编程加工、手动控制、主轴控制等，提高了加工效率。除具有重型卧式车床的一般功能外，还可以进行锥面、曲面、台阶轴、槽和螺纹的自动加工，具有大直径深孔镗、小直径深孔钻及深孔数控珩磨的功能。一次装夹，能够完成大型铸锻件从粗加工和精车外圆、锥面、回转曲面体，到深孔钻、镗、珩磨、铣键槽等全套工序。深孔镗刀架还能对大直径深孔工件进行深孔镗加工。机床具有大承重、大切削力、高精度及多功能复合的特点，广泛应用于重型机械制造、能源、交通、冶金等行业，主要用于加工 1100 MW 核电半速转子、5 m 超重型轧辊、超临界汽轮机转子、水轮机转子、航空母舰舵轴等战略装备及战略武器装备的核心零件。

(2) 大承载高精度静压主轴箱。重型复杂轴类零件具有质量大、精度要求高的特点，要求机床既能承重，又要保证静压主轴高精度的回转，同时承重大范围变化(如从满载到空载)时保持精度一致。为此，研发具有静压托的恒流静压主轴箱技术和基于反馈可调式静压主轴支承技术。主轴箱设计时，在花盘处设计一个整体静压托，可卸去主轴箱承载工件 80%以上的重量，从而使主轴箱结构更加紧凑，制造精度易于保证，且能保证静压轴承在大承重下可靠地运行。针对该机床研发的基于反馈可调式静压主轴支承技术则采用六油腔对称分布结构，每个油腔单独供油，油的流量由流量控制系统控制，该系统可跟踪油温、黏度及零件几何尺寸的综合影响，调节油的流量到最佳流量以达到高精度的要求。

(3) 双刀排重切刀架。为加快切削效率，该机床配置了双刀排重切刀架。刀架采用框式刀架结构，与刀架床身通过闭式恒流静压导轨连接，具有很大的刚度和精度，适用于各类轴类零件粗、精加工，尤其适用于强力切削(粗加工)及台阶轴、深槽的加工。框式刀架由刀架体、大型刀板、快换刀座、刀板移动机构等部件组成。刀板安装在刀架体两侧面，正刀板位于床头箱侧，副刀板位于尾座侧。在刀架体的前端设计有安装附件铣头及附件磨头的通用接口。

(4) 大直径深孔镗削装置。为加工核电半速转子的深孔，研制大直径深孔镗削装置。在深孔镗加工时，镗杆不仅要轴向进给，而且还要径向进给。由于镗杆加工孔深为 8000 mm，镗杆直径为 920 mm，镗杆长度达到 16000 mm，为保证镗杆径向进给稳定，采用三支承方式。在径向进给移动时，这三个支承必须同步。为了解决这个难题，采用一主二从的多龙门轴同步方式，三台伺服电动机均采用绝对值编码器，一次校准后，即可永久同步工作。即使机床断电，再上电后只需进行简单的回零操作，就可恢复原来的同步状态，突破了径向进给时三轴同步的难题，实现了大直径深孔的数控镗孔加工，最大镗孔直径为 3500 mm，最大镗孔深度为8000 mm。

(5) 小直径深孔钻及深孔珩磨装置。根据加工工艺的要求，钻削、珩磨及镗孔等功能均需在机床尾座端实现，造成了部件间的运动干涉、功能冲突。通过三维建模、运动仿真的方法，模拟各种加工，对结构布局进行优化，消除运动干涉，开发高速钻削主轴与低速珩磨主轴控制技术，研制深孔钻、珩磨多功能复合钻杆箱，实现了深孔珩磨径向数控微进给，取得了深孔钻与珩磨复合技术的突破。其中，小直径深孔钻刀架采用高性能的受油器和减振器。钻杆箱的特殊设计，满足钻孔、套料、镗孔、珩磨所要求的高速小扭矩及低速大扭矩等各种工况的要求，并配备先进的刀具保护软件。数控深孔珩磨系统则是数控系统控制专用的子控制系统，通过伺服油缸控制珩磨头的径向进给量，加工深孔表面的粗糙度可达 $Ra\,0.4\ \mu$m。

本章参考文献

[1] 现代实用机床设计手册编委会. 现代实用机床设计手册[M]. 北京：机械工业出版社，2006.
[2] 苏春. 数字化设计与制造[M]. 北京：机械工业出版社，2006.
[3] 文怀兴，夏田. 数控机床系统设计[M]. 2 版. 北京：化学工业出版社，2011.
[4] 陈婵娟. 数控车床设计[M]. 北京：化学工业出版社，2006.
[5] 成大先. 机械设计手册[M]. 4 版. 北京：化学工业出版社，2002.
[6] 阎楚良，杨方飞. 机械数字化设计新技术[M]. 北京：机械工业出版社，2007.
[7] 张曙，张炳生，谭为民. 重型和超大型数控机床[J]. 制造技术与机床，2012(12)：8-11.
[8] 何发诚，桂林. DL250 数控重型卧式镗车床的设计[J]. 制造技术与机床，2011(8)：59-61.
[9] 胡占齐，解亚飞，刘金超. 超重型数控镗铣床精度可靠性研究[J]. 哈尔滨工程大学学报，2011，32(12)：1599-1604.
[10] 陈光权. 金属切削机床标准应用手册[M]. 北京：机械工业出版社，1996.

第3章 大型重载机床的结构特性测试与分析技术

大型重载机床由床身、立柱、工作台等结构件组成。各结构件，尤其是主要大型结构件的结构特性直接影响机床的加工能力和加工精度。随着制造业对加工设备高速化、高精化的需求日益提升，大型重载机床所承受的载荷越来越大，机床加工过程中所承受的动载荷频率范围越来越大，机床部件的热功率越来越大，而对机床精度的要求却进一步提升，因此大型重载机床的结构特性测试与分析技术非常重要。

机床结构特性包括三项主要内容：静态特性、动态特性以及热特性。其中，静态特性和动态特性属于结构的力学性能，它们所体现的是机床结构抵抗外力作用的能力；机床结构热特性所体现的是机床结构抵抗温度变化的能力。由于大型重载机床的结构尺寸较大，结构在力及热作用下所产生的变化比小型机床的复杂，表现在：①大型重载机床零部件更多，结构特性更复杂并挂载大质量附加部件，不能使用类比法验证结构是否满足要求，而传统的力学及热学经验公式也很难准确评估结构特性；②大型重载机床结构尺寸较大，因而固有频率较低且需要较大的激励能量才能实现结构激振，对结构动态特性测试及分析技术的要求更高；③大型重载机床结构跨度较大，各部件所处的边界条件如室温、光照等存在较大差异，热特性测试与分析难度较大；等等。这使得大型重载机床的结构特性测试与分析难度相应提升。

现有研究表明，结构静态特性与机床结构的静刚度、结构几何误差等因素有关；结构动态特性与机床结构的阻尼比、固有频率、模态振型等参数相关；热特性与机床结构热膨胀特性及热源和散热条件有关。但是，这些研究成果主要面向普通机床，针对大型重载机床的结构特性测试与分析技术很少见报道。

本章将在借鉴国内外现有成果的基础上，依据武重工程经验及与华中科技大学的产学研合作成果，系统论述大型重载机床结构特性测试与分析技术。首先介绍大型重载机床主要结构特性，详细分析其与普通机床结构特性的差异，以及测试和分析工作中的难点；然后针对大型重载机床特点，讨论其静态特性、动态特性、热特性测试特点及关键技术，并提供相关测试案例作为参考；最后系统地归纳总结大型重载机床结构特性分析中的边界条件计算方法和接合面参数计算方法，并提供相关分析案例作为参考。

3.1 大型重载机床主要结构特性

3.1.1 静态特性

机床结构的静态特性指机床结构在空载或恒定载荷下结构上某些特征的几何精度或位置精度发生变化的特性，是机床最基础的特性。机床结构静态特性通常由直线度、平面度、刚度等体现。机床静态特性可直接用于评估机床空载或恒载下的精度以及抵抗恒定载荷的能力。机床结构静态特性研究历史非常漫长，在三种结构特性研究中最为成熟，已经形成了一系列的结构技术规范及测试标准。例如，《数控龙门镗铣床技术条件》(JB/T 6600—2006)、《龙门机床精度测试标准》(ISO 8636-2:2007)，等。

相对中小型机床，大型重载机床的新型号设计难度更大。小型机床结构尺寸较小，结构尺寸跨度与结构宽度之比较小，因而结构变形大多为线性变形，即整体变形趋势一致。而大型重载机床结构支承点跨距与结构横截面宽度比值较大，并挂载了各种大质量配件，因而结构变形可能呈现非线性趋势，即同一结构上不同部位的变形趋势不一致，例如，镗床和立式车床的立柱、铣床及车床的龙门等结构。另一方面，大型重载机床制造复杂、产品价格高昂，通过试制物理样机进行方案验证周期很长且耗费巨大。这些特性使得传统新型号设计时只能采用经验设计方法并将安全系数放大，使得结构强度冗余，这给企业的效益、机床加工效率和环保都带来不利影响。随着计算机技术的发展，大规模建模及计算变得简单可行，采用有限元方法进行结构静态特性分析是目前机床行业的趋势。

虽然在加载合适的约束和材料参数后使用有限元分析技术计算单个结构

件的变形和应力的精度已经很高，但是，机床结构静态特性部分的测试技术在机床制造中不可缺少。因为有限元模型是理想模型，不考虑结构的制造和加工精度，而且结构中接合面的存在也使得组合结构的有限元计算结果精度不高，只有通过标准的测试技术才能够准确获得机床结构的静态特性。

综合以上分析，本章静态特性部分将阐述结构有限元分析技术及误差测试方面内容。

3.1.2 动态特性

机床结构的动态特性指机床结构在动态载荷作用下结构上某些特征的几何精度和位置精度发生变化的特性。机床结构的动态特性主要通过固有频率、模态振型、动刚度以及阻尼比等参数来体现。机床结构动态特性研究起步较晚，但是研究成果丰富，通常用于参数优化、结构优化以及故障诊断等领域，目前有大量的专家学者在这个领域开展工作。机床动态特性与机床加工性能密切相关，在大型重载机床设计中，机床结构动态特性研究工作主要为避免结构共振或者切削颤振。机床的共振发生在特定频率的外部激励作用下。当一个或多个结构固有频率与外部激励频率接近而且模态振型的运动矢量方向也相近时，就会发生共振现象。当机床发生共振时，零部件的动刚度将迅速降低，并伴随较大的噪声及振动，有可能破坏机床功能部件，降低机床装配精度并导致加工对象的损坏。切削颤振是切削过程中刀具与工件之间发生相对振动导致加工表面破坏甚至刀具破损的现象。除切削参数外，切削颤振与主轴系统、工件和夹具的动态特性有关。当针对特定领域的客户开发机床时，需保证所设计的机床不会在客户常用加工参数下发生切削颤振。

由于大型重载机床结构较大，所以其固有频率较中小型机床低，这导致大型重载机床更有可能被周围环境中的激励源所激励。因此必须对大型重载机床的主要结构件进行动态特性分析，避免其被环境激励源激发而发生结构共振及切削颤振。采用有限元分析技术实现机床结构动态特性分析是当前机床行业常用的方法，该方法通过模态分析技术、谱分析技术等获取结构固有频率、模态振型及动刚度曲线。但是由于结构阻尼很难通过解析方法得到，因此通过仿真分析手段并不能完全得到结构的动态特性。导致这种缺陷的原因是除了结构内的阻尼，轴承、丝杠等接合部位的阻尼更大，而且差异性很大，这使得结构

的 Q 因子(参考 ISO/TR 230-8:2010,描述振动系统响应函数灵敏度的物理量)难以预测,进而导致结构阻尼无法通过理论计算得到。目前,仿真模型中的阻尼都基于测试得到。

虽然仿真分析手段无法实现准确完备的结构动态特性分析,但是结合测试技术可逐步修正仿真模型,对今后的机床设计进行理论指导。结构动态特性测试技术基本上可分为试验模态分析(EMA)技术、工作模态分析(OMA)技术两种。但是大型重载机床大尺度的结构要求的激励能量较大,传统测试的激励方式往往难以实现结构的充分激励。

综上所述,本章将阐述大型重载机床动态特性有限元建模与分析技术和动态特性测试技术。

3.1.3 热特性

机床结构的热特性指机床结构在不同升温及降温条件下的某些特征的几何精度和位置精度发生变化的特性。目前数控机床随着机床定位精度和刀具性能的不断提高,几何误差和切削力误差在一定程度上已经得到了较好的解决,由温度变化引起的热误差成为影响机床精度的最重要和最难以解决的问题。据统计,机床加工误差的40%～70%是由结构热变形引起的。切削过程中,轴承、电动机及导轨间的摩擦会产生大量的热量,致使机床部件通过变形来平衡热应力的作用,而且环境温度也直接影响机床床身导轨和工作台的精度。环境温度受气温变化的影响,不论是冬夏气温之差,还是昼夜气温之差,对大型精密机床的加工精度都会产生严重的影响。大型重载机床(如大型立式车床、龙门铣床、落地式镗铣床等),由于体型巨大,结构尺寸大,受温度变化影响所导致的热变形远远大于中小型机床的。实践证明,环境温度的变化引起的热变形可以使得加工零件达不到加工精度的要求,如武重现有的 XK2645×100/40×15 数控龙门移动镗铣床在 48 h 内停机静止状态下温度变化导致机床发生变形,刀具位置随室内温度变化位移最大可达 0.2 mm,远大于进给系统的几何误差(机床定位精度为 0.015 mm)。除轴向及径向变形外,机床结构热变形还会导致机床各移动轴的直线度以及移动轴之间的垂直度发生变化。

由于机床热变形的显著性,几十年来国内外生产企业和专家学者针对各种数控机床、加工中心和坐标测量机床进行了大量的研究,并提出多种理论和方法来减少或者补偿机床热误差,包括温度控制、热误差补偿等。但是,这些主动或被动补偿措施在大型重载机床上的应用存在一定缺陷。首先,温度控制方法在大型重载机床上不易实现,大型重载机床体积大,工作行程大,零部件热容量大,温度控制方法实施成本较高。其次,热误差补偿技术在大型重载机床上的应用效果有限。当前的热误差补偿主要集中在线性轴定位误差的补偿,整机的热误差补偿是三轴热误差补偿而不是空间 3D 热误差补偿。大型重载机床的非均匀温度变化引起的热误差时变、非线性特性明显,同时大零部件、大尺寸结构的空间热变形显著,已经超出了单轴热误差分析和补偿的范畴,常规补偿技术难以有效应用于大型重载机床的热误差补偿。与以上补偿措施不同,热稳定性设计技术在大型重载机床的设计制造阶段进行热误差机理分析,进而采取措施(如结构优化和运用性能好的材料等)来提高机床的热稳定性。热稳定性设计技术从机床结构出发,从根源上减小大型结构件的热变形,在大型重载机床的结构热特性设计中非常重要。

大型重载机床部件的结构形状不规则导致内部传热复杂,确定热源及散热边界条件相对困难,用理论解析法很难求得机床温度场变化。目前企业及研究机构主要使用有限元分析方法进行结构热特性分析,通过将结构模型离散为大量的网格,可精确计算复杂结构内部的热传递数据及温度。但是,应用有限元分析方法同样需要掌握机床各部件材料的热特性、整个机床系统的热源分布及其功率大小以及各表面的热传导和热扩散系数。目前机床上的热源功率、表面热扩散系数及热传导系数都有基于试验的经验公式,通过试验对这些公式中的参数进行标定即可有效提升有限元分析模型精度到满意的程度。

结合以上分析,本章将对大型重载机床典型部件的热特性有限元仿真分析、测试技术进行阐述。

3.2 大型重载机床结构特性的测试方法

3.2.1 静态特性测试方法

大型重载机床的静态特性测试内容为测试机床在空载或者恒载作用下的

误差值。开展大型重载机床静态特性测试非常重要，原因有三点：首先，大型重载机床中的大型结构件加工误差较大，同时结构件安装时的跨度也很大，这导致大型重载机床结构件在装配后的误差相对较大；其次，机床误差种类很多，与结构静态特性相关的误差为几何误差、运动误差及力误差，造成这些误差的原因有结构设计、装配、制造工艺、零部件相对运动、重力、载荷、加工工艺等，依据统计，与静态特性相关的机床几何误差及力误差占数控机床误差源的30%；最后，减小由机床静态特性所导致的误差的方法包括改进结构设计方案、制造工艺、加工工艺或使用数控系统插补等，但是，开展这些工作的前提是能够准确获取机床的误差。

机床静态特性通过误差值来评估，本小节将简单介绍与大型重载机床静态特性有关的误差体系、测试方法以及测试内容。

1. 机床误差体系

1）误差元素

导轨是大型重载机床上的主要部件相对位置和运动的基准，结构在导轨上移动时会产生6项误差，对应刚体运动的6个自由度，如图3.1所示。图中结构沿 X 轴移动，这6项误差中，$\delta_x(x)$为定位误差，与结构静态特性无关，$\delta_y(x)$为水平方向直线度误差，$\delta_z(x)$为垂直方向直线度误差，$\varepsilon_x(x)$为滚转误差，$\varepsilon_y(x)$为俯仰误差，$\varepsilon_z(x)$为偏摆误差。

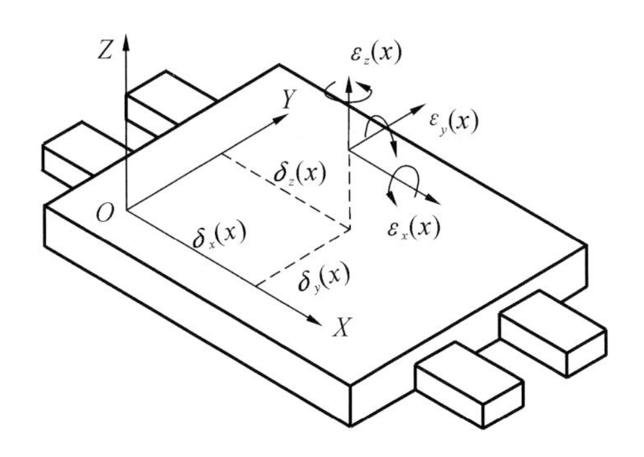

图3.1　平面二维6项误差元素

导轨与导轨之间存在垂直度误差，当结构在三条导轨上同时运动时，会在空间三维内造成9项直线度误差、9项转动误差以及3项垂直度误差，示例如图3.2所示。

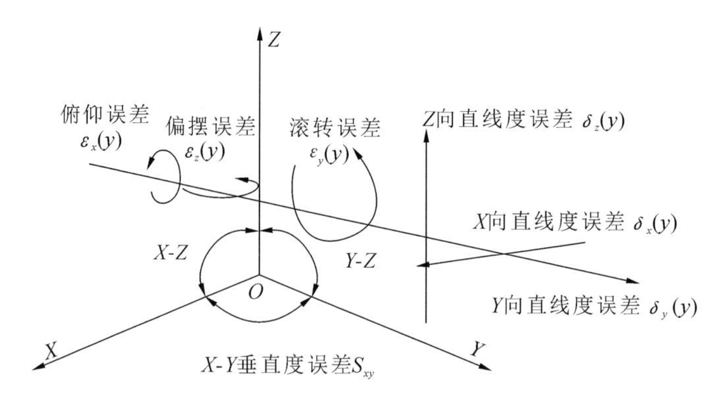

图 3.2　三轴机床 21 项误差示例

2）机床误差综合方法

机床误差综合方法有两种，分为空间误差综合方法及体积误差综合方法。空间误差就是将机床 21 项误差做空间矢量叠加，如图 3.3 所示，要求在机床工作空间内任意两点间的误差不超过一定值。体积误差是机床工作空间内任意两点间的位置误差，是移动误差分量的矢量叠加。假设设定机床从点 A 运动到点 B，而实际机床运动到了点 C，则可用 BC 表示体积误差，如图 3.4 所示。

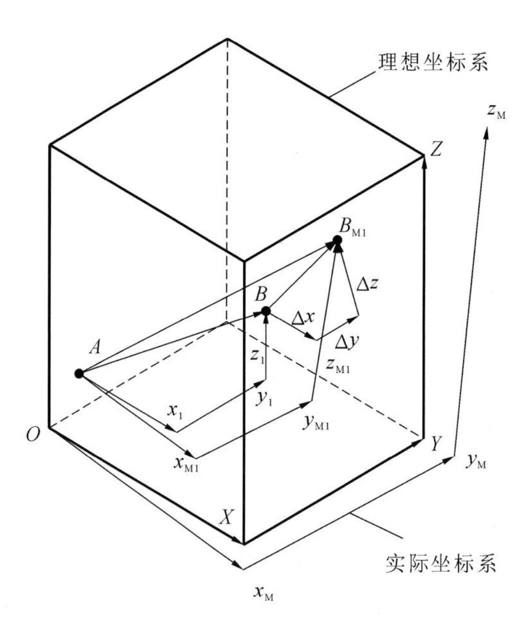

图 3.3　空间误差

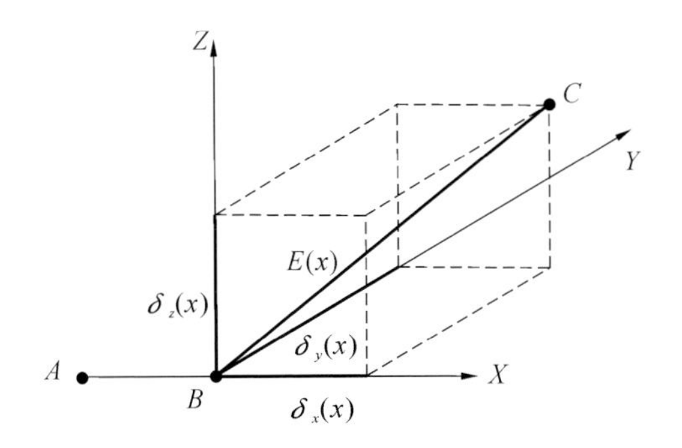

图 3.4 体积误差

2. 误差测试方法

机床误差检测难度很大。我国提出了一系列机床几何精度(GB/T 17421.1—1998),机床位置、定位精度(GB/T 17421.2—2016)的检测试验标准。针对不同类型的机床也有不同的精度测试要求及技术条件的行业标准,如《落地镗、落地铣镗床 技术条件》(JB/T 8490—2008)、《数控龙门镗铣床 技术条件》(JB/T 6600—2006)等。

检测机床几何精度的工具有:精密水平仪、角尺、平尺、平行光管、指示器、测微仪和检验棒等。测量直线运动误差的传统工具有测微仪、成组块规、标准刻线尺、金属线纹尺、步距规、光学读数显微镜、准直仪、激光测量仪。测量转动误差的工具有高精度标准分度转台、多面体、高精度双球规和平面光栅等。其中,激光测量仪、高精度双球规和平面光栅(见图 3.5)是近年来才出现的测试设备,它们由于测试精度高、效率高的特点在企业的应用越来越广泛。

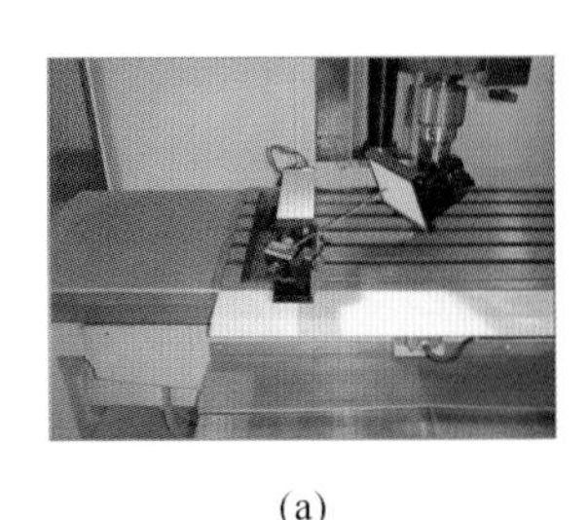
(a)

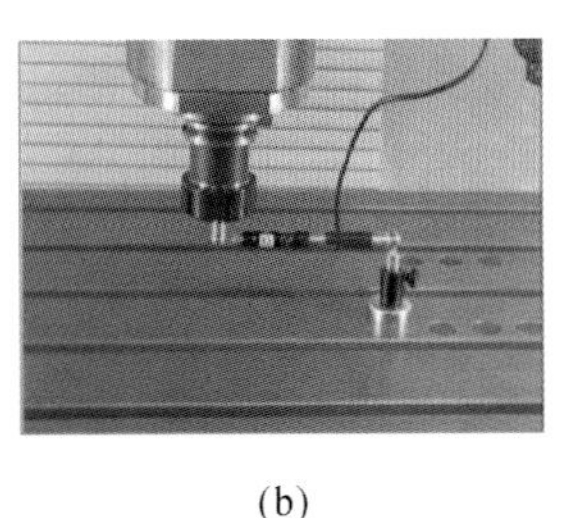
(b)

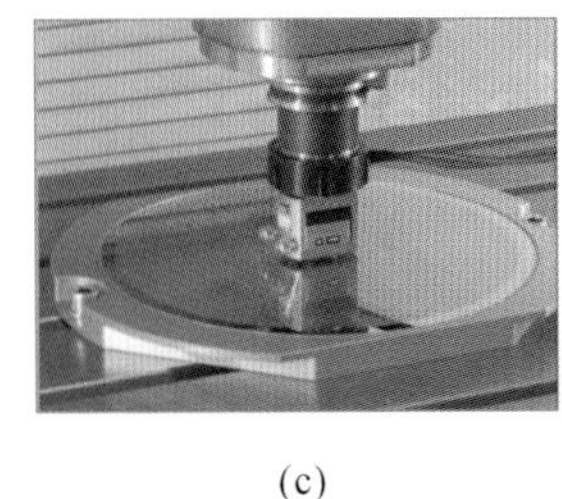
(c)

图 3.5 高精度测试设备

(a) 激光测量仪 (b) 高精度双球规 (c) 平面光栅

机床误差的检测方法分为单项误差检测和综合误差检测两种。顾名思义,单项误差检测每次检查一项误差,测试方法简单,测试精度高,但比较耗时;而综合误差检测则一次测试多项误差,再通过算法分解得到各项误差分量,是一种快速测试机床误差分量的方法。大型重载机床静态特性测试中通常采用单项误差检测的方法。

为了获得准确的机床工作空间的误差值,测试误差时,必须遵守以下规则。

(1) 一致性　数控机床误差的测试条件应和使用条件一致。

(2) 完备性　测试应尽可能地反映机床所有工作条件下的整个机床工作空间的实际情况。

(3) 可重复性　测试仪器精度要满足要求,测试结果的可重复性要好,真实反映机床的运动情况,并要求测量仪器尽可能简单,操作方便。

3. 大型重载机床主要测试内容

不同类型的机床静态误差测试内容在细节处有所差异,但是测试内容有一定普适性。限于篇幅本小节将以最大车削直径不小于 10 m 的单柱移动式铣车床为例介绍大型重载机床的精度测试主要内容。依据国际标准,机床精度检测主要分为三个部分:在无载荷或精加工条件下机床的几何精度、运动轴线的定位精度和重复定位精度以及加工精度。机床各轴线的代号规定如图 3.6 所示。

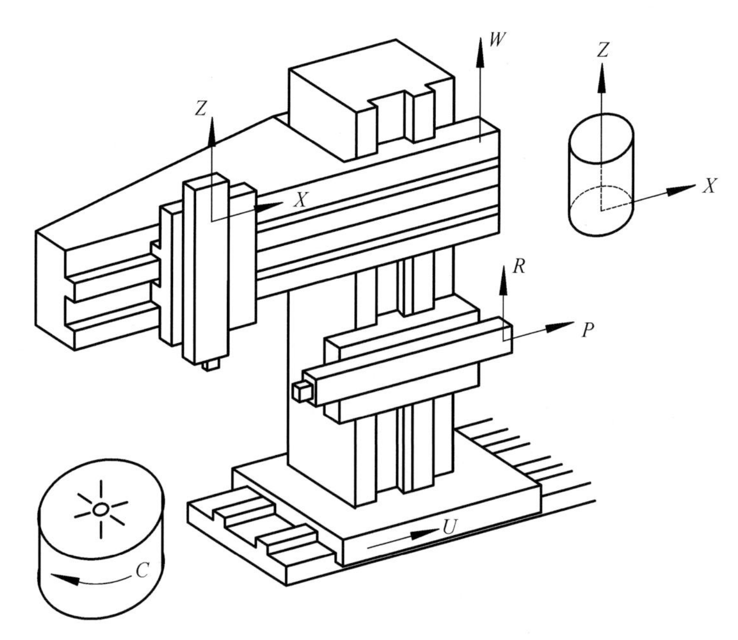

图 3.6　单柱移动式铣车床轴线代号规定

1) 几何精度主要检测内容

几何精度主要检测内容如下。

(1) 使用平尺、桥板、精密水平仪检测工作台平面度。

(2) 使用指示器检测工作台端面跳动以及外圆面的径向跳动。

(3) 使用指示器和检验棒或平尺、角尺及等高块检测横梁垂直移动对工作台回转轴线的平行度,包括垂直于横梁的平面内的数据及平行于横梁的平面内的数据。

(4) 使用指示器和检验棒或平尺、角尺及等高块检测横梁移动时的倾斜度。

(5) 使用指示器、平尺和等高块或光学方法检测垂直刀架移动对工作台面的平行度。

(6) 使用指示器、平尺和等高块或光学方法检测垂直刀架滑枕移动对工作台回转轴线的平行度,包括垂直于横梁的平面内的数据及平行于横梁的平面内的数据。

(7) 使用指示器和检验棒检测垂直刀架铣轴锥孔的径向跳动,包括铣轴端部及距铣轴端部 300 mm 处的数据。

(8) 使用指示器检测垂直刀架铣轴的定心轴颈的径向跳动、端面跳动及周期性轴向窜动。

(9) 使用指示器、检验棒和专用支架检测垂直刀架铣轴轴心线与工作台回转轴心线的同轴度。

(10) 使用精密水平仪检测立柱移动时在平行于床身的平面内以及在垂直于床身的平面内的倾斜度。

(11) 使用指示器、平尺和等高块或光学方法检测侧刀架移动对工作台面的垂直度。

(12) 使用指示器、平尺和等高块检测侧刀架移动对工作台面的平行度。

(13) 使用指示器、检验棒检测侧刀架铣轴锥孔的径向跳动,包括铣轴端部及距铣轴端部 300 mm 处的数据。

(14) 使用指示器检测侧刀架铣轴的定心轴颈的径向跳动、端面跳动及周期性轴向窜动。

2) 定位精度和重复定位精度的主要检验内容

定位精度和重复定位精度的主要检验内容如下。

(1) 使用激光测量装置或线性标尺检测垂直刀架 X 轴线移动的定位精度和重复定位精度。

(2) 使用激光测量装置或线性标尺检测垂直刀架 Z 轴线移动的定位精度和重复定位精度。

(3) 使用激光测量装置或线性标尺检测侧刀架 R 轴线移动的定位精度和重复定位精度。

(4) 使用激光测量装置或线性标尺检测侧刀架 P 轴线移动的定位精度和重复定位精度。

3) 加工精度主要检测内容

加工精度主要检测内容如下。

(1) 车削三个最大宽度为 20 mm 的同心环带表面测试,试件如图 3.7 所示。

(2) 铣削特定零件上端面、各台阶面及其圆柱面和圆弧面精加工表面测试,试件如图 3.8 所示。

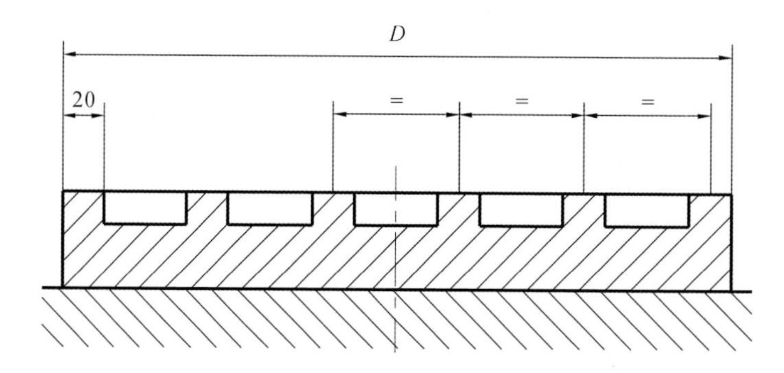

图 3.7　同心环带表面测试试件

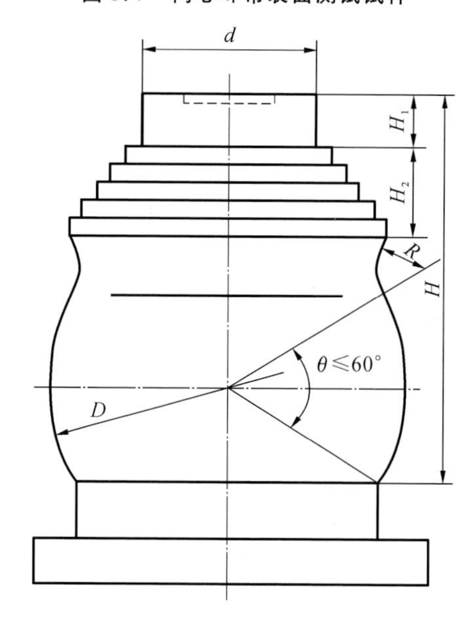

图 3.8　圆弧面精加工表面测试试件

以上测试内容为机床的关键精度测试项，机床结构件静态特性仿真计算也应该以这些测试项为评价标准。

3.2.2 动态特性测试方法

由于实际工况非常复杂，理论研究方法难以精确掌握机床结构真实动态特性，因此通过测试研究结构的动态特性是最直接的方法。动态特性测试方法主要通过人为地输入可测的激励力对机床结构实施有效激励，并同时测量机床结构在该输入力下的响应以获得结构的频响函数，最后通过频响函数来分析机床结构的动力学特性。

从以上分析可以看到，结构动态特性研究的试验模态分析方法包括三个环节：振动激励、信号检测和参数识别。它以一定假设条件（如线性、定常、稳定性等）为前提，以一定理论（如线性振动理论）为基础，通过振动试验激励被测结构或样机，并同时测试结构或样机的输入输出信号（或只测试输出响应信号），采用参数识别方法建立结构的模态参数模型，研究结构的动态特性。这些模态参数包括固有频率、模态阻尼比和模态振型等。

1. 模态测试方法

按照激励力的频带范围，各种振动激励技术所采用的激励信号可分为单频信号和宽带信号两大类。单频信号包括扫描正弦信号和步进正弦信号，宽带信号包括暂态信号、周期信号和非周期信号三大类。其中猝发随机信号、猝发快扫（猝发扫描正弦）信号和冲击激励信号属于暂态信号，伪随机信号、周期随机信号和周期快扫（快速扫描正弦）信号属于周期信号，纯随机信号则是典型的非周期信号。

激励装置产生各种激励信号并直接作用于被测结构，以激励起结构的振动响应。力锤和激振器是常见的人为激励装置（见图3.9）。力传感器和一定质量的锤体结合在一起，并配以适当材料的锤头制成的顶帽，即组成模态试验中常用的力锤（见图3.9(a)）。力锤产生脉冲冲击激励信号作用于被测结构，激励力的大小、频带宽度和激励能量与锤头硬度、锤体质量和被测对象接触点处的材料硬度有关。用锤激方法激励结构，设备简单，操作方便快捷，激励力在较宽频带内有较平直的频谱特性，在中等结构（特别是小型结构）的动态测试中得到广泛应用。激振器（见图3.9(b)）能使被激励对象产生一定形式和大小的振动量。

常用的激振器有惯性式、电动式、电磁式、电液式等类型。各种激振器可以采用多种激励信号,具有频带可调的平直频谱特性;不同类型的激振器可以满足振动试验对不同频率、激励力和激励能量的要求。

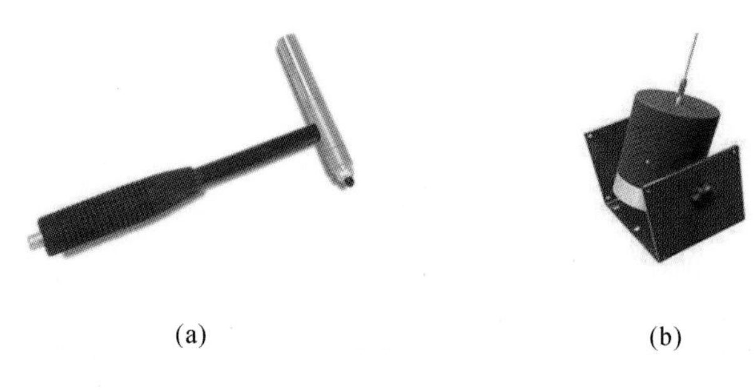

(a) (b)

图 3.9 激励装置

(a) 力锤 (b) 激振器

通过人为产生激励信号的测试方法称为试验模态分析方法,在实际测试中除使用人工激励信号的方法外,还有使用工作环境激励信号作为激励源进行模态测试的方法,称为工作模态分析方法。大型土木结构,如大型建筑物、桥梁、海洋平台等,可通过工作模态分析方法测试其在大地脉动、自然风、海浪和交通载荷等使用载荷作用下的微小振动,分析结构的动态特性。由于工作模态分析方法可以确定结构全尺度的振动模态,从 20 世纪 90 年代以来,它在航空航天、汽车和建筑领域引起极大关注。

试验模态分析方法经过长期发展,已经成为一种被广泛应用于机械工程等领域的常用方法。但是,在大型重载机床上,试验模态分析方法有时难以有效实施。首先,对于大型结构件,力锤敲击的输入能量有限,产生的振动响应的信噪比和有效值峰值比也较差。其次,激振器虽然可以产生有效值峰值比和信噪比都较高的振动响应信号,但是激振器系统价格昂贵,激励力较大的激振器系统的价格则达数十万甚至上百万,很难适用于大型重载机床的振动试验中。最后,数控机床工作状态下其动态特性会随着运行速度发生变化,也会随着机床姿态变化而发生变化,而目前的试验模态分析方法只能获得机床静止状态下的动力学参数。

基于响应的工作模态分析方法利用结构在工作环境下的振动信号辨识模态参数,因此可以有效避免试验模态分析方法的不足。大型重载数控机床即使在空载运行过程中,运动状态的改变也会引起结构的振动。并且,数控机床的运动是可控的，控制参数是可调的，而环境振动以结构使用中外界作用或自身原因引起的振动响应为分析目标，为大型重载数控机床的结构研究提供了思路。目前，华中科技大学的李斌课题组在这方面已经开展了一系列的工作。

尽管工作模态分析方法相对于试验模态分析方法具有诸多优点，但是由于工作模态分析方法是在激励力未知的条件下仅仅利用被测结构的振动响应来识别模态参数，因此这种方法只能获得结构的固有频率、阻尼比以及未归一化的振型，而无法获得频响函数（动刚度）。然而，机床结构的动力学仿真分析、结构优化、载荷估计以及故障诊断等应用需要用到结构的频响函数。这使得工作模态分析方法识别出的模态参数无法直接应用于上述应用中。

2. 响应测点布置

在动态特性测试中，传感器布点的位置非常重要，需要兼顾测试效率以及测试精度。若响应测点数量过多，则需要大量传感器或进行多次测试，导致成本高及测试时间很长；而若响应测点数量不足，测点位置布置不当，则可能会漏掉模态，从而影响识别参数的精度。如何选择响应测点的数量和位置，对结构动态特性测试十分重要。目前，在动态特性测试试验中，有多种响应测点的优化布置准则。其中模态试验领域中常用的优化准则大致有识别误差最小准则、模态应变能准则、模型缩减准则、可控度/可观度准则、插值拟合准则，以及使用模态置信因子（modal assurance criterion，MAC）矩阵的非对角线元素值最小的方法选择响应测点等方法。

以上各种准则中，识别误差最小准则在响应测点优化布置中使用得最多，模态应变能准则的计算方法比较简单。基于模型缩减准则的研究方法可以保证低阶模态的精度。插值拟合准则只适用于形状简单的一维和二维结构的响应测点布置问题。目前大多数优化方法需要建立在有限元分析结果的基础上，有限元建模的误差会不可避免地影响到应用各种优化准则得到的最终结果。目前的各种优化准则在给定响应测点数量的基础上优化测点的位置和数量，确定响应测点的初值问题，仍然是目前应用各类准则方法面临的难题。相应的优化配置算法，计算复杂且效率较低，最终也只能得到响应测点的次优解。

3. 模态参数识别方法

根据对输入信号的要求，模态参数识别方法可分为两大类：一类是基于激励和响应信号的结构试验模态参数识别方法,另一类是只基于响应信号的结构工作模态参数识别方法。

1) 试验模态参数识别方法

根据输入输出方式,传统模态参数识别方法可分为单输入单输出(SISO)方法、单输入多输出(SIMO)方法和多输入多输出(MIMO)方法;根据识别模态数,又可分为单模态识别方法、多模态识别方法、分区模态综合识别方法和总体识别方法。各种传统识别方法主要根据直接估计或曲线拟合的方法,从频响函数中得到结构的模态参数。目前精度较高、识别效率最好的试验模态参数识别方法为 LMS 公司提出的 PolyMax 模态参数识别方法。

2) 工作模态参数识别方法

至 20 世纪 90 年代中期,多种工作模态分析方法在工业领域得到了广泛的应用,但是每一种方法(如 ITD、LSCE、PTD、NExT 等)都有各自的优缺点。2003 年,LMS 公司提出了基于频域分析的最小二乘模态参数估计方法,该方法对参考点与测点间的互功率谱矩阵进行最小二乘拟合从而获得被测系统的模态参数。由于直接利用频域数据进行分析,与传统的时域工作模态分析方法相比,该方法可以生成具有更好鲁棒性的稳态图,识别结果更加清晰可靠,成为目前商业软件运用中最流行、最先进的模态分析方法。

4. 大型重载机床动态特性测试案例

下面以武重滚齿机整机动态测试为例,讲解动态特性测试技术在大型重载机床上的应用。试验采用 LMS 动态测试系统,以单输入多输出的方法对所要测试的结构进行锤击模态试验。测试方案示意图如图 3.10 所示,测试流程如图 3.11 所示。

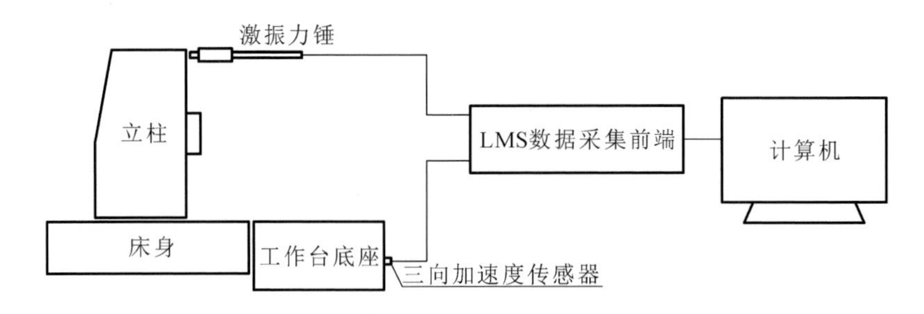

图 3.10　整机动态特性测试方案示意图

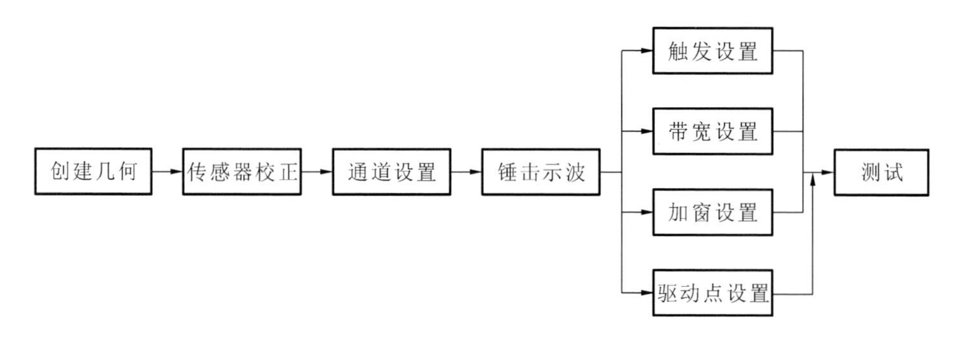

图 3.11　测试流程

动态测试系统由滚齿机本体、LMS 数据采集前端、三向加速度传感器、激振力锤和计算机等组成，如图 3.10 所示。试验采用的测试和分析系统是 LMS Test Lab 9B 系统。试验采用的拾振器为美国 PCB 公司生产的 356A16 型 ICP 三向加速度传感器。激振力锤是 SIMO 模态试验必备仪器。激振力锤由力传感器、锤帽、附加质量块组成，通过组合可以得到不同频率范围的激励信号。

1）建立测试模型

依据测试对象几何模型设置此次试验测点分布，如图 3.12 所示，床身 88 个，底座 72 个，花盘 40 个，立柱 119 个，溜板 12 个，整机共计 331 个。每个测点在测试中对应一个三向加速度传感器。

图 3.12　LMS 测试系统中测试模型

2）调试激励参数设置及测试信号

本案例采用激振力锤激励方式，需要进行锤击测试的设置，包括触发级别、带宽、窗及锤击点的选取等。图 3.13 所示是测试窗口截图，该视图分为左右两个部分。其中从左边上半部分可以看到力锤参数设置好后所得到的力锤激励信号，中间部分是加速度传感器所得到的响应信号，从图中最下部分右侧可以看到输入输出信号的相关性非常好。视图右边表示该次测试所对应的测点编号。

3）分析整机动态特性测试结果

分组采集所有测点的响应信号后，进入动态特性测试数据分析环节。测试数据分析使用了 Modal Analysis 模块，为了减少分析误差，通常对各测点的频响函数进行求和处理，得到一条总和频响函数曲线。经过软件自动识别，得到滚齿机整机稳态振型图，如图 3.14 所示。

图 3.14 中，“o”表示该点极点不稳定，“v”表示该点极点向量稳定，“s”表示该点极点的频率、阻尼、向量都稳定。“s”最多的几个峰值点处的频率值即为测试结构的模态频率。使用软件计算后得到滚齿机整机的前 9 阶模态，如表 3.1 所示。

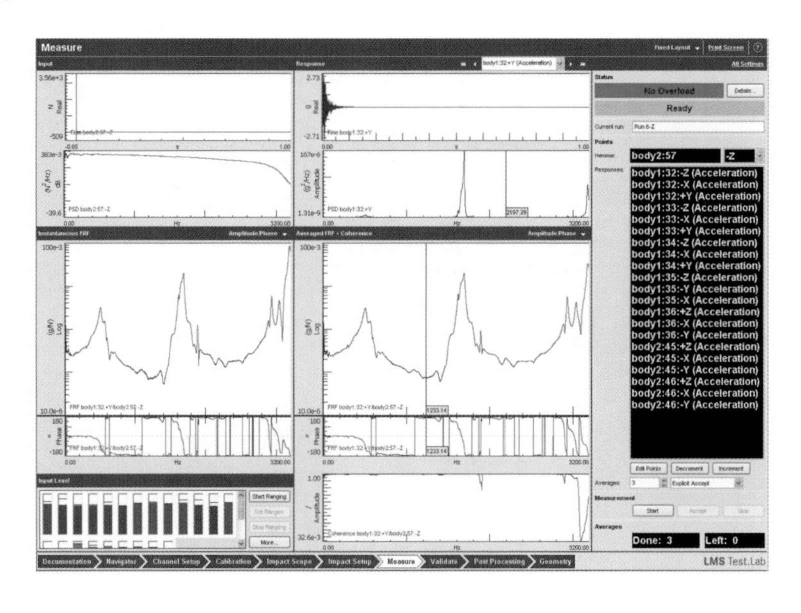

图 3.13　测试窗口截图

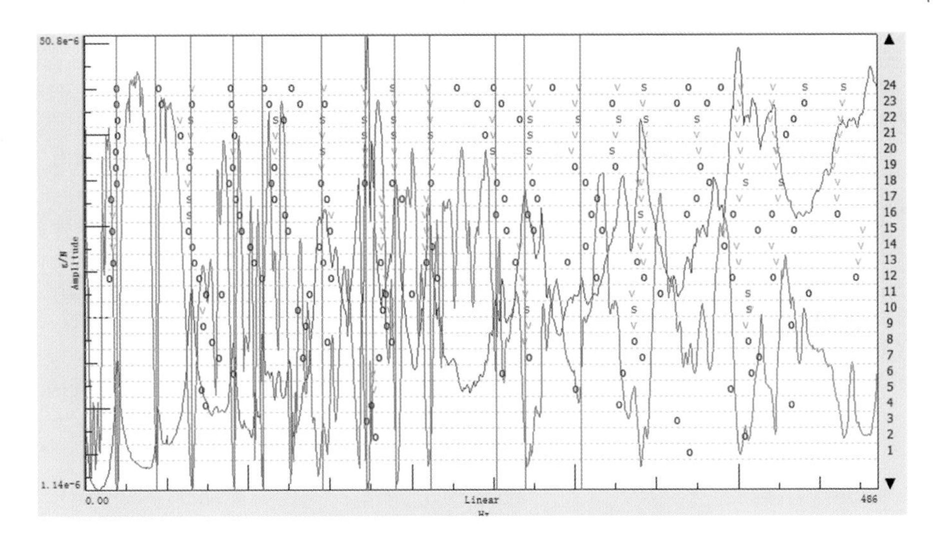

图 3.14 滚齿机整体稳态振型图

表 3.1 滚齿机整机的前 9 阶模态

阶次	$f_1=19.3$ Hz	$f_2=44.3$ Hz	$f_3=56.4$ Hz
振型			
振型描述	整机以中心面为对称面呼吸膨胀	立柱左右两侧面绕 Y 轴一阶反向弯曲，立柱前后两侧面、溜板、床身、工作台底座绕 Z 轴扭转	立柱左右两侧面绕 Y 轴二阶反向弯曲，立柱前后两侧面、溜板、床身和工作台底座绕 Z 轴扭转
阶次	$f_4=80.5$ Hz	$f_5=91.3$ Hz	$f_6=107.6$ Hz
振型			

续表

阶次	$f_4=80.5$ Hz	$f_5=91.3$ Hz	$f_6=107.6$ Hz
振型描述	立柱左右两侧面绕 Z 轴一阶同向弯曲,立柱后侧面一阶弯曲,床身和工作台底座绕 Y 轴一阶扭转	立柱左右两侧面绕 Z 轴一阶反向弯曲,立柱后侧面一阶弯曲,床身和工作台底座绕 Y 轴一阶弯曲	立柱左右两侧面绕 Y 轴二阶反向弯曲,床身和工作台底座绕 Y 轴一阶弯曲
阶次	$f_7=117.8$ Hz	$f_8=143.2$ Hz	$f_9=146.9$ Hz
振型			
振型描述	立柱左右两侧面绕 Z 轴一阶反向弯曲,前后两侧面绕 Z 轴一阶同向弯曲,床身和工作台底座绕 Y 轴一阶弯曲	立柱左右两侧面绕 Z 轴二阶同向弯曲,前后两侧面绕 Z 轴二阶同向弯曲,床身和工作台底座绕 Y 轴二阶扭转	立柱左右两侧面绕 Z 轴二阶反向弯曲,前后两侧面绕 Z 轴二阶反向弯曲,床身和工作台底座绕 Y 轴二阶扭转

3.2.3 热特性测试方法

机床热特性测试是实现机床热特性建模及机床热误差补偿的前提条件。机床热特性测试包括三项内容:第一项内容为结构热误差测量,结构热误差测量方法与静态特性测试内容相似,本小节不再复述;第二项内容为机床环境、结构的温度测量;第三项内容为机床运行参数及冷却条件监控。通过结构热特性测试,可标定机床热源及散热模型,为机床热特性建模提供帮助,也为机床热误差补偿模型提供热变形数据与温度等参考量的关系。

在大型重载机床热特性测试中需注意测试设备的选择以及测温点的布置。

1. 测试设备的选择

机床热特性测试涉及温度、位移、流量、压力及时间等物理量的采集,传感器的测试方式和精度将直接影响测试精度。

工业用的温度传感器有接触式测量和非接触式测量两种。其中,接触式温度传感器有热电偶、热电阻、半导体热敏电阻、石英谐振测温仪等，非接触式温度传感器有红外线测温仪、光纤双色高温计、光纤高温计等。典型的接触式温度传感器（见图 3.15）具有结构简单、动态响应快、信号便于传送的优势，缺点是其测量的是平均温度，不能捕捉瞬态温度信号和温度分布情况，有时需要在零部件上加工工艺孔来放置温度传感器，会降低零部件强度。典型的非接触式温度传感器（见图3.16）具有灵敏度高、响应速度快、抗电磁干扰、适于远距离传输、便于与计算机连接的优点，但是价格昂贵，只能测表面温度，难以测量机床内部温度，而且用于机床结构测试时的精度低于接触式传感器的。

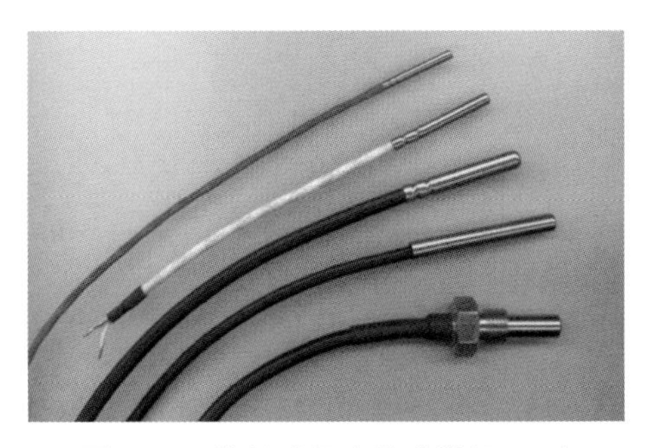

图 3.15　接触式温度传感器(Pt100)

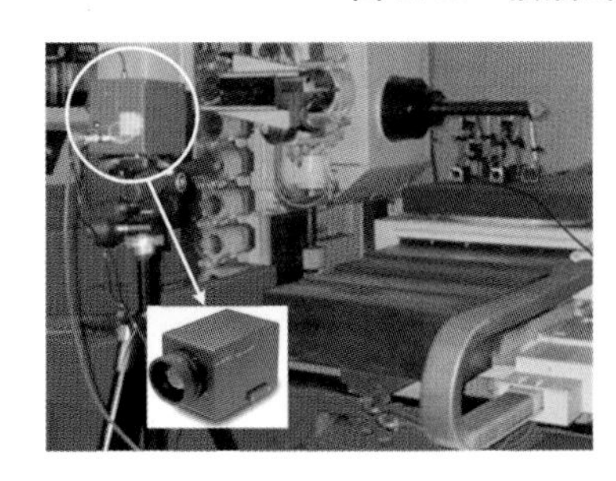

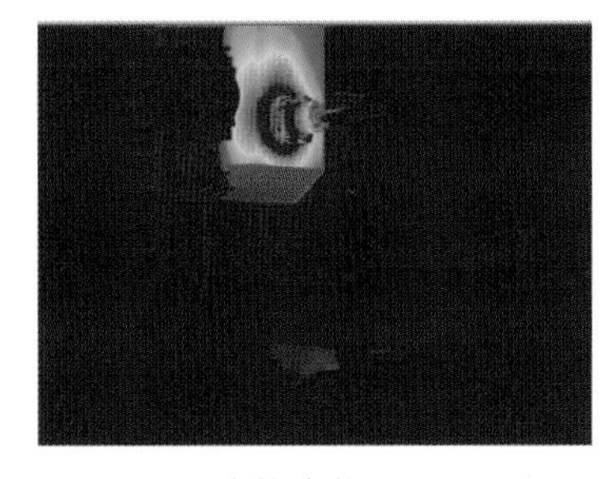

图 3.16　非接触式温度传感器测量(红外热像仪)

在大型重载机床温度测试时以接触式传感器为主，非接触式传感器则用于补充测试。另外，由于大型重载机床结构较大，需考虑传感器信号强度问题，当测试距离在 30 m 以内时推荐使用输出模拟信号的传感器，当距离大于 30 m 时推荐使用输出数字信号的传感器。

在静态特性测试中提到了多种位移测试设备，大型重载机床的工作空间较大，接触式测量设备如球杆仪等测量空间有限，不太适用，推荐使用光学测试方法如使用激光测距仪测量。

热特性测试中还需要监控冷却液压力、流量或者压缩气体压力和流量等数据,需依据测试范围和工作环境选择合适的压力、流量传感器。传感器的输出信号类型依照信号传送距离来选择,与温度传感器一致。

当所有的物理量通过传感器转化为电信号后再由信号采集系统记录,整个热特性测试系统如图 3.17 所示。

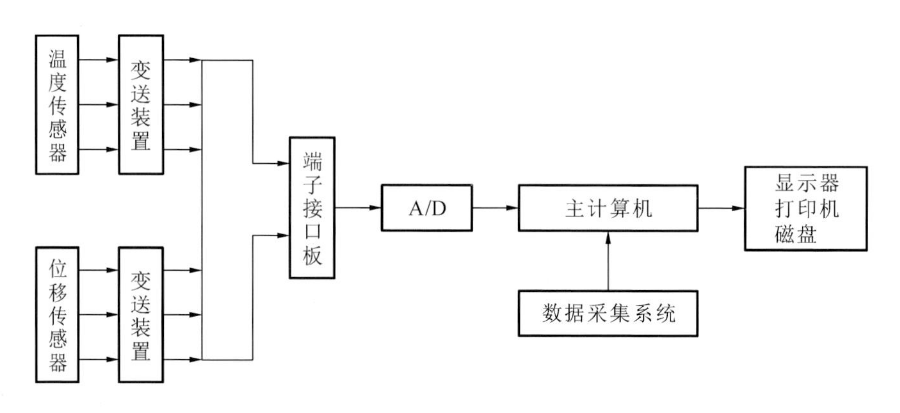

图 3.17 热特性测试系统

2. 测温点的布置

机床热特性测试中,测温点的布置是关键和难点。过多的测温点会加大测试成本和试验设备安装难度,测温点太少又有可能无法用于热误差补偿。在现阶段,测温点位置的确定在一定程度上根据经验进行试凑,称为试凑法。它通常先基于工程判断,在机床的不同位置安装大量的温度传感器,再采用统计相关分析来选出适当的温度传感器用于不同用途。

选择用于热误差补偿的测温点有六项策略:主因素策略、可观测性策略、互不相关策略、最少布点策略、最大灵敏度策略、最近线性策略。以上六项策略相互之间是有联系和影响的,有些仅考虑的角度不同。例如,在满足了主因素策略、可观测性策略后,温度传感器应安置在对热误差最敏感且受其他测温点干扰最小的位置。但一般情况下难以同时满足这两个要求,有时为了获得测温点温度间最小的相关性不得不放弃热误差的灵敏性。所以,在机床关键测温点的具体选择过程中还要根据实际情况和条件进行综合、全面的考虑。

用于建立热模型的测温点布置则需将温度传感器布置于机床的主要热源

及散热部位。机床的主要热源有：轴承及轴承座、齿轮及润滑油、传动及制动装置、泵及电动机、丝杠螺母、导轨滑块、切削运动及摩擦以及阳光等其他外部热源。机床的主要散热部位有：电动机定子外壳、轴承外圈、转轴内冷、中空丝杠内冷。

除这些机床常见热特性相关因素外，大型重载机床还需特别注意机床周围空间环境温度分布。通常的研究，无论是有限元热分析还是热误差建模补偿，都考虑了机床所处的环境温度，但多数情况下都是将环境温度用一个点的温度来代替，这是因为机床所处空间比较小，空间温度差别不大，对研究结果影响较小。而对于大型重载机床，其行程可能达到几十米，高度可能达到数十米，由于体积大、行程大、占用空间大，其所处的环境温度存在较大的梯度分布，不能像普通机床那样简单选择一个点的温度代表机床的环境温度。因此在变环境条件下，测试机床环境温度、昼夜温差、太阳辐射等多因素下的机床各部件温度场变化和相应热变形数据对大型重载机床结构热特性的研究非常重要。

3. 大型重载机床结构热特性测试案例

大型重载机床热特性测试以 TK6916A 热特性测试为案例。TK6916A 为武重典型产品，该落地铣镗床在加工时镗杆热伸长达到 1 mm，环境温度变化引起刀尖位移达 0.2 mm，需开展热特性测试以进行结构优化和热误差补偿。测试时需特别注意由热变形引起的刀尖点热误差以及机床结构和周围环境的温度分布。

1）热误差测试

刀尖点热误差测试采用五点法测量，其测试原理如图 3.18(a)所示，测试现场如图 3.18(b)所示。5 个基恩士 LG-80 激光位移传感器(S1～S5)安装于专用支架上，S1 和 S3 得到镗杆在 Y 方向上的平移量与偏转角度；S2 和 S4 得到镗杆在 X 方向上的平移量与偏转角度；S5 得到镗杆在 Z 方向上的伸长量。

2）测温点布置

依据机床热源及散热结构位置，TK6916A 床身测温点布置如图 3.19 所示。

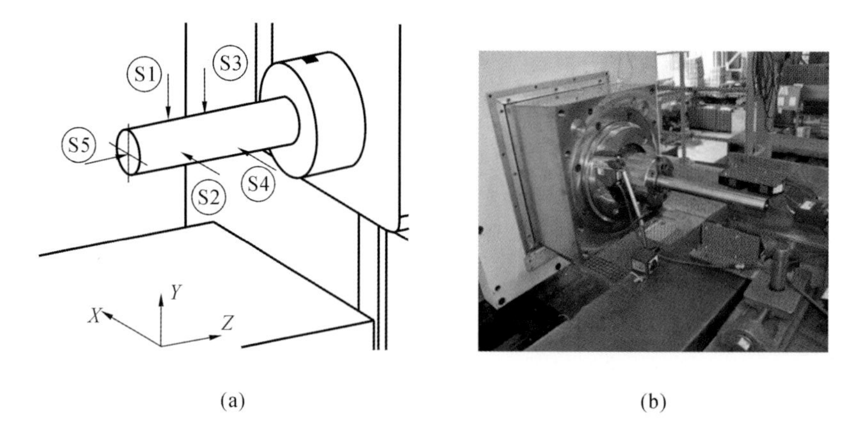

图 3.18　五点法测量刀尖点变形

(a) 五点法测量原理　(b) 五点法测量现场

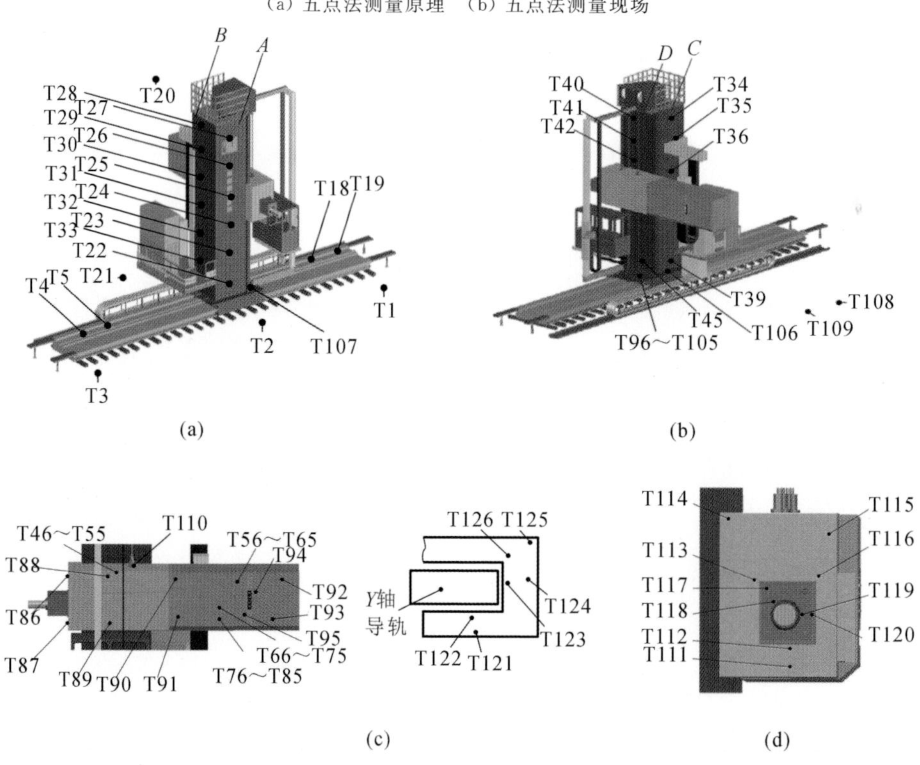

图 3.19　TK6916A 热特性测试测温点布置(局部)

(a) 机床正面测温点布置(局部)　(b) 机床背面测温点布置(局部)

(c) 滑枕侧面测温点布置(局部)　(d) 滑枕端面测温点布置(局部)

各测温点测试对象注释如表 3.2 所示。

表 3.2　测温点测试对象注释表

编号	注释	编号	注释
T1、T2、T3	X 轴导轨旁空气	T75	滑枕外腔
T4～T19	X 轴导轨（T6～T17 图中未画出）	T76	镗杆驱动电动机
T20	立柱上部旁空气	T77、T78	镗杆驱动电动机与主动端轴承连接部分
T21	立柱下部旁空气	T79、T80	镗杆主动端轴承
T22～T27	立柱 A 面	T81、T82	镗杆丝杠螺母
T28～T33	立柱 B 面	T83、T84	镗杆被动端轴承
T34～T39	立柱 C 面（T37、T38 图中未画出）	T85	滑枕内腔
T40～T45	立柱 D 面（T43、T44 图中未画出）	T86、T87	滑枕盖外端前部
T46	Y 轴伺服电动机	T88、T89	滑枕盖外端中部
T47、T48	Y 轴伺服电动机前端	T90、T91	滑枕盖外端后部
T49、T50	Y 轴驱动齿轮机构前端	T92、T93	主电动机、滑枕电动机和镗杆电动机电柜外部
T51、T52	Y 轴驱动齿轮机构后端	T94、T95	主电动机、滑枕电动机和镗杆电动机电柜内部
T53、T54	Y 轴驱动齿轮箱	T96	X 轴伺服电动机
T55	Y 轴伺服电动机后端	T97、T98	X 轴伺服电动机前端
T56、T57	主电动机	T99、T100	X 轴驱动齿轮机构前端
T58、T59	主电动机与主动端轴承连接部分	T101、T102	X 轴驱动齿轮机构后端
T60、T61	主动端轴承	T103、T104	X 轴驱动齿轮箱
T62、T63	被动端轴承	T105	X 轴伺服电动机后端
T64、T65	滑枕内腔	T106、T107	Y 轴静压油回油槽
T66	滑枕驱动电动机	T108、T109	静压油箱
T67、T68	滑枕驱动电动机与主动端轴承连接部分	T110	配重油泵处
T69、T70	滑枕主动端轴承	T111～T116	滑枕盖前端滑枕处
T71、T72	滑枕丝杠螺母	T117～T120	滑枕与镗杆处
T73、T74	滑枕被动端轴承	T121～T126	Y 轴导轨处

3）数据分析

(1) 环境温度分析。

机床空间温度分布不均匀，各点环境温度不相等，环境温度的变化快慢也不一样。图 3.20 所示为连续 12 天测量的各个测温点环境温度。图 3.21 显示了其中一天内(24 h)的环境温度变化。根据测试数据可进行以下分析。

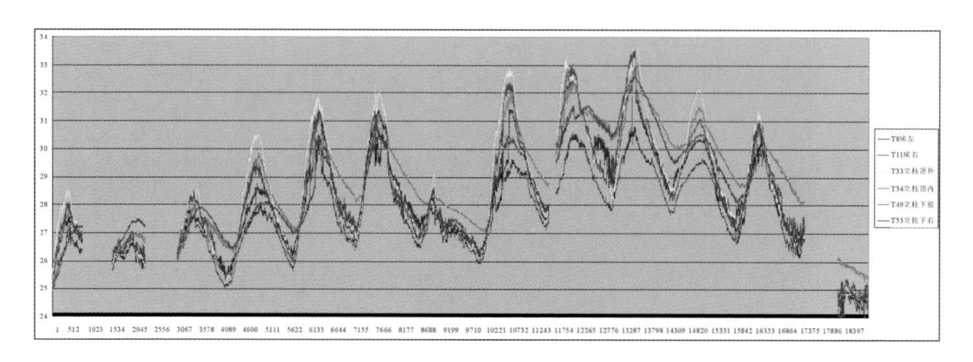

图 3.20　TK6916A 连续 12 天内环境温度变化

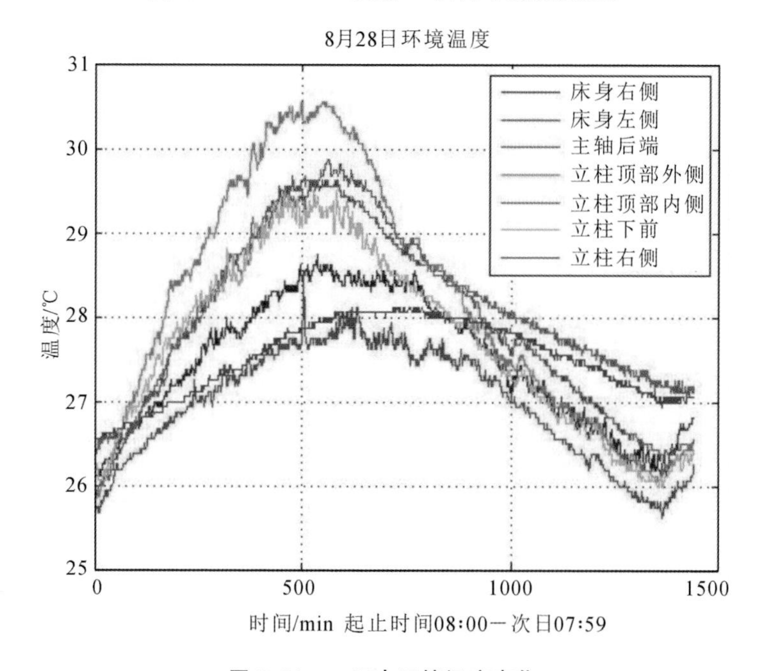

图 3.21　一天内环境温度变化

① 24 h 内环境温度不相等，最高值在下午 3～4 时，最低值在凌晨 5～6 时，滞后于户外环境温度(最高值在下午 2 时左右，最低值在凌晨 2～3 时)约 2 h。

一天之内温差 3～5 ℃，低于户外环境温差(6～10 ℃)。

② 不同测温点在夜间温度相差逐渐变小(最小为 1～2 ℃)，考虑到传感器本身标定的差异，可以认为夜间停机后，温度达到最低点时，各点环境温度相等(立柱内部的夜间温度高于外部的)。

③ 白天温差逐渐变大，直到最高值。不同测温点温度变化幅度不一样，立柱顶部外侧的环境温度变化最大，升得最高也降得最低；而立柱顶部内侧温度变化最平缓，其夜间温度高于外侧的，白天温度低于外侧的。原因是立柱内侧空气流动慢，而顶部外侧属于热气流聚集区。

④ 立柱右侧的环境温度变化较其他位置的慢。原因是车间有较多电风扇，而右侧的传感器置于防护罩内，比较封闭，空气流动慢。

⑤ 床身左侧一天和右侧一天的温差达到 1 ℃，使得床身左右两侧的热膨胀效果不同，对大型零件长距离加工有影响。床身、立柱和滑枕都由光栅尺闭环控制，但是光栅尺本身安装在机床上，会随着机床的热胀冷缩而发生长度变化，影响测量基准。

(2) 机床本体温度变化。

在冷机状态下，打开液压及润滑油系统以及主轴加工下所测得的机床床身表面全天温度变化如图 3.22 所示。图示坐标系 X 轴为距离床身右侧的距离，Y 轴为时间，Z 轴为温度。

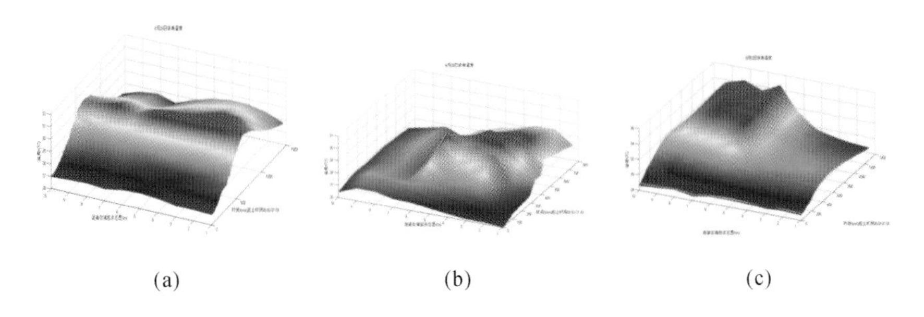

(a)　　(b)　　(c)

图 3.22　机床床身表面全天温度变化

(a) 机床冷机　(b) 机床液压、润滑系统打开　(c) 机床主轴工作

冷机时，床身温度随环境温度一起变化，温度和变化幅值都与环境温度的相等。液压及润滑系统打开后，由于立柱静压导轨和主轴滑枕静压导轨的大量润滑冷却液流经床身回油，同时床身 X 轴的导轨也有大量的静压油流出，油温比环境温度和床身温度高，使得机床局部升温。当主轴系统工作后，床身局部

升温更明显。

(3) 主轴温度变化。

主轴内部结构较复杂,热态因素较多,热源包括主轴电动机旋转、静压轴承油摩擦、轴承摩擦、滑枕移动电动机旋转、镗杆伸缩电动机旋转、丝杠螺母摩擦、丝杠轴承座摩擦等。冷却因素有主轴电动机的冷却风扇(功率较大),主轴热生成和热传递过程是非稳态多热源过程。

主轴开机,以 600 r/min 的速度连续运转 6 h 后,再冷却得到的温度曲线如图 3.23 所示。可以看出,主轴电动机功率大,开机后产生大量的热量,通过传导、对流向周围扩散,主电动机安装座温度上升较其他位置的更快,连续运转 6 h后升温幅度达到 11 ℃,停机后 40 min 内温度继续上升,然后开始降温散热。安装座外侧温度梯度为 0.5 ℃/10 cm。

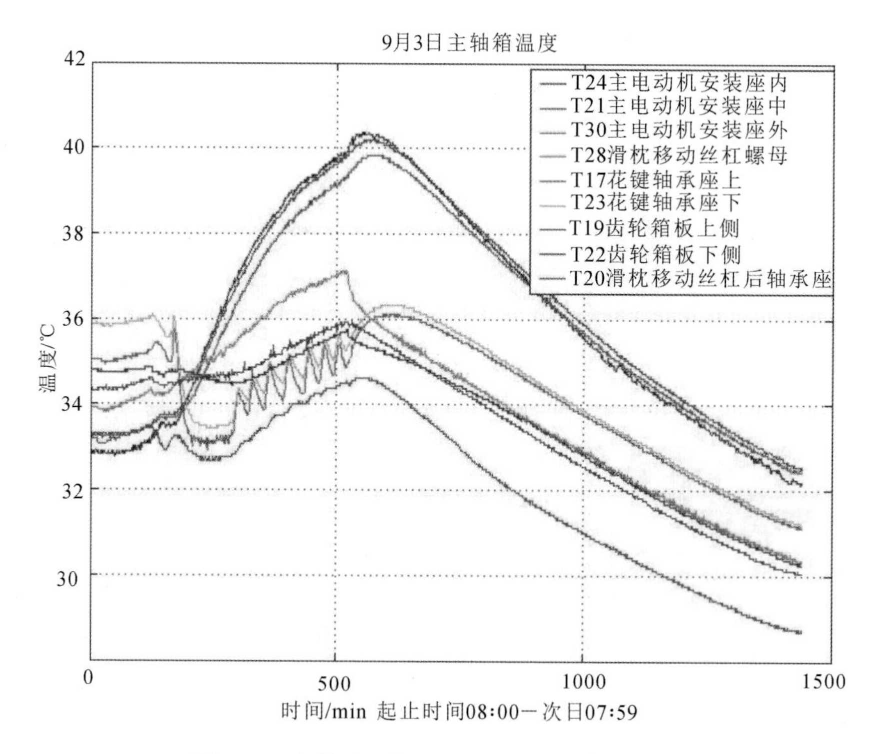

图 3.23　主轴测温点温度(主轴升温 6 h 后冷机)

(4) 机床热误差分析。

分 4 次分别采集机床 X 轴及 Y 轴移动误差。第 1、2、3、4 次数据依次来自 9 月 16 日上午和下午、9 月 17 日上午和下午,以此分析机床定位误差受温度影响的程度。测试中主轴系统没有打开。

X 轴移动热误差如图 3.24 所示。从图 3.24(a)、(b)可看到，X 轴远端的定位误差逐渐变大，正向和反向都有这个趋势。从热源角度分析，由于没有主轴旋转，没有出现集中热源，热源主要来自机床移动摩擦和油路发热。各个测温点的温度变化与环境温度变化有相同的趋势，表明床身热变形受环境温度影响更大一些。两天内定位误差增大的原因主要是床身受热膨胀变长，拉动光栅尺伸长，而且机床床身热容量大，冷机时间不够长，未能完全冷却收缩到初始位置，连续两天的测量，使得光栅尺持续变长，对定位精度产生影响。从图 3.24(c)、(d)可以看出，X 轴移动时在 Y 轴的直线度变化，一次测量内的直线度先增大后减小，在 500 mm 的位置达到最大，误差约 0.03 mm，其可能的原因是 X 轴床身在该区域有拱起现象。另一方面，不同次数测量到的直线度变化不大，说明机床导轨没有发生大的扭转或偏移，温度变化没有导致机床拱起现象过于加剧或减轻。

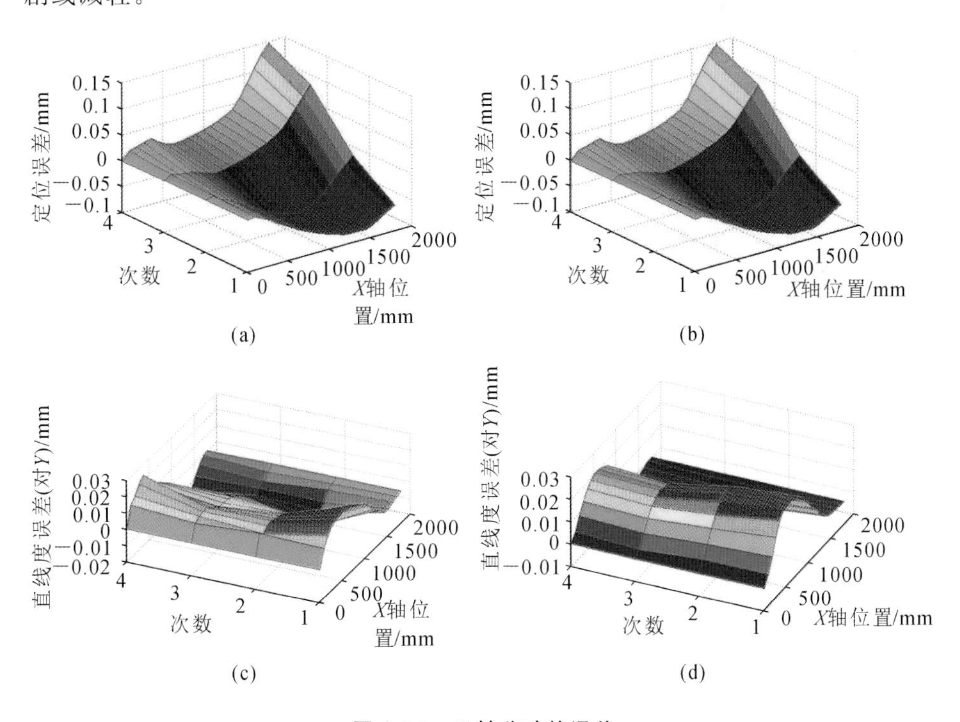

图 3.24　X 轴移动热误差

(a) X 轴定位误差(正向)　(b) X 轴定位误差(反向)

(c) X 轴直线度误差(正向对 Y 轴)　(d) X 轴直线度误差(反向对 Y 轴)

Y 轴移动热误差如图 3.25 所示,主轴在 Y 轴移动时的运动精度主要受到立柱的影响,立柱导轨因为升温引起的弯曲、扭转,将会对 Y 轴移动时的水平度、垂直度产生影响。

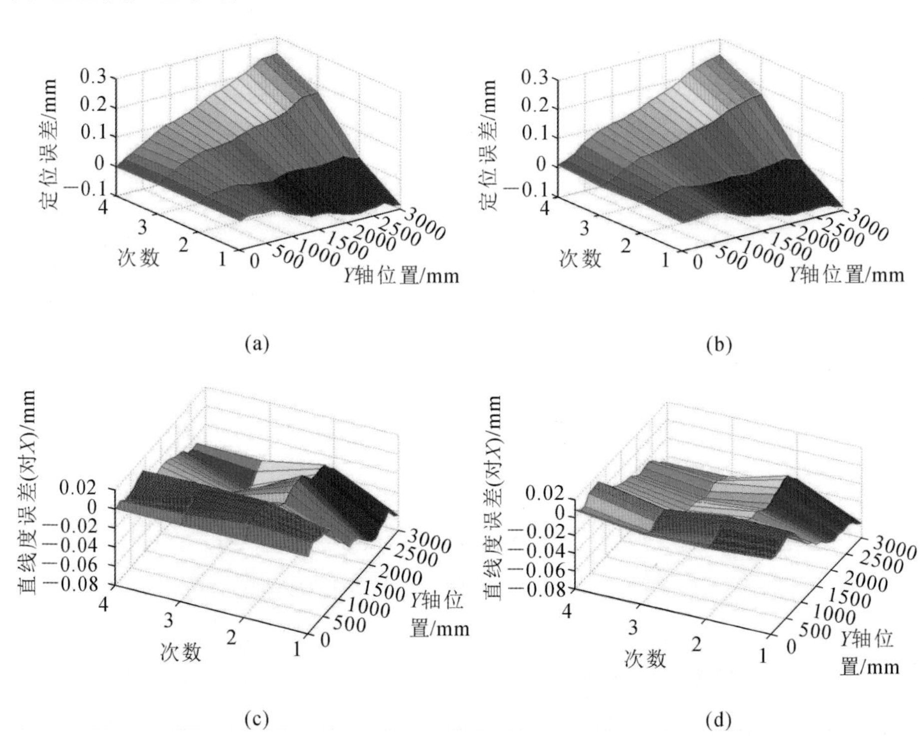

图 3.25　Y 轴移动热误差

(a) Y 轴定位误差(正向)　(b) Y 轴定位误差(反向)

(c) Y 轴直线度误差(正向对 X 轴)　(d) Y 轴直线度误差(反向对 X 轴)

由图 3.25(a)、(b)可以看出,Y 轴定位精度的变化趋势与 X 轴的相同,3 m 内的定位误差由−0.05 mm 变化到 0.3 mm 左右,原因也与 X 轴的定位误差变化一样:立柱受热膨胀,光栅尺随之被拉长,由于立柱热容量大,冷却时间不足,未能收缩回到原始位置。由图 3.25(c)、(d) 可以看出 Y 轴直线度(沿 X 轴)的变化,一次测量内的直线度先增大后减小,500 mm 的位置达到正向最大,误差约 0.02 mm,然后逐渐减小,最远处达到−0.08 mm,正向和反向都有相同的趋势。分析其可能的原因,主要是温度场分布和变化趋势的不同,这里的测量结果与前面分析的立柱温度场分布得到的变形结论是一致的。另一方面,不同次数测量到的直线度变化不大,说明机床导轨没有发生大的扭转或偏移。

3.3 大型重载机床结构特性的数字化分析方法

3.3.1 结构静态特性分析方法

大型重载机床结构静态特性分析方法的主要内容为根据结构的设计图纸建立起能模拟结构静态特性的模型、加载边界条件并进行求解。另外，机床静态特性、动态特性和热特性受结构与结构之间接合面的影响显著，因此在机床结构建模中接合面的处理方式非常重要。本小节将讨论模型构建方法、接合面建模及主要边界条件计算三个方面的内容。模型求解理论不在本书的讨论范围内，感兴趣的读者可参阅涉及相关求解方法的书籍。

1. 静态特性分析建模方法

根据结构建模技术的发展过程，主流的结构建模研究方法有三种，主要如下。(注意：动态特性及热特性的分析建模方法与静态特性的一致，后文将不再讨论。)

1) 集中参数和分布参数模型的建模方法

这两种方法都是用于快速求解的简化模型建模方法。集中参数模型建模方法将整个机床结构简化为由一系列集中的惯性元件、弹性元件和阻尼元件组成的简单结构。分布参数模型建模方法将子结构简化为质量均匀分布的等截面梁。两种建模方法所建立的模型相似(见图3.26、图3.27)，分布参数模型建模方法所建立的模型精度相对较高。集中参数和分布参数模型的建模方法是出现较早的一类结构建模方法，作为一种简便有效的分析方法，在机床结构特性的早期研究中被广泛采用。但是，集中参数和分布参数模型的建模方法在分析整机结构时，对结构进行较大的简化和等效，不可避免地会导致计算精度不高。

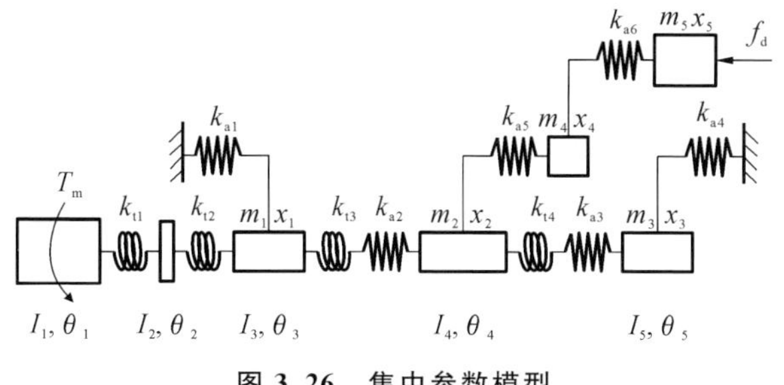

图3.26 集中参数模型

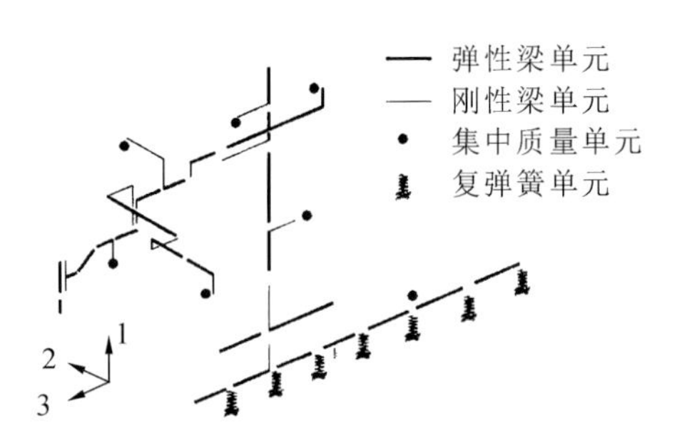

图 3.27　分布参数模型

2）有限元法

有限元法(finite element method,FEM)是 20 世纪五六十年代在航空结构研究中发展起来的一类结构建模分析方法。随着计算机技术的突飞猛进,有限元法已拓展到当今几乎所有工程应用领域。有限元法在机床结构特性研究中的应用成果众多,常用于结构变形分析、结构强度校验、固有特性计算、频率响应分析、热变形计算等。使用有限元法建立的模型与实际结构基本一致,精度很高,是结构静态特性计算中最常用的方法。

3）边界元法

边界元法(boundary element method,BEM)是结合 FEM 离散技术,在边界积分方程的基础上发展起来的。该方法属于半解析半数值的方法。边界元法只需要对结构表面进行网格化处理及计算,因而对于特征简单的结构,求解效率很高。且边界元法可以和图形处理方法高效结合,提高设计师的建模、分析效率。边界元法从解析分析的角度在机床结构研究中取得了一定的进展。但边界元法在求解规模较大结构过程中的计算精度和效率问题,是该方法在机床结构分析中推广应用的瓶颈。

2. 接合面建模

有限元法是机床设计行业普遍使用的结构静态特性计算方法。在使用有限元法对机床结构进行建模时需注意结构与结构之间接合面的处理。机床结构的固定接合面接触示意图如图 3.28 所示。从图中可以看到,接合面由两个粗糙表面构成,两个粗糙表面的接触可以理解为很多个微凸点的接触。由于粗糙面是一个复杂的表面,具有多尺度结构,同时微凸点的分布、高度和大小在小范围内具有随机性，在大范围内又具有周期性，这使得建立精确的接合面有限元模型相当困难。分析人员通常使用简化模型对接合面进行处理。

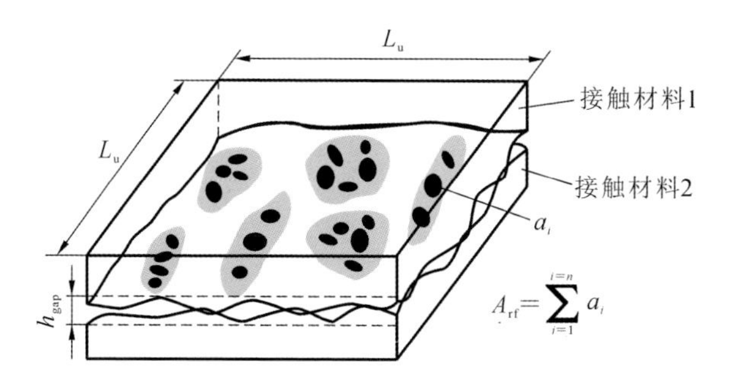

图 3.28　接合面接触示意图

接合面简化模型分为线性模型及非线性模型两类。线性接合面模型通常使用如图 3.29(a)所示的弹簧-阻尼单元或者 MPC184 等基于公式和位移约束的超单元来强行耦合接合面两端构件的位置关系。而非线性接合面模型则使用基于接触理论的接触单元(见图 3.29(b))模拟接合面的特性。ANSYS 接触单元的参数非常丰富，通过不同参数的组合可模拟各种接触状态。

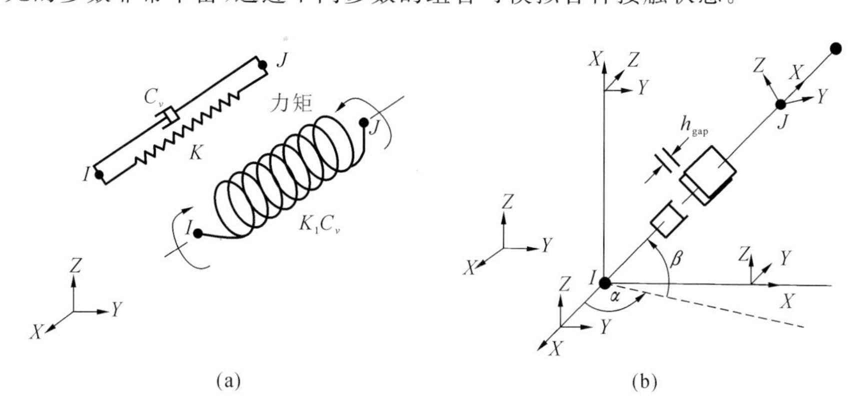

图 3.29　接合面有限元建模常用单元

(a) 线性接合面单元(COMBIN14)　(b) 非线性接合面单元(CONTA178)

线性接合面模型比较成熟，适用性很强，计算效率很高，但是线性接合面模型需通过测试标定弹簧单元阻尼及刚度后才可以达到较好精度。非线性接合面模型计算精度较高，特别是静态特性及热特性计算时与真实情况拟合度较好，而且不依赖于试验，但是其由于非线性特点不可用于动态特性计算等使用线性求解器的领域。在工程应用中应当根据需求选择合适的接合面建模方式。

3. 静态特性分析边界条件计算

有限元模型的边界条件是决定计算结果正确与否的关键参数。机床静态特性分析中的边界条件有自身重力、载荷、速度、位移等。其中重力、速度和位移通常为已知条件,在有限元软件中通过施加对应的约束进行设定。载荷的大小则需要依据切削类型和切削参数进行计算。切削力计算有两种方式:一种方式是通过切削力解析模型进行求解;另一种方式为使用有限元软件,如ABAQUS、Advantage、DEFORM 等,计算得到切削力。

4. 大型重载机床静态特性计算案例

下面以 CKX53200A×65/600 数控单柱立式铣车为例,进行大型重载机床静态特性数字化分析技术讲解。CKX53200A×65/600 设计方案主要是在 CKX53180 的基础上进行调整,相较参考机床 CKX53180,新机床 CKX53200A×65/600横梁加长了 1250 mm、滑枕截面由 400 mm×400 mm 增大为 500 mm×500 mm,刀架相应改变,但立柱没有变动,如图 3.30 所示。对立柱而言,载荷有了较大的增加,需要考察该设计方案是否适用。

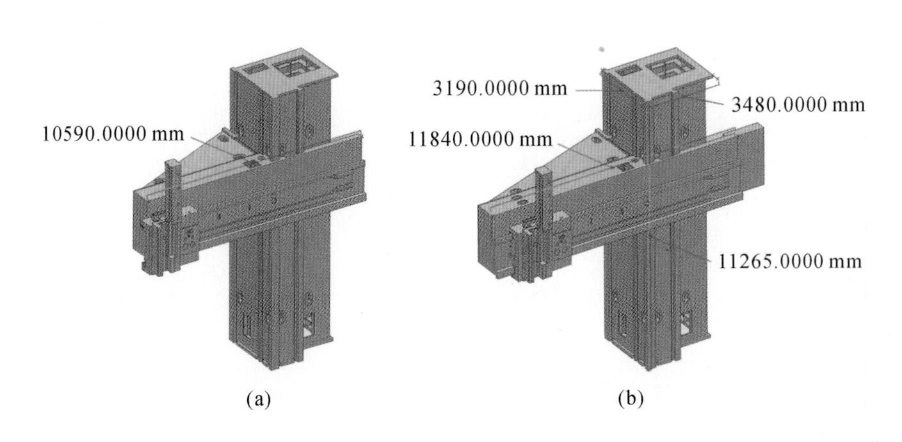

图 3.30 机床几何模型对比

(a) CKX53180 三维模型 (b) CKX53200A×65/600 三维模型

对新机床进行分析时,主要校核技术协议中规定的几何精度项。几何精度项检验参考了由武重起草的机械行业标准《数控重型单柱移动式立式铣车床 第 1 部分:精度检验》,但是计算结果在极限位置取得。为了使计算的数据有可评判的标准,使用 CKX53180 与新机床方案进行对比。静态特性计算时仅选择立柱、横梁(包括卸荷梁)、滑座、刀架体、滑枕等大件进行建模,主要考察因自重导致的变形。对卸荷梁和立柱反变形加工在改善变形上起到的作用进行了简化和理想化处理。在分析中考虑了横梁的配重，所有数据均为考虑配重后的计算结果。在设置好有限元模型材料特性并施加重力、位移约束后，分别比较横梁垂直移动对工作台旋转轴线的平行度、垂直刀架移动（立柱紧靠工作台）对工作台面的平行度、刀架滑枕移动对工作台面的垂直度三个数据，如表 3.3 所示。

表 3.3 CKX53180 与 CKX53200A×65/600 **几何精度项仿真计算结果对比**

几何精度项	CKX53180	CKX53200A×65/600
a *b*	取值点	取值点
横梁垂直移动对工作台旋转轴线的平行度（*a* 向）	0.027/1000	0.0388/1000
横梁垂直移动对工作台旋转轴线的平行度（*b* 向）	0.0332/1000	0.0351/1000
垂直刀架移动对工作台面的平行度	0.069/1000	0.112/1000

续表

几何精度项	CKX53180	CKX53200A×65/600
	取值点	取值点
刀架滑枕移动对工作台面的垂直度(a 向)	0.12/1000	0.21/1000
刀架滑枕移动对工作台面的垂直度(b 向)	0.10/1000	0.15/1000

从表 3.3 中的对比可以看到,新方案初始设计方案的几何精度误差与原方案相比增加了很多,需要改进结构,提高结构刚度。同时,分析结果还可用于指导结构反变形加工,通过在结构上反向加工出变形效果来实现静态几何误差补偿。

3.3.2 结构动态特性分析方法

机床结构动态特性分析主要为求解结构的固有频率、模态振型及动刚度这三个结构振动参数。这三个动态特性参数中,固有频率及模态振型是结构自由振动的频率以及所对应的结构振动姿态,而动刚度可理解为机床在动态载荷作用下结构受力与所产生的变形之间的比值。为了避免结构共振以及切削刚度不足等故障发生,设计人员必须在大型重载机床设计阶段就使用数字化分析技术预测这几项关键动态特性。

与结构静态特性分析一样,大型重载机床结构动态特性分析也主要使用有限元法。通过建立正确有效的有限元模型,精确地计算出机床结构的动态特性参数。动态特性建模方法与静态特性建模方法一致,但是现有的动力学问题求解方法(如 Block Lanczos 法等)只能求解线性模型,这就限定了结构动态特性分析模型必须为线性模型。因此,机床接合面参数获取在大型重载机床结构动态特性分析中尤其重要。本小节将重点阐述固定接合面参数以及可动接合面参数的计算。

1. 固定接合面参数计算

大型重载机床的固定接合面主要包括螺栓接合、锥度配合、压配合这些配合表面不发生相对运动的连接部位。针对影响结构建模分析精度的接合面参数问题,国内外学者进行了深入的研究。目前有两种解决方法,分别为接合面参数辨识及接合面参数理论计算。第一种方法通过试验测试来获取接合面参数,如通过力-位移加载方法 DDS(dynamic data system)、接合面参数识别方法、整机模型优化方法等获取结构接合面的参数。但是,接合面参数识别方法针对具体结构直接测试其频响函数识别接合面参数,对于影响接合面动力学特性的载荷、粗糙度、接合面尺寸等因素均未考虑,识别结果不具普适性。第二种方法为接合面参数理论计算方法,国内张学良、黄玉美、毛宽民、田洪亮等专家学者利用接合面分形接触模型开展了一系列接合面参数理论计算的研究。这些研究方法考虑了接合面装配参数等影响因素,在固定和可动接合面建模和动力学参数分析方面取得了突破,所建立的模型也具有一定的通用性,模拟精度较高。总体上来看,理论计算的研究方法不依赖于实际产品或样机,可经济、快速地获取结构的动态特性。对于大型重载数控机床等复杂结构而言,理论计算方法在结构动态特性研究中的优势更加明显。本小节将简单描述基于分形接触理论的机床固定接合面参数计算方法。

从图 3.28 中可以看到接合面的接触实际上是无数个微触点的连接。假设每个微触点用一个刚度系数为 k_i 的弹簧等效,就可以将接合面刚度模型简化为 n 个弹簧并联的模型,如图 3.31 所示。

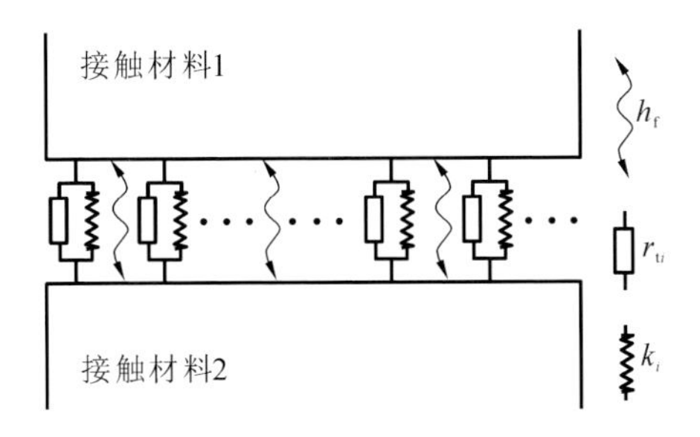

图 3.31　固定接合面简化模型

对所有微触点刚度求和得到接合面的整体刚度：

$$K_c = \int_{a'_c}^{a'_L} k_i n(a')\mathrm{d}a' = \frac{4\sqrt{2\pi}D\psi^{1-D/2}}{3(1+2D)}E'G^{D-1}a'^{D/2}_L(a'^{-0.5-D}_c - a'^{-0.5-D}_L) \tag{3.1}$$

式中：D 和 G 为描述粗糙表面的分形维度，ψ 为域粘扣系数，它们与表面粗糙度和加工工艺有关；E' 是接合面等效弹性模量，与接合面两端材料的弹性模量和泊松比有关；a'_L 为微触点最大横截面积，a'_c 为微触点名义临界横截面积，它们与接合面的载荷 P 有关。

接合面处于塑性接触（$a'_L \leqslant a'_c$）时，接合面载荷与微触点接触参数关系为

$$P = \begin{cases} \dfrac{2^{3-D/2}D\psi^{1-D/2}}{3\sqrt{\pi}(3-2D)}E'G^{D-1}a'^{D/2}_L(a'^{3/2-D}_L - a'^{3/2-D}_c) + \dfrac{D\psi^{1-D/2}}{2-D}Ha'^{D/2}_L a'^{1-D/2}_c & \text{当 } D \neq 1.5 \text{ 时} \\ \dfrac{(2\psi)^{1/4}}{\sqrt{\pi}}E'\sqrt{G}a'^{3/4}_L \ln\dfrac{a'_L}{a'_c} + 3\psi^{1/4}Ha'^{3/4}_L a'^{1/4}_c & \text{当 } D = 1.5 \text{ 时} \end{cases} \tag{3.2}$$

当接合面处于弹塑性接触（$a'_L > a'_c$）时，接合面载荷与微触点接触参数关系为

$$P = \begin{cases} \dfrac{2\sqrt{2}D\psi^{(2-D)/2}}{3\sqrt{\pi}(3-2D)}E'G^{D-1}a'^{D/2}_L(a'^{(3-D)/2}_L - a'^{(3-D)/2}_c) + \dfrac{D\psi^{(2-D)/2}}{2(2-D)}Ha'^{D/2}_L a'^{(2-D)/2}_c & \text{当 } D \neq 1.5 \text{ 时} \\ \dfrac{D\psi^{1/4}}{\sqrt{2\pi}(3-2D)}E'\sqrt{G}a'^{3/4}_L \ln\dfrac{a'_L}{a'_c} + \dfrac{3}{2}\psi^{1/4}Ha'^{3/4}_L a'^{1/4}_c & \text{当 } D = 1.5 \text{ 时} \end{cases} \tag{3.3}$$

式(3.2)和式(3.3)中：H 为较软表面的硬度。

虽然在影响整机建模精度的接合面问题上，理论计算方法的相关研究取得了一定的突破，但是理论建模方法自身限制，如边界条件的简化、计算累积误差等，都直接影响到最终所建立的整机模型的模拟精度。数控机床结构复杂，装配工艺的不可控性、边界条件、众多的接合面等问题还是限制理论建模分析方法在大型重载机床结构动态特性研究中应用的瓶颈。

2. 可动接合面参数计算

机床上的典型可动接合面为导轨与滑块之间的接合面、丝杠与螺母之间的接合面以及轴承内滚子与滚道之间的接合面。可动接合面的刚度通常与载荷和运动速度有关而表现为非线性，因此这类接合面模型都通过载荷-变形关系间接得到接合面刚度值。

1）滚子导轨副刚度计算

滚子导轨副主要需考虑竖直方向及水平方向的刚度。依据 Palmgren 试验测得的经验公式为

$$\delta = 3.81 \times \left[\frac{2(1-\mu^2)}{\pi E}\right]^{0.9} \frac{Q^{0.9}}{l_e^{0.8}} \tag{3.4}$$

式中：E 为材料弹性模量；μ 为泊松比；Q 为滑靴载荷；l_e 为滚子长度。式(3.4)与滚子直径无关。依据这一滑靴与导轨之间的变形-载荷平衡公式，可得到滚子导轨副的刚度-载荷曲线。

对于钢制导轨副，材料弹性模量 $E=206$ GPa，泊松比 $\mu=0.3$，式(3.4)可以简化为

$$\delta = 1.53 \times 10^{-10} \frac{Q^{0.9}}{l_e^{0.8}} \tag{3.5}$$

2）轴承与滚子丝杠副刚度计算

首先，基于 Hertz 接触理论计算轴承滚子与滚道的接触载荷-变形关系；接着，对单个滚子进行受力分析，结合轴承运动模型计算滚子受力；同时，分析轴承在转速和载荷作用下的变形协调方程；然后结合滚子受力平衡方程、滚子变形协调方程及滚子、滚道接触模型求得轴承载荷-变形关系并求导得到轴承在当前载荷下的刚度值。

大型重载机床常用钢轴承，取泊松比 $\mu=0.3$，弹性模量 $E=206$ GPa，则滚子与内、外滚道接触时，轴承法向刚度系数为

$$K_n = 2.15 \times 10^5 (\delta_i^* \sum \rho_i^{1/3} + \delta_e^* \sum \rho_e^{1/3})^{-1.5} \tag{3.6}$$

式中：δ^* 为滚子、滚道接触变形参数；ρ 为接触物体的曲率，下标 i 表示与内滚道有关，下标 e 表示与外滚道有关。

球轴承(接触角为 α)在径向载荷 F_r 作用下，设轴承的内、外套圈沿径向移动 δ_r。由于是刚性移动，δ_r 在任意滚子位置 ϕ_i($-\pi/2 \leqslant \phi_i \leqslant \pi/2$) 处的法向位移

分量为 $\delta_{\phi_i}=\delta_r\cos\alpha\cos\phi_i$。轴承的平衡方程为

$$F_r=\sum_{i=1}^{Z}K_n\delta_r^{3/2}\cos^{5/2}\alpha\cos^{5/2}\phi_i=K_n\delta_r^{3/2}\cos^{5/2}\alpha\sum_{\phi_i=0}^{\pm\frac{\pi}{2}}\cos^{5/2}\phi_i \tag{3.7}$$

由方程(3.7)得到球轴承径向刚度

$$K_r=\frac{dF_r}{d\delta_r}=\frac{3}{2}K_nZJ_r\cos^{5/2}\alpha\delta_r^{1/2} \tag{3.8}$$

式中:$J_r=\frac{1}{Z}\sum_{\phi_i=0}^{\pm\frac{\pi}{2}}\cos^{5/2}\phi_i$;$Z$ 为滚子个数;α 为压力角;ϕ_i 为滚子位置角。

球轴承除受径向载荷外,还会受轴向载荷作用。球轴承在纯轴向力 F_a 作用下,每一个滚子将承受相同的载荷并产生相同的变形,设球轴承内、外套圈沿轴向移动 δ_a,则滚子与内、外滚道接触时,球轴承的平衡方程为

$$F_a=ZQ_n\sin\alpha=K_nZ\sin^{5/2}\alpha\delta_a^{3/2} \tag{3.9}$$

由方程(3.9)得到球轴承轴向刚度

$$K_a=\frac{dF_a}{d\delta_a}=\frac{3}{2}K_nZ\sin^{5/2}\alpha\delta_a^{1/2} \tag{3.10}$$

轴承接触变形值及轴承运动、受力平衡方程及刚度计算的具体推导过程请参考 Harris 的 *Rolling Bearing Analysis*: *Essential Concepts of Bearing Technology* 和 *Rolling Bearing Analysis*: *Advanced Concepts of Bearing Technology*。

3. 大型重载机床结构动态特性仿真分析案例

下面以武重 YKW31320 数控滚齿机为例进行大型重载机床动态特性仿真分析案例讲解,主要讨论模型建立、接合面参数设置以及结果分析几个环节。

1) 三维实体建模

首先依据各个功能部件的设计图纸建立几何模型。由于大型重载机床结构较大,为提高计算效率必须在建模阶段对各个功能部件进行简化处理。一些对整机动力学特性影响很小的小特征、小结构(如小孔、倒角、圆角、油路及油腔等)在建模时可忽略,模型中的小锥度、小曲率曲面也可进行直线化和平面化处理。建立好的床身和工作台底座连接体的几何模型如图 3.32 所示。

几何模型建立之后,导入有限元前处理软件中进行网格划分,建立单元。机床各功能部件中都有导轨面以及厚实的质量块,所以在前处理时,把整机都

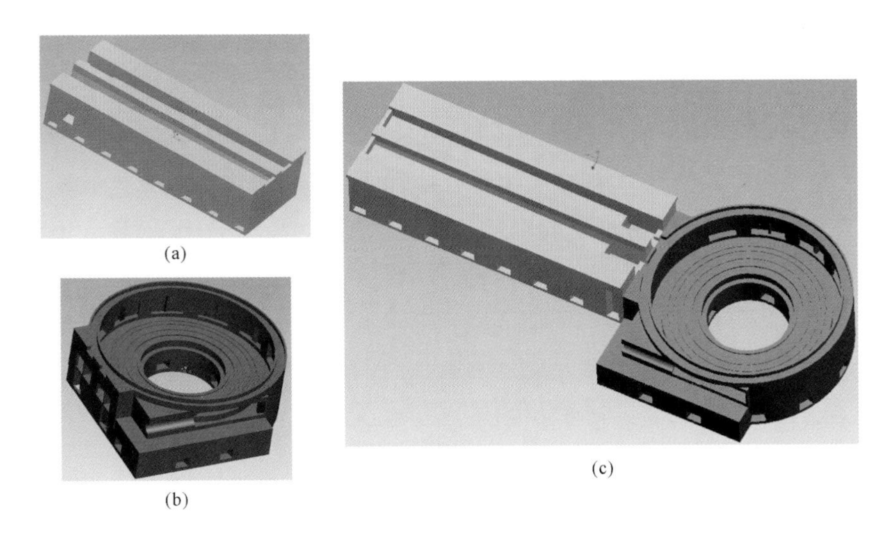

图 3.32　床身和工作台底座连接体的几何模型

(a) 床身的三维几何模型　(b) 工作台底座的三维几何模型　(c) 床身和工作台底座连接体的接合模型

当作实体单元处理，以免用其他单元处理而带来误差。选用 NASTRAN 软件中的八节点 SOLID 实体单元来进行网格划分，每个节点具有三个自由度。划分好网格的床身和工作台底座连接体的模型如图 3.33 所示。

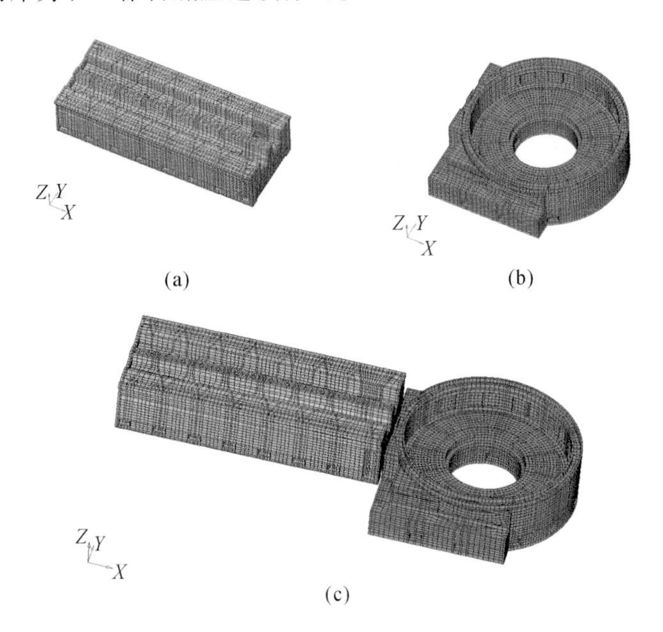

图 3.33　床身和工作台底座连接体划分网格后的模型

(a) 床身的网格划分　(b) 工作台底座的网格划分　(c) 床身和工作台底座连接体的网格划分总成

2）螺栓固定接合面建模

接合面建模是机床动态特性建模中的关键环节。通过总结多年来国内外学者对机床接合面特性研究的文献、对接合面动态特性以及参数识别的研究，并综合考虑影响接合面特性的各种因素，本案例使用了毛宽民教授的能够反映接合面具体属性的参数化接合面动力学模型。该模型的接合面参数刚度 K 和阻尼 C 与接合面各种影响因素满足一定的函数关系，只要接合面的具体参数一致，就可以使用相同的接合面动力学参数模型。将所建立的接合面参数模型与有限元理论有机结合，可以建立能准确反映机床动力学行为的机床整机的动力学模型，基于此模型可以预测机床的动态特性，为机床的优化设计提供指导。

本案例中，滚齿机床身和工作台底座之间的螺栓固定接合面如图 3.34 所示。滚齿机的床身和工作台底座通过 8 个 M36 的螺栓连接起来，属于固定接合面类型。螺栓预紧力矩为 500 N·m，根据经验公式 $T=F\times(0.2d)$ 换算，得到此接合面间的螺栓预紧力大约为 70 kN。

(a)

(b)

图 3.34　滚齿机床身和工作台底座之间的螺栓固定接合面

(a) 工作台底座的接合部分　(b) 床身的接合部分

接合面单元的质量是可以忽略的，在建立其动力学模型时，只考虑其弹性和阻尼特性。由此，建立了如图 3.35 所示的接合面单元刚度阻尼等效动力学模型。

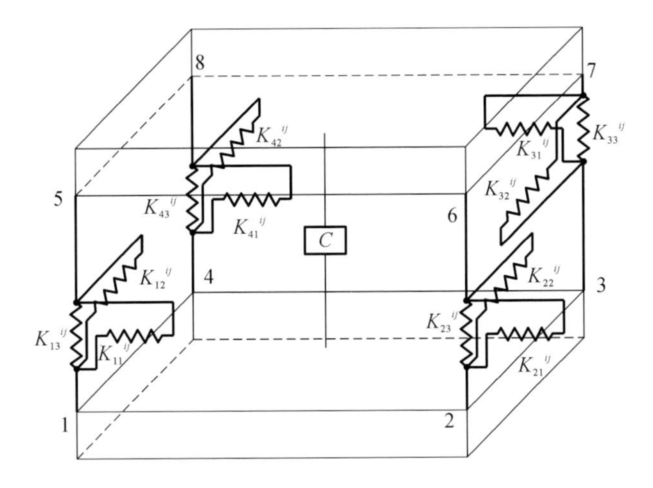

图 3.35　接合面单元刚度阻尼等效动力学模型

滚齿机的床身和工作台底座之间的螺栓接合面单元划分及单元尺寸如图3.36所示。

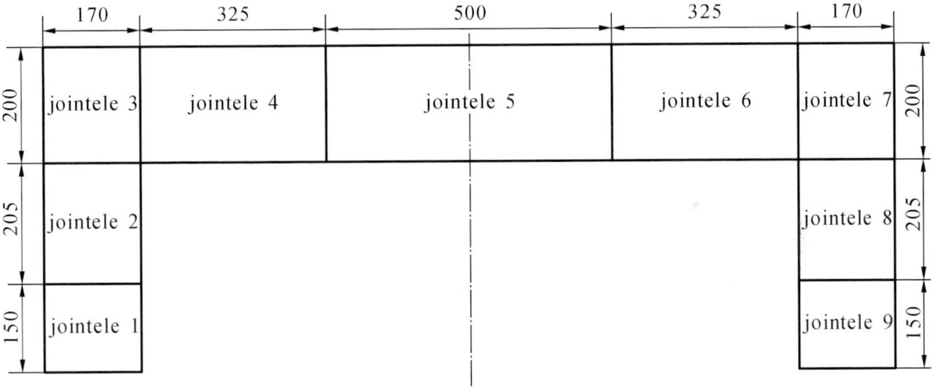

170　325　500　325　170
200　205　150
jointele 3　jointele 4　jointele 5　jointele 6　jointele 7
jointele 2　jointele 8
jointele 1　jointele 9
200　205　150

图 3.36　床身和工作台底座之间的螺栓接合面单元划分及单元尺寸

其中，jointele 1、jointele 9 号单元尺寸为 170 mm×150 mm；jointele 2、jointele 8号单元尺寸为 205 mm×170 mm；jointele 3、jointele 7 号单元尺寸为 200 mm×170 mm；jointele 4、jointele 6 号单元尺寸为 325 mm×200 mm；jointele 5 号单元尺寸为 500 mm×200 mm。通过拟合插值程序得到各不同尺寸单元的刚度矩阵，jointele 1 号单元的刚度矩阵如式(3.31)所示。

$$K=\begin{bmatrix}
4.6e^{9} & 3.9e^{5} & 6.6e^{7} & 2.5e^{9} & 3.1e^{4} & 5.5e^{6} & 1.2e^{9} & -4.3e^{5} & 2.4e^{6} & 2.5e^{9} & -3.2e^{4} & 3.1e^{7} \\
4.0e^{5} & 4.6e^{9} & 4.9e^{7} & -3.3e^{4} & 2.2e^{9} & 2.7e^{7} & -4.3e^{5} & 1.2e^{9} & 1.9e^{6} & 3.4e^{4} & 2.5e^{9} & 4.1e^{6} \\
6.6e^{7} & 4.9e^{7} & 1.5e^{10} & -6.1e^{6} & 2.6e^{7} & 7.5e^{9} & -2.4e^{6} & -1.7e^{6} & 3.8e^{9} & 3.0e^{7} & -4.3e^{6} & 7.1e^{9} \\
2.5e^{9} & -3.3e^{4} & -6.1e^{6} & 4.5e^{9} & -4.8e^{5} & -6.4e^{7} & 2.4e^{9} & 3.4e^{4} & -3.2e^{7} & 1.2e^{9} & 4.3e^{5} & -2.5e^{6} \\
3.1e^{4} & 2.2e^{9} & 2.6e^{7} & -4.8e^{5} & 4.6e^{9} & 5.4e^{7} & -3.4e^{4} & 2.3e^{9} & 3.8e^{6} & 4.3e^{5} & 1.3e^{9} & 1.8e^{6} \\
5.5e^{6} & 2.7e^{7} & 7.5e^{9} & -6.4e^{7} & 5.4e^{7} & 1.5e^{10} & -2.9e^{7} & -3.5e^{6} & 7.4e^{9} & 2.5e^{6} & -2.0e^{6} & 3.9e^{9} \\
1.2e^{9} & -4.3e^{5} & -2.4e^{6} & 2.4e^{9} & -3.4e^{4} & -2.9e^{7} & 4.6e^{9} & 4.1e^{5} & -6.2e^{7} & 2.5e^{9} & 3.6e^{4} & -5.1e^{6} \\
-4.3e^{5} & 1.2e^{9} & -1.7e^{6} & 3.4e^{4} & 2.3e^{9} & -3.6e^{6} & 4.1e^{5} & 4.6e^{9} & -4.6e^{7} & -3.2e^{4} & 2.7e^{9} & -2.4e^{7} \\
2.5e^{6} & 1.9e^{6} & 3.8e^{9} & -3.2e^{7} & 3.8e^{6} & 7.4e^{9} & -6.2e^{7} & -4.6e^{7} & 1.5e^{10} & 4.8e^{6} & 2.6e^{7} & 7.3e^{9} \\
2.5e^{9} & 3.4e^{4} & 2.9e^{7} & 1.2e^{9} & 4.3e^{5} & 2.5e^{6} & 2.5e^{9} & -3.2e^{4} & 4.8e^{6} & 4.6e^{9} & -4.6e^{5} & 6.5e^{7} \\
-3.2e^{4} & 2.5e^{9} & -4.3e^{6} & 4.3e^{5} & 1.3e^{9} & -2.0e^{6} & 3.6e^{4} & 2.7e^{9} & -2.6e^{7} & -4.6e^{5} & 4.5e^{9} & -5.2e^{7} \\
3.1e^{7} & 4.1e^{6} & 7.1e^{9} & -2.5e^{6} & 1.8e^{6} & 3.9e^{9} & -5.1e^{6} & -2.4e^{7} & 7.3e^{9} & 6.5e^{7} & -5.2e^{7} & 1.4e^{10}
\end{bmatrix} \tag{3.11}$$

得到了各个接合面单元的刚度矩阵后，把接合面单元的节点号和刚度矩阵分别按对应的顺序编辑成两个文档，通过 MATLAB 编写程序，得到包含节点和刚度数据相关信息的 DMIG 卡片，建立接合面的有限元模型。

3）有限元计算及结果分析

床身和工作台底座的实体部分取材料参数 $E=1.5e^{11}$ Pa，$\mu=0.27$，$\rho=7340$ kg/m^3。综合接合面的 DMIG 卡片形成床身和工作台底座连接体的整体有限元模型，设置计算类型为正则模态计算，提交有限元后处理器进行计算，得到如表 3.4 所示的滚齿机床身-工作台底座前 8 阶固有频率及模态振型图。

表 3.4　滚齿机床身-工作台底座前 8 阶固有频率及模态振型图

固有频率	$f_1=32.3$ Hz	$f_2=107.8$ Hz	$f_3=129.1$ Hz	$f_4=148.2$ Hz
模态振型	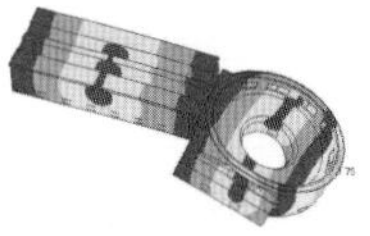		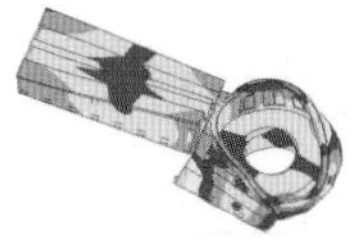	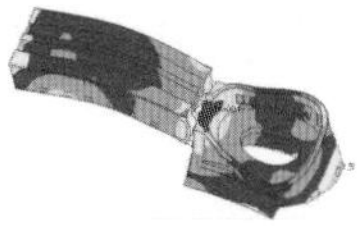
振型描述	床身和工作台底座围绕两者之间的接合面弯曲	床身围绕 X 轴一阶弯曲，工作台底座围绕 X 轴一阶弯曲	床身和工作台底座围绕 Y 轴反向扭转	床身绕 X 轴弯曲，工作台底座绕 Y 轴弯曲

续表

固有频率	$f_5=178.2$ Hz	$f_6=208.5$ Hz	$f_7=229.6$ Hz	$f_8=248.4$ Hz
模态振型	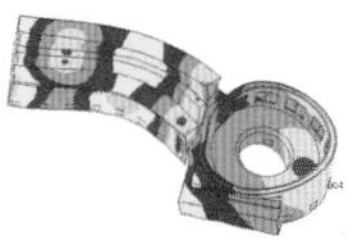	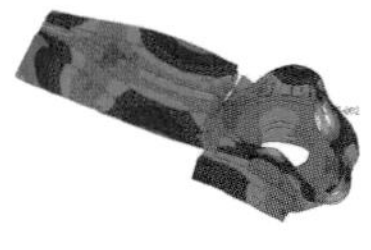	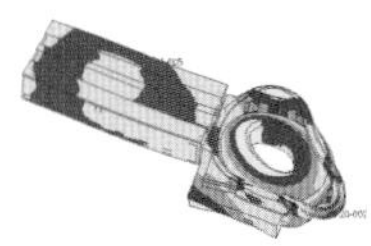	
振型描述	床身围绕 Z 轴一阶弯曲，工作台底座围绕 Z 轴扭转	床身和工作台底座围绕 Y 轴同向扭转	工作台底座导轨面绕 XY 平面上下摆动，工作台底座的蜗轮蜗杆的安装支座部件绕 XY 平面做反向的上下摆动	床身呼吸膨胀

在实际测试中，根据振型相同的原则，由试验模型得到的固有频率值和由有限元模型得到的固有频率值比较如表 3.5 所示。由测试及分析数据对比可以看出，在列举的 8 阶振型当中，只有第 1 阶模态试验模型与有限元模型的固有频率值误差比较大，其余 7 阶模态两种模型的固有频率值相对误差均在 ±4%之内。

表 3.5　床身和工作台底座连接体两种模型固有频率值的比较

阶数	1	2	3	4	5	6	7	8
试验模型/Hz	44.9	103.9	130.5	152.3	172.6	200.5	221.2	255.4
有限元模型/Hz	32.3	107.8	129.1	148.2	178.2	208.5	229.6	248.4
相对误差	28%	3.8%	1%	2.7%	3.2%	4%	3.8%	2.7%

3.3.3　结构热特性分析方法

在设计阶段对结构的热变形数值进行预测并提出改进意见是现有大型重载机床热特性设计中的重要环节。因此，大型重载机床的结构热特性数字化分析非常重要。在有限元热特性分析中，散热及热源模型是结构热特性分析中的重要部分。机床结构主要通过三个途径散热：热传导、热对流及热辐射。但是热辐射只有在表面温度达到 300 ℃或者两个表面温差特别大的时候才有足够的影响,在大型重载机床的散热模型中可以忽略。机床结构热分析的几何模型构建方法与静态特性和动态特性分析模型构建方法相似,不再复述。本小节将重点讲解接合面的热传导系数计算、机床结构表面的散热系数计算以及常见机床热源。

1. 接合面热传导系数计算

由于接合面的热阻远大于结构本体的热阻,在结构热特性建模分析中必须考虑接合面的热传递特性。两个表面之间的热传递通过热传导、热对流、热辐射三种方式进行。两个粗糙表面之间的接触只存在很小的空隙(μm 级别),热对流效果很微弱。同时机床接合面中的温度不高,辐射传热可以忽略。接合面的传热模型如图 3.37 所示,接合面两侧的热量通过两个表面之间的填充物质以及微触点进行传导。计算接合面热传导系数时,需计算接合面实际接触面积比及接合面的厚度才能得到所有微触点的接触热阻和空隙的传热系数。图 3.37 中,$d_c=2\sqrt{a/\pi}$,为接触区域直径;l_n 为相邻微触点的中心距离;d_s 为接触区域的间隔距离。

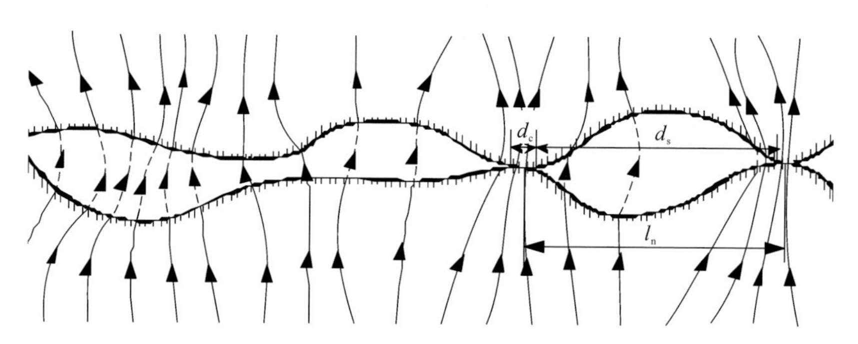

图 3.37 接合面的传热模型

1) 固定接合面实际接触面积比及厚度

接合面内的实际接触面积 A_{rf} 只占整体面积 L_u^2 的一部分,它们的比例为 A_r^*。假设接触区域压力均衡,那么接合面内的实际接触面积 A_{rf} 与名义面积 A 的比例 A^* 与 A_r^* 相等。A_r^* 的取值与接触类型有关系。依据 M-B 分形接触模型,当 $a'_L \leqslant a'_c$ 时,接合面内只有塑性变形发生,实际接触面积比为

$$A_r^* = p_c/H \tag{3.12}$$

式中:p_c 是接触压力。

当 $a'_L > a'_c$ 时,接合面内有弹性变形也有塑性变形,实际接触面积比为

$$A_{\mathrm{r}} = \psi^{(2-D)/2} \frac{D}{4-2D} a'_{\mathrm{L}} L_{\mathrm{u}}^{-2} \tag{3.13}$$

式中：L_{u} 是表面测试时的取样长度。

当 $a'_{\mathrm{L}}=0$ 时，两个表面没有发生接触，接合面的厚度为两个表面间隙的平均值。当 $a'_{\mathrm{L}}>0$ 时，两个表面接触，接合面厚度为最大间隙值。假设两个粗糙表面上的微凸点高度为 R_{z}，那么接合面间隙可通过公式描述为

$$h_{\mathrm{c}} = 2[R_{\mathrm{z}} - G^{D-1}(a'_{\mathrm{L}})^{2-D/2}] \tag{3.14}$$

2）固定接合面热传导参数计算

固定接合面热参数需考虑接合面内空隙填充物质的热导率以及微触点接触部位的接触热阻系数。

（1）空隙导热　接合面的热导率 h_{f} 与接合面间隙厚度、填充物质热导率有关，其计算公式为

$$h_{\mathrm{f}} = \lambda_{\mathrm{f}}/h_{\mathrm{c}} \tag{3.15}$$

（2）接触热阻　接合面的接触热阻由基体热阻和收缩热阻两个部分组成。基体热阻是微触点本身的热阻，在压力较低时，基体热阻影响较大。依据 K-W 模型，单个微触点的基体热阻计算公式为

$$r_{\mathrm{b}} = 2\lambda'^{-1} G^{D-1} a'^{-D/2} \tag{3.16}$$

在接合面中实际接触面积远远小于实际面积，而在主轴接合面中微触点的热导率比空隙中填充的液体或者气体的热导率都高，所以热流线会出现向微触点集中的现象。这种现象导致了收缩热阻的产生。在弹塑性接触（$a'_{\mathrm{c}}<a'_{\mathrm{L}}$）中收缩热阻占据主要地位。依据 K-W 模型，单个微触点的收缩热阻计算公式为

$$r_{\mathrm{c}} = \sqrt{2}(\lambda' a'^{1/2})^{-1} \left\{1 - \frac{\pi a'^{(1-D)/2}}{\sqrt{2} G^{1-D}[(A^{*-1}-1)^{1/2}+1]}\right\}^{3/2} \tag{3.17}$$

将所有微触点的基体热阻及收缩热阻相加，即可得到接合面接触热阻：

$$\frac{1}{R_{\mathrm{c}}} = \sum_{i=1}^{n} \frac{1}{r_{\mathrm{b}i} + r_{\mathrm{c}i}} = \int_{0}^{a'_{\mathrm{L}}} (r_{\mathrm{b}} + r_{\mathrm{c}})^{-1} n(a') \mathrm{d}a' \tag{3.18}$$

式中：$n(a')$ 为微触点尺寸分布系数。

（3）接合面接触热导率　当 $a'_{\mathrm{L}}=0$ 时，两个表面没有发生接触，$A^{*}=0$，所有的热量都是通过填充物质热传导带走的，那么接合面间隙的热导率为

$$h_{\mathrm{t}} = h_{\mathrm{f}} \tag{3.19}$$

当 $a'_{\mathrm{L}}>0$ 时，两个表面接触，这时接合面接触热导率为

$$h_t = Q_t/[(T_1 - T_2)\cdot A] = \lambda_f(1 - A^*)/h_c + 1/(R_c A) \tag{3.20}$$

2. 大型重载机床结构表面散热系数计算

结构表面散热类型依照是否有强制冷却条件分为自然换热和对流换热两种,不同表面类型对应的努塞尔数也不同。参考 *Introduction to Heat Transfer* 一书,本部分将列举大型重载机床结构各种典型表面的换热散热公式。

1) 流固表面热交换重要参数

固体与流体热交换需考虑的流体属性参数有四个:雷诺数 Re、普朗特数 Pr、瑞利数 Ra 和努塞尔数 Nu。

(1) 雷诺数　雷诺数是流体惯性力与黏性力比值的量度,用来描述流体的层流、湍流和过渡流三种流动状态。它通常用于强制散热环境下的热交换系数计算。不同的流场中雷诺数使用不同的公式计算。这些公式中一般都包括流体性质(密度、黏度)、流体速度和一个特征长度或者特征尺寸。以管内的流体流动的雷诺数计算为例:

$$Re = \frac{\rho \bar{u} L}{\mu_{\text{fluid}}} = \frac{\bar{u} L}{\nu_{\text{fluid}}} = \frac{QL}{\nu_{\text{fluid}} A} \tag{3.21}$$

式中:$\bar{u}$是平均流速,单位为 m/s;L 是特征长度,对于管内流动和在流场中的球体,通常使用直径作为特征尺寸,对于表面流动流体,通常使用长度或者厚度作为特征尺寸,此处为管直径,单位为 m;μ_{fluid}为流体动力黏度,单位为 Pa·s 或 N·s/m^2;ν_{fluid}为运动黏度,单位为 m^2/s 或者 cSt;ρ 为流体密度,单位为 kg/m^3;Q 为体积流量,单位为 m^3/s;A 为横截面积,单位为 m^2。流体运动黏度 ν_{fluid}与动力黏度 μ_{fluid}的关系为

$$\nu_{\text{fluid}} = \frac{\mu_{\text{fluid}}}{\rho} \tag{3.22}$$

(2) 普朗特数　普朗特数 Pr 是一个流体力学无因次量,表示运动黏度和热扩散率的比例,也可以视为动量传递及热量传递效果的比例。在热量传播的应用中,普朗特数控制动量边界层及热边界层的相对厚度。Pr 小表示热扩散速率比速度扩散速率要快。普朗特数与流场类型、特征长度等参数无关,只和流体及其状态有关。普朗特数的定义如下:

$$Pr = \frac{\nu_{\text{fluid}}}{\alpha} = \frac{c_p \mu_{\text{fluid}}}{\lambda_{\text{fluid}}} \tag{3.23}$$

式中:α 为热扩散率,单位为 m^2/s;λ_{fluid}为热导率,单位为 W/(m·K);c_p 为比热

容,单位为 J/(kg·K)。

(3) 瑞利数　瑞利数为流体中浮力与平均热量乘积和黏性力与传导热量乘积的比值,它用于湍流中的表面自然换热系数计算。瑞利数与结构表面的特征长度 L、重力加速度 g、流体热扩散率 α、流体热膨胀系数 β、流体运动黏度 ν_{fluid}、固体表面温度 T_s 及流体远处温度 T_∞ 有关:

$$Ra = \frac{g\beta \mid T_s - T_\infty \mid L^3}{\nu_{\text{fluid}}\alpha} \tag{3.24}$$

(4) 努塞尔数　努塞尔数是表示对流换热强烈程度的一个准数,为对流传热速率与换热传热速率之比。当努塞尔数为1时,对流与换热相平衡。努塞尔数越大,流体与固体表面温度交换越活跃。它与结构表面热对流系数 h 的关系为

$$Nu = \frac{hL}{\lambda_{\text{fluid}}} \tag{3.25}$$

式中:L 为热交换表面特征长度,物理定义与雷诺数的相同。

针对不同的散热表面类型和边界条件,努塞尔数 Nu 的计算公式各不相同。通过公式(3.25)可知,得到了换热表面的努塞尔数即可得到表面热对流系数。

2) 自然换热下的机床典型表面努塞尔数计算

自然换热下,结构表面的努塞尔数 Nu 与瑞利数 Ra 和普朗特数 Pr 有关。表3.6列举了自然换热条件下大型重载机床结构中的典型表面努塞尔数 Nu 计算公式。

表3.6　自然换热条件下大型重载机床典型表面努塞尔数 Nu 计算公式

表面类型	不同参数下的计算公式		备注
垂直平板表面	$Ra \leqslant 10^9$	$Ra > 10^9$	特征长度为平板高度
	$Nu = 0.68 + \dfrac{0.67Ra^{1/4}}{[1+(0.492/Pr)^{9/16}]^{-4/9}}$	$Nu = \left\{0.825 + \dfrac{0.387Ra^{1/6}}{[1+(0.492/Pr)^{9/16}]^{8/27}}\right\}^2$	
热平板的上表面或冷平板的下表面	$10^4 \leqslant Ra \leqslant 10^7$, $Pr \geqslant 0.7$	$10^7 \leqslant Ra \leqslant 10^{11}$	特征长度为板厚
	$Nu = 0.54Ra^{1/4}$	$Nu = 0.15Ra^{1/3}$	

续表

<table>
<tr><th>表面类型</th><th colspan="2">不同参数下的计算公式</th><th>备注</th></tr>
<tr><td rowspan="2">热平板的下表面或冷平板的上表面</td><td colspan="2">$10^4 \leqslant Ra \leqslant 10^9$，$Pr \geqslant 0.7$</td><td rowspan="2">特征长度为板厚</td></tr>
<tr><td colspan="2">$Nu=0.52Ra^{1/5}$</td></tr>
<tr><td rowspan="2">水平圆柱表面</td><td colspan="2">$Ra \leqslant 10^{12}$</td><td rowspan="2">特征长度为圆柱直径</td></tr>
<tr><td colspan="2">$Nu=\left\{0.6+\dfrac{0.387Ra^{1/6}}{[1+(0.559/Pr)^{9/16}]^{8/27}}\right\}^2$</td></tr>
<tr><td rowspan="2">垂直圆柱表面</td><td>直径 D 较小，Ra 值也较小</td><td>直径 D 较大或 Ra 值较大</td><td rowspan="2">特征长度为圆柱高度</td></tr>
<tr><td>$Nu=\dfrac{1.8\chi}{\ln(1+0.9\chi)\ln(1+D\chi/L)}$
其中，$\chi=\dfrac{2L/D}{C_1Ra^{1/4}}$</td><td>$Nu=\dfrac{0.13Pr^{0.22}Ra^{1/3}}{(1+0.61Pr^{0.81})^{0.42}(1+1.4\times10^9 Pr/Ra)}$</td></tr>
<tr><td rowspan="2">圆球表面</td><td colspan="2">$Ra \leqslant 10^{11}$，$Pr \geqslant 0.7$</td><td rowspan="2">特征长度为球直径</td></tr>
<tr><td colspan="2">$Nu=2+\dfrac{0.589Ra^{1/4}}{[1+(0.469/Pr)^{9/16}]^{-4/9}}$</td></tr>
</table>

在实际工作中，机床也会运行在过渡状态下，此时，结构表面的努塞尔数 Nu 为层流和湍流下的努塞尔数的综合。依据 Clemes 的研究，其计算公式为

$$Nu = (Nu_l^m + Nu_t^m)^{1/m} \tag{3.26}$$

式中：m 为与形状、流速相关的待定系数。对于不同的表面，m 的取值如表 3.7 所示。

表 3.7　典型表面层流、湍流混合系数

表面类型	垂直平板	水平平板	水平圆柱	垂直圆柱	圆球
m	6	10	15	10	6

3）强制散热下的机床典型表面努塞尔数计算

对于流体和固体表面存在较大相对速度的表面，其散热条件为强制散热条件，其表面努塞尔数与雷诺数 Re 和普朗特数 Pr 有关。机床中使用强制散热条件的表面不多，主要有平面（转动部件平面）、圆柱表面（转动部件曲面）、球形表

面（轴承滚子）和间隙表面（高度与长度之比大于 10，例如电动机转子-定子间隙、静压油膜间隙）。参考 *The CRC Handbook of Thermal Engineering*，强制换热条件下各类表面的努塞尔数计算公式如表 3.8 所示。

表 3.8　强制换热条件下大型重载机床典型表面努塞尔数 Nu 计算公式

表面类型	不同参数下的计算公式		
平面	$Re\leqslant 5\times 10^5$	$5\times 10^5<Re\leqslant 10^7$	$Re>10^7$
	$Nu=\dfrac{Re^{1/2}Pr^{1/2}}{(27.8+75.9Pr^{0.306}+657Pr)^{1/6}}$	$Nu=0.0296Re^{4/5}Pr^{1/3}$	$Nu=1.596Re(\ln Re)^{-2.584}Pr^{1/3}$
圆柱表面	$Re<10000$	$10000\leqslant Re\leqslant 400000$	$Re>400000$
	$Nu=0.3+\dfrac{0.62Re^{0.5}Pr^{1/3}}{[1+(0.4/Pr)^{2/3}]^{1/4}}$	$Nu=0.3+\dfrac{0.62Re^{0.5}Pr^{1/3}}{[1+(0.4/Pr)^{2/3}]^{1/4}}\times\left[1+\left(\dfrac{Re}{282000}\right)^{1/2}\right]$	$Nu=0.3+\dfrac{0.62Re^{0.5}Pr^{1/3}}{[1+(0.4/Pr)^{2/3}]^{1/4}}\times\left[1+\left(\dfrac{Re}{282000}\right)^{5/8}\right]^{4/5}$
间隙表面	层流恒温	层流恒热流量	$0.7\leqslant Pr\leqslant 160$，$Re>10000$
	$Nu=3.66$	$Nu=4.36$	$Nu=0.0225Re^{0.8}Pr^n$ 当固体表面温度比流体温度高时，$n=0.4$；反之，$n=0.3$
圆球表面	$3.5<Re<76000$ $0.71<Pr<380$ $1<\mu/\mu_s<3.2$		液体介质 $3.6\times 10^4<Re<1.5\times 10^5$
	$Nu=2+(0.4Re^{0.5}+0.06Re^{2/3})Pr^{0.4}\left(\dfrac{\mu}{\mu_s}\right)^{1/4}$		$Nu=2+0.386(RePr)^{1/2}$

3. 大型重载机床结构热源

大型重载机床结构上的热源主要有轴承及电动机两类。下面分别介绍其计算公式。

1）轴承热计算

轴承发热主要由摩擦力引起，主要包含载荷摩擦力矩 M_l、黏性摩擦力矩 M_v 和滚子自旋摩擦力矩 M_s 三项。Palmgren 建立了角接触球轴承摩擦力矩的经验公式：

$$H_{\text{bearing}} = 0.001(M_l + M_\nu) \times (\pi \times n/30) + M_s\omega_{so} \tag{3.27}$$

需说明的是,圆柱滚子轴承发热包含载荷摩擦力矩、自旋摩擦力矩和滚子端面法兰盘摩擦力矩:

$$H_{\text{bearing}} = 0.001(M_l + M_\nu) \times (\pi \times n/30) + M_f\omega_m \tag{3.28}$$

轴承保持架与滚子摩擦也会产生热量,但是热功率很小,在简化计算中通常忽略。在参数设置合理的情况下,Palmgren 轴承热模型的精度满足建模使用,下面分别介绍三个摩擦力矩的计算。

(1) 载荷摩擦力矩。

载荷摩擦力矩与轴承载荷相关,其计算公式为

$$M_l = f_1 \cdot P_1\left(\frac{F_s}{C_0}\right)^c d_m \tag{3.29}$$

式中:F_s 为等效静载荷;C_0 为额定载荷,由轴承生产商提供;f_1 和 c 与轴承结构和润滑类型相关,取值参见表 3.9;P_1 是轴承等效载荷。

表 3.9　高速轴承摩擦力矩相关系数

轴承类型	轴承润滑系数 f_0			轴承载荷系数 $f_1(\times 10^{-4})$	轴承类型系数 c
	油脂润滑	气雾(油雾)润滑	喷射润滑		
角接触球轴承	2	1.7	3.3	10	0.33
双列角接触球轴承	1.5～4	1.4～2	6～8	20	0.33
圆柱滚子轴承	0.6～1	1.5～2.8	2.2～4	2～4	—

对于角接触球轴承:

$$F_s = X_sF_r + Y_sF_a \tag{3.30}$$

式中:F_r 和 F_a 分别为轴承的径向和轴向载荷;X_s、Y_s 为静态载荷系数,由轴承生产商提供。

对应角接触球轴承,P_1 计算公式为

$$\begin{cases} P_1 = 0.9F_a\cot\alpha - 0.1F_r & \text{当 } 0.9\cot\alpha \leqslant 3 \text{ 时} \\ P_1 = 3F_a - 0.1F_r & \text{当 } 0.9\cot\alpha > 3 \text{ 时} \end{cases} \tag{3.31}$$

当轴承承受较大径向载荷时,等效载荷为

$$P_1 = F_r \tag{3.32}$$

P_1 的取值为公式(3.31)和公式(3.32)中的较大值。

对于圆柱滚子轴承,载荷摩擦力矩为

$$M_l = f_1 \cdot P_1 \cdot d_m \tag{3.33}$$

轴承等效载荷 $P_1 = F_r$。

(2) 黏性摩擦力矩。

轴承黏性摩擦力矩与轴承润滑油有关,其计算公式为

$$M_\nu = \begin{cases} 10^{-7} f_0 (\nu_0 n)^{2/3} d_m^3 & \text{当 } \nu_0 n \geqslant 2000 \text{ 时} \\ 160 \times 10^{-7} f_0 d_m^3 & \text{当 } \nu_0 n < 2000 \text{ 时} \end{cases} \tag{3.34}$$

式中:f_0 为与润滑相关的参数,取值参见表3.9。ν_0 为润滑油黏度。润滑油的最低运动黏度选择依据轴承的 $d_m n$ 值,最高值依据经验公式选取。标号越高的润滑油润滑效果越好,但是黏度越高,会导致越多的轴承热,而且润滑油黏度与温度相关。ASTM D341 标准推荐的温度-运动黏度计算公式为

$$\lg[\lg(\nu + 0.7)] = A - B\lg T \tag{3.35}$$

式中:A 与 B 为待定系数。通过这个公式,已知润滑油在两个温度下的黏度,就可以计算得到润滑油在这两个温度值之间的温度与黏度对应关系。

(3) 自旋摩擦力矩。

接触角不为零时,滚子与滚道之间存在自旋运动,在轴承中,自旋运动不能忽略。自旋摩擦力矩简化计算公式为

$$M_s = \frac{3\mu Q a \overline{A}}{8} \tag{3.36}$$

(4) 滚子端面法兰盘摩擦力矩。

对于圆柱滚子轴承,其还有滚子端面法兰盘摩擦力矩

$$M_f = f_f F_a d_m \tag{3.37}$$

式中:f_f 为摩擦因数,脂润滑时为0.003,油润滑时为0.002。

2) 电动机热计算

电动机热计算参考《电机内热交换》一书。依据交流感应电动机的工作原理,电动机输入功率减去输出功率即为电动机的损耗功率,电动机的发热就来源于此。电动机损耗包括机械损耗、电损耗、磁损耗以及附加损耗。机械损耗包括轴承摩擦损耗以及电动机绕组的空气摩擦损耗;电损耗为电动机线圈绕组中的电阻产生的热量;磁损耗是在定子、转子铁心内因磁滞和涡流所产生的微量损耗;附加损耗功率一般只占额定功率的1%~5%。

电动机的机械损耗主要是转子高速运转时其与定子、转子间隙间的空气摩擦产生的损耗,该部分热量主要集中在转子和定子之间的空气中。转子与空气摩擦损耗功率为

$$P_{\text{windage}} = T_{\text{windage}}\omega_{\text{rotor}} = \frac{\pi d_{\text{rotor}}^3 L_{\text{rotor}}\mu_{\text{air}}\omega_{\text{rotor}}^2}{4h_{\text{gap}}} \tag{3.38}$$

通常,电动机有效功率系数计算公式为

$$\eta_{\text{motor}} = \frac{P_{\text{motor-out}} + \sum H_{\text{bearing}} + P_{\text{windage}}}{P_{\text{motor}}} \tag{3.39}$$

依据能量守恒,主轴电动机电损耗、磁损耗以及附加损耗功率和为

$$P_{\text{loss}} = P_{\text{motor}}(1 - \eta_{\text{motor}}) \tag{3.40}$$

电动机转子和定子的热量分布是不均匀的,它们的计算公式分别为

$$H_{\text{rotor}} = P_{\text{loss}}\frac{f_{\text{slip}}}{f_{\text{sync}}} \tag{3.41}$$

$$H_{\text{stator}} = P_{\text{loss}} - H_{\text{rotor}} \tag{3.42}$$

式中:滑差频率 f_{slip}是转子转动频率与磁场转动频率的差值,它与电动机刚度和载荷有关,由电动机生产商提供,同步频率 f_{sync}与电动机设定转动频率一致。

4. 大型重载机床电主轴热特性建模案例

1) 有限元模型建立

以武重 ZK5540A 多轴钻床电主轴力、热耦合分析为例。依据电主轴结构建立如图 3.38 所示有限元模型,模型中采用的单元及其功能如下。

PLANE183:结构力学单元,热计算转换为 PLANE77 单元。输入受力、变形、角速度、温度数据,输出变形、位移等数据。

PLANE77:结构热学单元,力计算转换为 PLANE183 单元。输入温度载荷、热功率、散热系数,输出温度数据。

MASS21:质量单元,在力计算中模拟滚子质量以及滚子中心节点,热学计算中转换为 MASS71 单元。

MASS71:热质量单元,在热学计算中施加滚子热功率,力计算中转换为 MASS21 单元。

CONTA172 和 TARGE169:接合面单元,成对使用,用于模拟接合面的力、热耦合现象,在力计算和热计算中切换单元控制参数即可。输入面载荷、热流量、过盈量、渗透率、摩擦因数、接触热导率等参数,输出接合面反作用力、接合

面摩擦力、接合面刚度、接合面热流量等数据。

COMBIN14:弹簧单元,用于模拟螺栓、滚子接触刚度以及轴承滚子热阻,模拟轴承滚子的单元在力计算和热计算中切换单元控制参数即可,模拟螺栓的单元在热计算中被杀死。输入受力、温差参数,输出变形、热流量数据。

LINK34:用于模拟滚子表面散热系数,在力计算中不起作用。

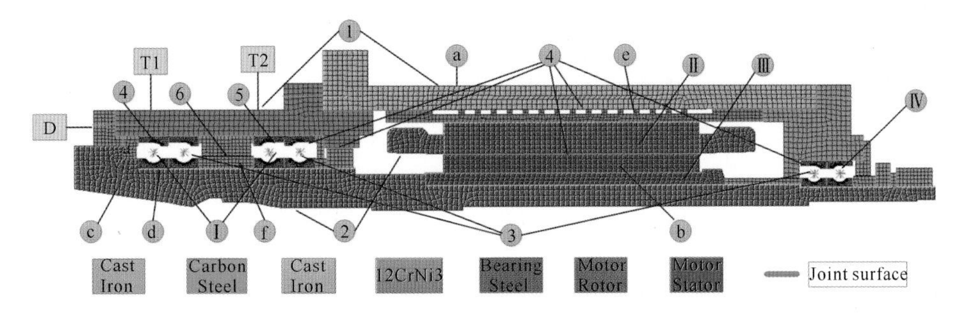

图 3.38 ZK5540A **电主轴有限元模型**

a—轴壳;b—电动机转子;c—转轴;d—前轴承组;e—电动机冷却套;

f—轴承套筒;T_1、T_2—温度传感器;D—位移传感器;

1—轴壳外表面;2—定子、转子间隙表面;3—轴承滚道表面;4、5—小间隙表面;6—套筒间隙表面;

Ⅰ—前轴承发热;Ⅱ—定子发热;Ⅲ—转子发热;Ⅳ—后轴承发热

轴承的有限元模型以滚子为核心并建立轴承接合面接触模型,使用了COMBIN14 单元、MASS21 单元、MASS71 单元、LINK34 单元建立轴承单元。滚子中心与滚道之间使用 COMBIN14 单元连接,滚子表面散热单元 LINK34 也与滚子中心连接。轴承受力及变形如图 3.39(a)所示,在计算中读入内外圈变形及受力,然后依据 Jones 轴承模型计算更新轴承参数。

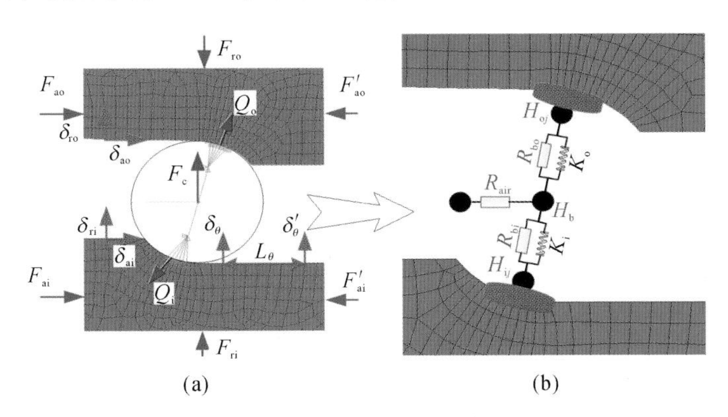

图 3.39 轴承有限元模型

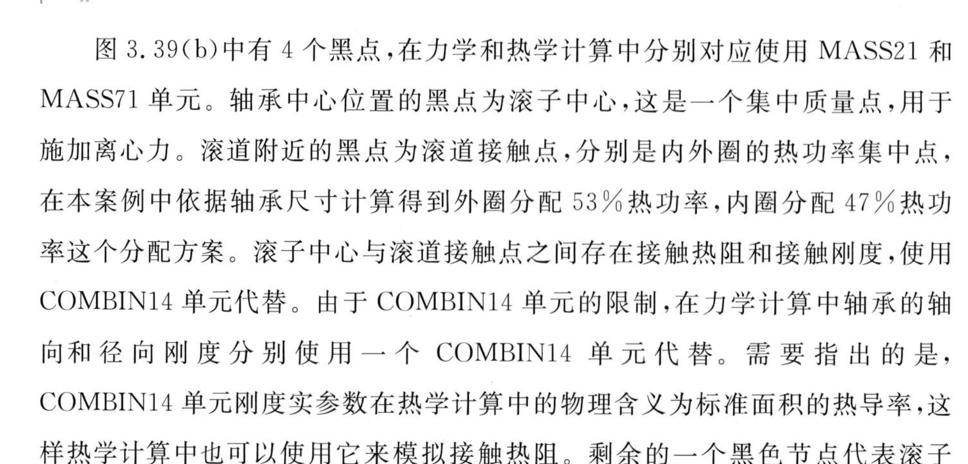

图 3.39(b)中有 4 个黑点，在力学和热学计算中分别对应使用 MASS21 和 MASS71 单元。轴承中心位置的黑点为滚子中心，这是一个集中质量点，用于施加离心力。滚道附近的黑点为滚道接触点，分别是内外圈的热功率集中点，在本案例中依据轴承尺寸计算得到外圈分配 53%热功率，内圈分配 47%热功率这个分配方案。滚子中心与滚道接触点之间存在接触热阻和接触刚度，使用 COMBIN14 单元代替。由于 COMBIN14 单元的限制，在力学计算中轴承的轴向和径向刚度分别使用一个 COMBIN14 单元代替。需要指出的是，COMBIN14 单元刚度实参数在热学计算中的物理含义为标准面积的热导率，这样热学计算中也可以使用它来模拟接触热阻。剩余的一个黑色节点代表滚子附近的空气，在力学计算中它是失效的。在热学计算中它为 MASS71 单元，设置冷却气温度为其边界条件。滚子中心节点与这个节点的连接使用了 LINK34 单元，用来模拟滚子表面的散热。

本案例的电主轴模型使用了 54 对接合面，这些接合面使用 ANSYS 的接触对单元 CONTA172 和 TARGE169 模拟。接触单元关键参数和实参数很多，本案例考虑了接合面初始偏移量、接触效率、接触类型、接触刚度、接触热导率、有效接触范围和接触渗透值，其余参数均为默认系数。表 3.10 所示为接合面单元关键参数，表 3.11 所示为接合面单元实参数。

表 3.10　接合面单元关键参数

关键参数编号	数值	物理意义
1	0 或 2	0 为力学计算;2 为热学计算
5	4	自动判断接触
7	3	最优化迭代时间预测
9	4	初始偏置打开
12	0～6	接触单元行为设置

表 3.11　接合面单元实参数

实参数编号	物理意义
3	接触刚度，依据接合面压力插值获取
4	接触对惩罚函数系数

续表

实参数编号	物理意义
5	接触对初始接触参数
6	接触对最大接触半径
10	初始间隙量(负值为过盈量)
14	接触热导率

接合面单元实参数 4、5、6 的设定值以快速收敛、不发生意外终止或者单元穿透为原则，依据经验设置，通常为接触单元厚度的一半，设置后不做更改；实参数 10 为接合面初始间隙量，负值表示过盈配合，正值表示间隙配合；实参数 3 为接触刚度；实参数 14 为接合面接触热导率，依据接触刚度及接触热导率计算公式可以得到。设置接触对为自动接触类型，设置有效接触范围为 50 μm，单元接触渗透值为 20 μm。

2）模型加载及求解流程

施加热学边界散热条件，施加力学约束，如图 3.40 所示。

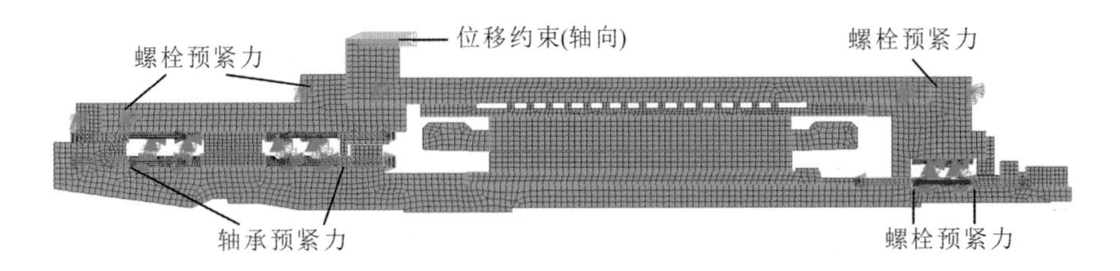

图 3.40　电主轴模型力学约束

使用 APDL 编写仿真计算流程，流程如图 3.41 所示。本仿真步骤的优点在于，将仿真时长为 t 的主轴力-热耦合模型的仿真计算离散为 n 个时长为 t/n 的小段，同时在每个小时间段内进行一次模型力学和热学参数更新，可以减少模型误差。在计算中依据接合面的间隙或者压力值更新主轴力-热耦合模型的接合面刚度、热导率；依据轴承滚子的载荷和滚道温度更新轴承的刚度、接触热阻、发热功率，真正实现电主轴模型参数的力-热耦合，减少模型误差。

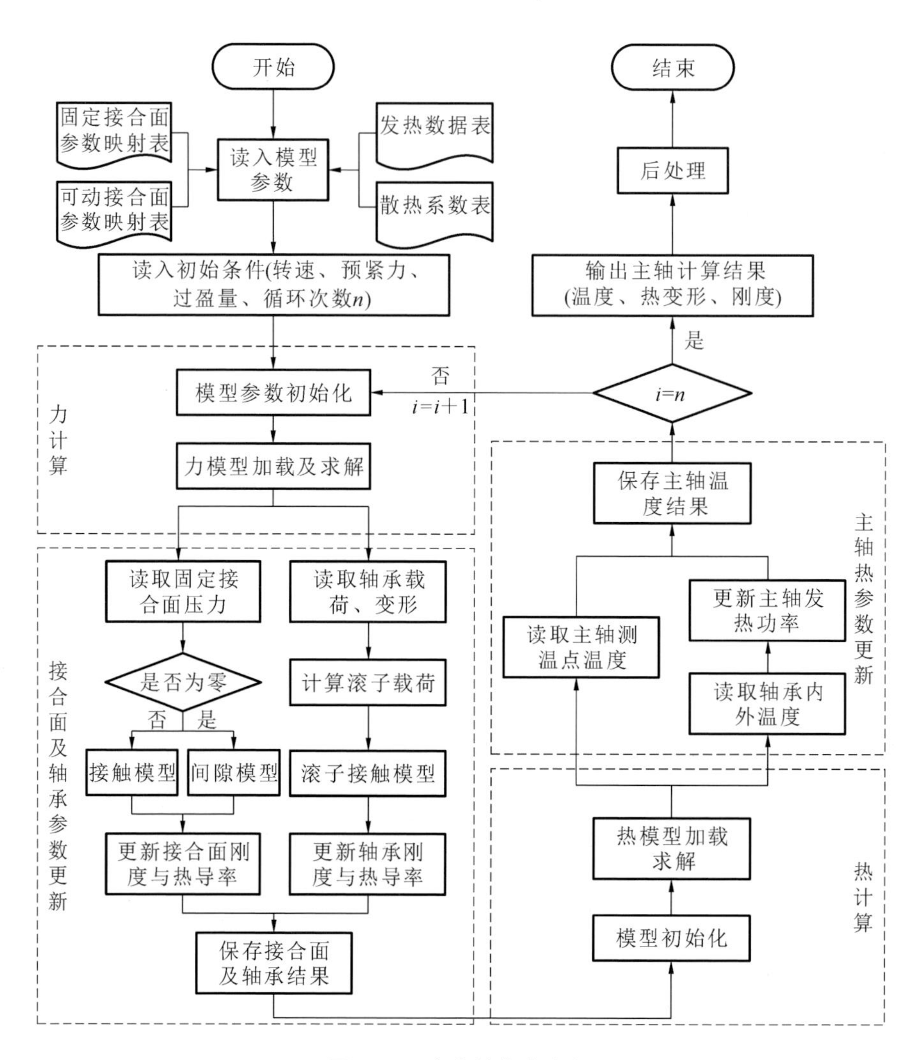

图 3.41　电主轴仿真流程

3）结果分析

经过计算，得到如图 3.42 所示不同转速下实测温度和模拟温度对比曲线和如图3.43所示的仿真-测试热变形曲线。通过对比可以看到，由于考虑到了接合面在运行中的参数变化，本案例所建立的电主轴热特性分析模型精度满足主轴特性预测的要求，可在实际工程应用中指导结构热特性设计。

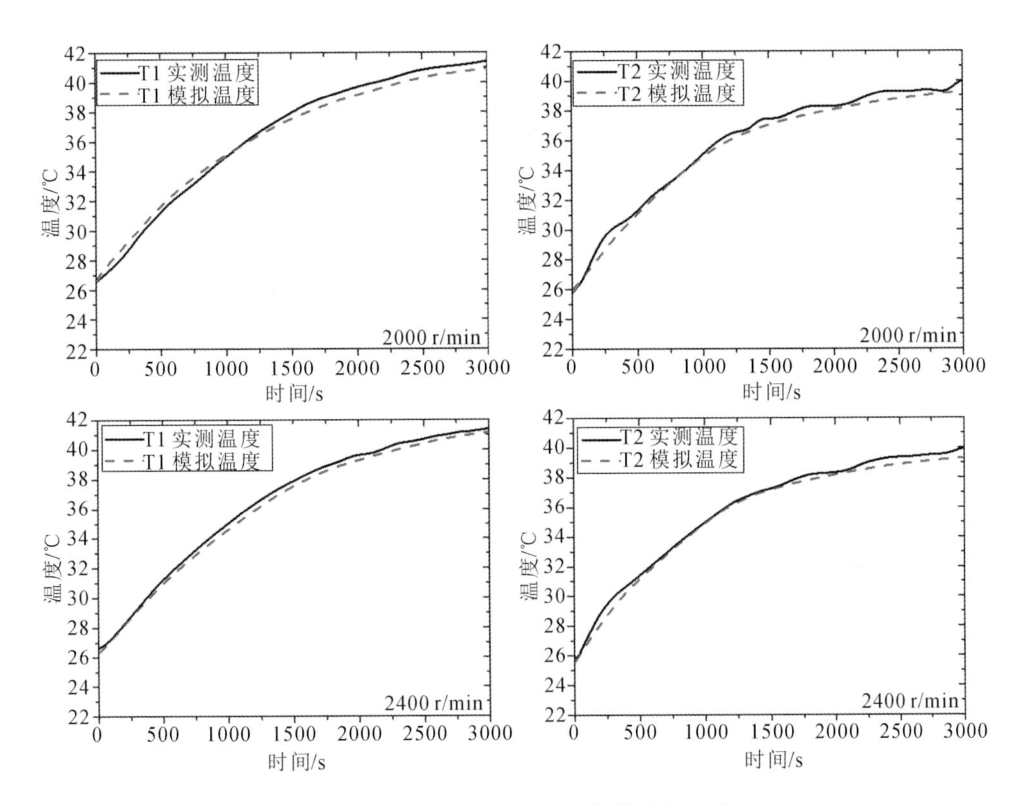

图 3.42 不同转速下实测温度与模拟温度对比

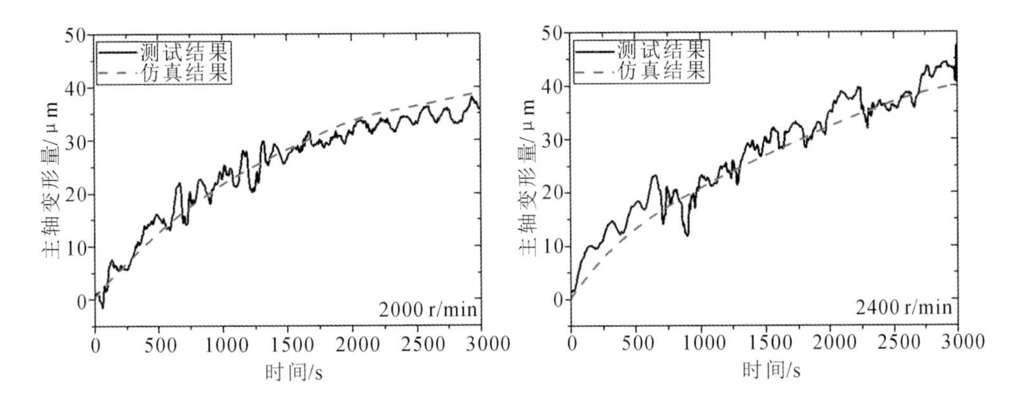

图 3.43 不同转速下主轴前端仿真-测试热变形对比

本章参考文献

[1] RAMESH R, MANNAN M A, POO A N. Error compensation in machine tools—a review: Part Ⅰ: geometric, cutting-force induced and fixture-dependent errors[J]. International Journal of Machine Tools and Manufacture, 2000, 40(9): 1235-1256.

[2] 杨叔子. 机床两支承主轴部件静刚度的分析与计算[J]. 机床, 1979(3): 1-11.

[3] CHANAL H, DUC E, RAY P. A study of the impact of machine tool structure on machining processes[J]. International Journal of Machine Tools and Manufacture, 2006, 46(2): 98-106.

[4] ZHANG G P, HUANG Y M, SHI W H, et al. Predicting dynamic behaviours of a whole machine tool structure based on computer-aided engineering[J]. International Journal of Machine Tools and Manufacture, 2003, 43(7): 699-706.

[5] RAMESH R, MANNAN M A, POO A N. Error compensation in machine tools—a review: Part Ⅱ: thermal errors[J]. International Journal of Machine Tools and Manufacture, 2000, 40(9): 1257-1284.

[6] WECK M, MCKEOWN P, BONSE R, et al. Reduction and compensation of thermal errors in machine tools[J]. CIRP Annals, 1995, 44(2): 589-598.

[7] STONE B. Chatter and Machine Tools[M]. Heidelberg: Springer International Publishing, 2014.

[8] DENKENA B, HOLLMANN F. Process Machine Interactions[M]. Heidelberg: Springer International Publishing, 2013.

[9] KRULEWICH D A. Temperature integration model and measurement point selection for thermally induced machine tool errors[J]. Mechatronics, 1998, 8(4): 395-412.

[10] 陈子辰, 童忠钫, 高承煜. 机床热稳定控制方法的仿真研究[J]. 浙江大学学报(自然科学版): 1990, 24(4): 588-598.

[11] MORI M,MIZUGUCHI H,FUJISHIMA M,et al. Design optimization and development of CNC lathe headstock to minimize thermal deformation[J]. CIRP Annals,2009,58(1):331-334.

[12] 杨建国,范开国,杜正春. 数控机床误差实时补偿技术[M]. 北京:机械工业出版社,2013.

[13] LI B,LUO B,MAO X Y,et al. A new approach to identifying the dynamic behavior of CNC machine tools with respect to different worktable feed speeds[J]. International Journal of Machine Tools and Manufacture,2013,72(3):73-84.

[14] 王书亭. 高速加工中心性能建模及优化[M]. 北京:科学出版社,2012.

[15] 张广鹏,史文浩,黄玉美,等. 机床整机动态特性的预测解析建模方法[J]. 上海交通大学学报,2001,35(12):1834-1837.

[16] LÓPEZ DE LACALLE L N,LAMIKIZ A. Machine tools for high performance machining[M]. London:Springer,2009.

[17] ALTINTAS Y. Manufacturing automation[M]. 2nd ed. New York:Cambridge University Press,2012.

[18] 张学良. 机械结合面动态特性及应用[M]. 北京:中国科学技术出版社,2002.

[19] 王世军,黄玉美,赵金娟,等. 机床导轨结合部的有限元模型[J]. 中国机械工程,2004,15(18):1634-1636.

[20] MAO K,LI B,WU J,et al. Stiffness influential factors-based dynamic modeling and its parameter identification method of fixed joints in machine tools[J]. International Journal of Machine Tools and Manufacture,2010,50(2):156-164.

[21] TIAN H L,LI B,LIU H Q,et al. A new method of virtual material hypothesis-based dynamic modeling on fixed joint interface in machine tools[J]. International Journal of Machine Tools and Manufacture,2011,51(3):239-249.

[22] HARRIS T A,KOTZALAS M N. Rolling Bearing Analysis:Essential concepts of bearing technology[M]. Boca Raton:CRC Press,2007.

[23] HARRIS T A, KOTZALAS M N. Rolling Bearing Analysis: Advanced concepts of bearing technology[M]. Boca Raton:CRC Press,2007.

[24] XU M, JIANG S Y, CAI Y. An improved thermal model for machine tool bearings[J]. International Journal of Machine Tools and Manufacture, 2007,47(1):53-62.

[25] WANG S, KOMVOPOULOS K. A fractal theory of the interfacial temperature distribution in the slow sliding regime: Part Ⅰ—Elastic contact and heat transfer analysis[J]. Journal of Tribology, 1994, 116(4): 812-832.

[26] BERGMAN T L, LAVINE A S, INCROPERA F P, et al. Introduction to heat transfer[M]. 6th ed. Hoboken:John Wiley & Sons,2011.

[27] CLEMES S B, HOLLANDS K G T, BRUNGER A P. Natural convection heat transfer from long horizontal isothermal cylinders[J]. Journal of Heat Transfer,1994,116(1):96-104.

[28] KREITH F. The CRC handbook of thermal engineering[M]. Boca Raton: CRC Press,2000.

[29] PALMGREN A. Ball and roller bearing engineering[M]. Göteborg:SKF Industries Inc.,1959.

[30] 魏永田,孟大伟,温嘉斌. 电机内热交换[M]. 北京:机械工业出版社,1998.

第4章 大型重载机床静压技术

本章中的主要物理量如表4.1所示。

表4.1 主要物理量

符号	物理含义	符号	物理含义
A	面积	Δt	温升或时间变化量
A_e	一个油腔单元或油垫的有效承载面积	$\boldsymbol{u}$	液体质点速度矢量
a	轴承周向封油边宽度	u	液体质点的流速或速度矢量在x方向的分量
a_x	主轴x方向的加速度	v	液体质点的流速或速度矢量在y方向的分量
B	轴承或油垫宽度	w	液体质点的流速或速度矢量在z方向的分量
b	轴承轴向封油边宽度	z	支承的油腔数目
C	常数	α	修正系数
c_p	比热容	β	工件倾斜角或节点松弛因子
D	轴承孔径或轴直径	ε	工件载荷下偏心率
E	材料的弹性模量	θ	偏位角
e	工件位移量或轴颈偏心距	μ	动力黏度
F	集中力	ν	运动黏度
f	体力或轴的挠度	ρ	密度
h	油膜厚度或支承间隙	τ	切应力
h_0	设计间隙	ω	角速度
Δh	油腔深度	ϕ_0	周向封油边中线夹角
J	油膜刚度	R_h	出油液阻

续表

符号	物理含义	符号	物理含义
L	油垫长度	S_{φ}	广义源项
m	质量	∇	散度符号
N_{p}	油泵功率	k	流体传热系数
N_{f}	摩擦功率	T	流体温度
p_{s}	供油压力	η	容积表面外法线方向
p_{r}	工作载荷时油腔压力	V	润滑油的体积
p_{r0}	设计载荷时油腔压力	F_{x}	x 方向上的油膜力
p_{rd}	对置油垫下油腔压力	F_{y}	y 方向上的油膜力
p_{ru}	对置油垫上油腔压力	F_{i}	网格节点 i 的油膜力
$p_{\omega r}$	离心力作用产生的油腔压力	u^{*}	x 方向的修正速度
Q	总流量	u^{**}	x 方向的二次修正速度
Q_{0}	一个油腔单元或油垫的流量	v^{*}	y 方向的修正速度
q	分布力	v^{**}	y 方向的二次修正速度
R	半径	u_{g}	固定边界网格的移动速度
I	惯性矩		

液体静压支承由于具有精度高、减振性好、承载能力大、摩擦阻力小、寿命长等一系列显著优点,而在大型重载卧式床车主轴/托架、大型落地镗铣床(镗床)主轴、大型立式车床回转工作台等领域中得到了广泛的应用。

机床大型化带来了承载能力大,刚度要求高,主轴/回转工作台变形量大,油膜剪切发热大,轴承承载特性与油膜间隙、轴系热变形、载荷变形之间的耦合关系复杂等一系列新问题,导致传统的静压支承设计技术已难以满足大型重载机床静压部件设计需要。如:①应用于超临界核电重型转子及大型舰艇舵轴加工的重型卧式车床主轴系统,由于受静压轴承长径比,油膜间隙设计,主轴变形协调控制及润滑油流量、黏度和温升计算等技术问题限制,主轴转速低、易刮轴、生产效率低;②应用于大型箱体及壳体孔面精加工的大型重载数控落地镗铣床(镗床)主轴系统,需要解决主轴高速化后带来的主轴易“抱死”的难题;③应用于航空发动机机匣、卫星大型铝合金件、核电高压泵体、大型阀门阀芯、风电基座等高精度大型零件加工的大型立式车床回转工作台，需要解决加工过程中由回转工作台力、热变形和油膜厚度变化引起的精度、刚度不稳定以及导轨研伤等问题；等等。要解决上述问题，必须深入、透彻地分析机床工作过程中静压支承各个油腔的流场特性、承载特性以及不同油腔的特性差异；必须深入地揭示静压支承承载特性与主轴/回转工作台系统受载、热变形等之间的相互耦合规律。

国内外学者在液体静压支承设计方面开展了大量卓有成效的工作，许多研究成果已在机床行业中广泛应用。但他们主要关注静压支承本身的设计，对支承与装备之间的相互影响考虑很少。近年来，随着理论工具及计算机技术的发展，出现了不少研究轴承流场特性以及动态耦合特性的基础研究成果，但针对大型重载支承特性的研究很少。在国外，虽然已有先进大型重载机床液体静压部件技术的应用，但出于技术垄断和保密等原因，极少能看到其设计技术的报道。

本章在借鉴国内外现有研究成果的基础上，根据武重长期积累的产品设计经验和与湖南大学的产学研合作研究结果，对大型重载机床的液体静压技术做了全面系统的论述。首先介绍了大型重载机床液体静压支承的分类特点和工程设计基础理论；接着针对静压主轴、静压回转工作台、线性静压导轨等部件的特点，从工程经验设计和具体解析分析两个层面给出了经验公式计算方法和解析分析理论体系，并提供了算例；然后结合大型重载机床静压部件的流固热耦合特点，阐述了液体静压支承基于流体动力学的三维流场分析方法以及动态过程仿真的动网格技术；最后介绍了大型重载静压主轴及导轨测试技术。

4.1 大型重载机床静压支承的分类及特点

4.1.1 定量型、节流型静压支承

静压支承靠外部的流体压力源向摩擦表面之间供给一定压力的流体，借助流体静压力来承受载荷。当外部供油系统用一个油泵向多个油腔支承直接供油时，由于油泵的供油压力取决于多个油腔中载荷最小的油腔的压力，其他油腔会由于没有获得足够的推力而不能正常工作，所以在供油系统中应设置压力补偿元件。

静压支承根据流体供给方式的不同,可以分为定量型静压支承和节流(定压)型静压支承。

1. 定量型静压支承(供油流量恒定)

定量型静压支承有两种配置形式。第一种是给每个油腔配备单独的油泵,以保证供给恒定的流体流量,如图 4.1 所示;第二种是用一个油泵供油,但对每个油腔各设一个调流阀,以保持流量恒定。定量型静压支承各个油腔彼此独立工作,互不影响。

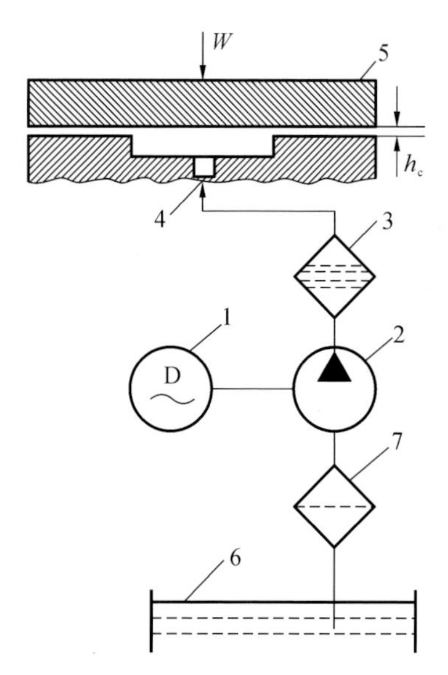

图 4.1　定量型供油支承

1—电动机;2—油泵;3—精滤油器;4—进油孔;5—工件;6—油箱;7—粗滤油器

由压差、流量和液阻的基本关系 $\Delta p = Q \cdot R_h$ 可知,在定量供油时,R_h 的增加必定使压差 Δp 升高。反之,如果不是定量供油,当油泵输出压力升高时,因泄漏增多,输出的流量却减少,故油腔压力只能在油膜大大变薄的情况下才能有所升高。

2. 节流(定压)型静压支承(供油压力恒定)

静压支承在各油腔和封油边上存在液阻。如在油腔之前的进油管路中预先设置一个较大的液阻,由于运动件的位移,即使支承间隙大小发生变化,各油腔内的液阻变化可以忽略不计。

如前所述，用一个油泵向多个油腔供油，当载荷最小的油腔工作后，油泵的工作压力就不再上升。为了使油泵压力继续上升，在载荷小的油路上安装一个节流器，油流经此节流器而产生压力降。如果所安装的节流器参数匹配合适，压力降足够大，则油泵压力就可升高到足以把最重的载荷也托起来。实际上，定压型静压支承在各个油腔之前都装有相同的节流器，公用油泵的输出压力用溢流阀控制，如图 4.2 所示。

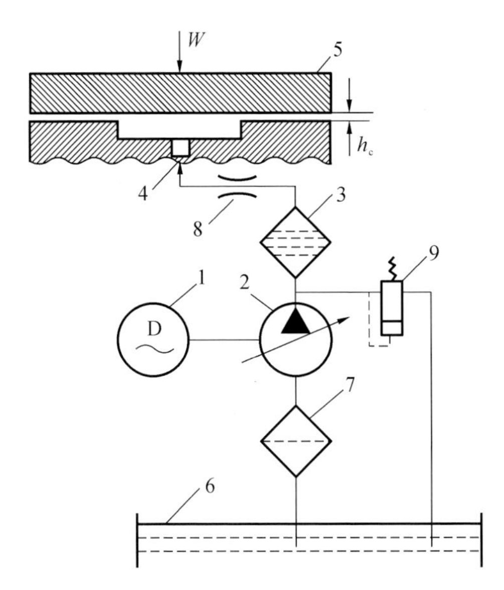

图 4.2 定压型供油支承

1—电动机；2—变量泵；3—精滤油器；4—进油孔；5—工件；6—油箱；7—粗滤油器；8—节流器；9—溢流阀

4.1.2 开式、闭式静压支承

平面结构静压支承按其是否可以承受双向载荷，可分为开式静压支承和闭式静压支承。

开式静压支承的工作原理是压力流体经节流器进入支承的各个油腔，使运动部件浮起，导轨面被流体膜完全隔开，油腔中的流体不断地通过封油面而流回油箱。当运动件受到外载荷作用向下产生一个位移时，相对间隙变小，从而增加了回油阻力，使油腔中的油压升高，以平衡外载荷。开式静压支承依靠工件的自重以及外载荷作用以保证工件与床身不分离，如图 4.3 所示。开式静压支承主要用在载荷分布均匀、偏载小、颠覆力矩小的水平放置或仅有较小倾角的场合。

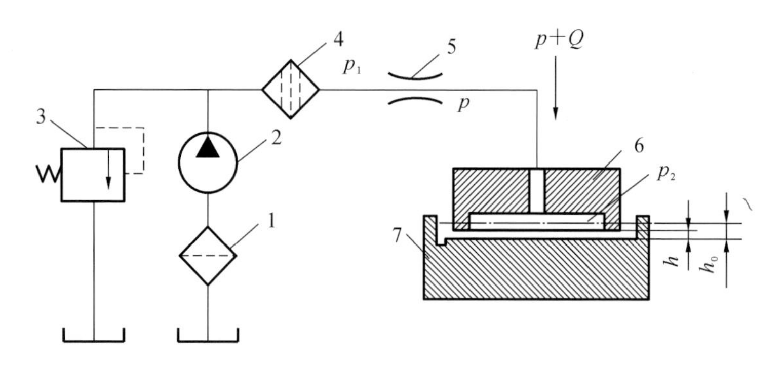

图 4.3 开式静压支承工作原理图

1—滤油器;2—液压泵;3—溢流阀;4—精滤油器;5—节流器;6—运动件;7—承导件

闭式静压支承是在承载油腔的对面另外设立副静压油腔,使副油腔对承载油腔形成一定的反压力,从而使其能够承受双向载荷。其主要特点是以损失一部分承载能力来换取较大的刚度。因此,闭式静压支承主要应用于载荷分布不均匀,偏载大及有正、反方向载荷或立式导轨等场合。闭式静压平导轨结构示意图如图4.4所示。

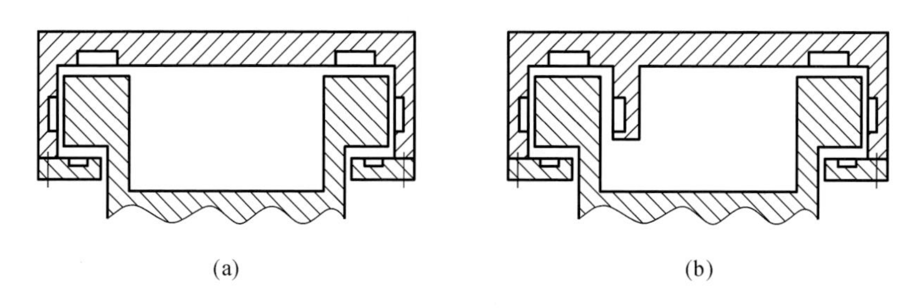

图 4.4 闭式静压平导轨结构示意图

(a) 侧导轨在外侧 (b) 侧导轨在同侧

4.1.3 主轴类静压支承(工件轴、刀具轴、托架)

主轴轴系是机电一体化产品主要装置之一,其主要作用是支承带动旋转件(工件、刀具等)传递转矩和运动。现以某大型重载镗床主轴为例,来说明主轴类静压支承的结构。

某大型重载镗床主轴结构示意图如图 4.5 所示。轴系安装在主轴箱内,水平布置并做轴向进给运动。主轴依靠两个定压供油的静压向心轴承和一对止推轴承支承,所以主轴类静压支承除了支承本体以外,还必须有两个部分:一是供给压力油的一套液压供油装置;二是位于进油孔前的节流器,节流器使支承具有一定的承载能力并能适应载荷的变化。

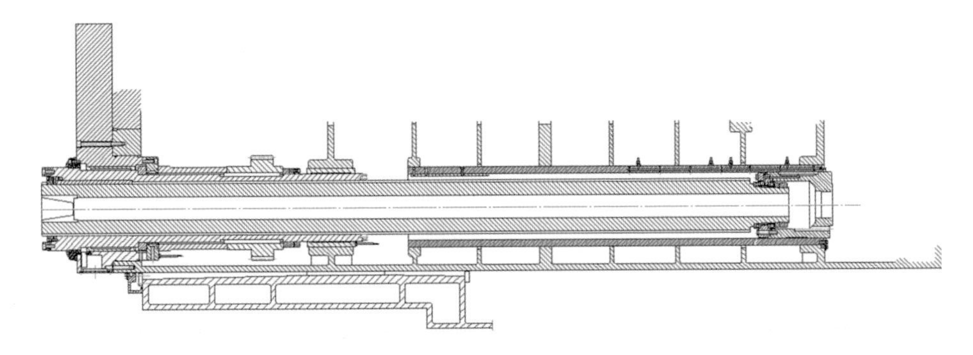

图 4.5 某大型重载镗床主轴结构示意图

静压托架是大型重载机床的重要组成部件,对轴类零件起润滑支承作用,保证高加工精度的要求。静压托架工作时在支承块的油腔中通入压力油,当油腔内油膜压力与外载荷平衡时,主轴便浮起,其承载原理与径向静压轴承相似。静压托架工作原理示意图如图 4.6 所示。

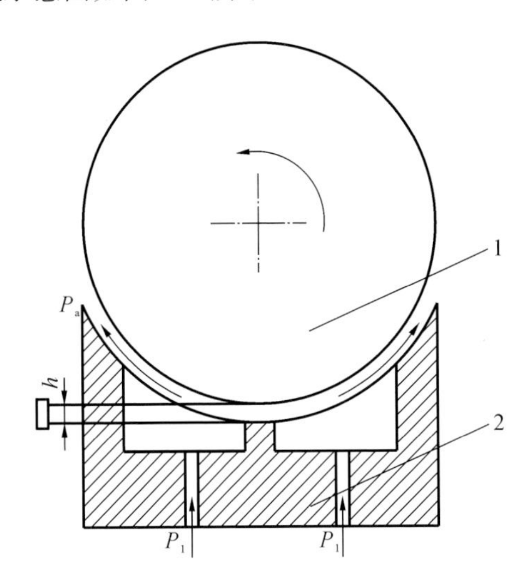

图 4.6 静压托架工作原理示意图

1—轴类零件;2—支承块

4.1.4 导轨类静压支承(静压回转工作台、直线静压导轨)

静压导轨的滑动面之间开有油腔,供油系统将具有一定压力的压力油通过节流器输入油腔,形成压力油膜,浮起运动部件,使导轨工作表面处于纯液体摩擦状态。液体静压导轨具有承载能力大、速度范围广、运动精度高、工作寿命长等优点而成为大型重载机床机械加工的重要运动部件。根据导轨结构形状的不同,液体静压导轨可以分为静压回转工作台(简称静压转台)和直线静压导轨。

静压回转工作台采用液体静压推力轴承作为支承,在流体动力润滑作用下,通过回转工作台上下导轨间润滑油膜将轴向载荷由转动部件传递到固定部件。静压回转工作台根据摩擦副支承结构可分为开式和闭式两类,如图 4.7 所示。

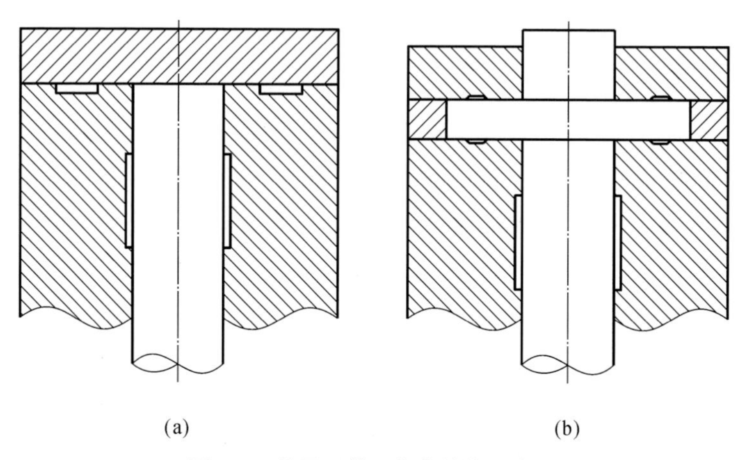

图 4.7 静压回转工作台结构示意图

(a) 开式静压回转工作台 (b) 闭式静压回转工作台

典型直线静压导轨的结构示意图如图 4.8 所示,由工作台、导轨座、油腔组成。直线静压导轨一般有多个油腔,其工作原理与径向静压轴承相似。

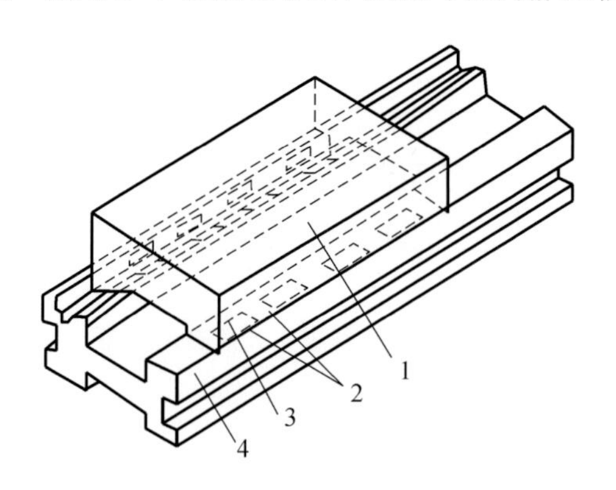

图 4.8 直线静压导轨结构示意图

1—工作台;2—封油面;3—油腔;4—导轨座

4.2　液体静压支承润滑基础理论

4.2.1　液体润滑的连续性原理

1. 黏度

空间两平行平板之间充满着液体，在两平板的进油口处无压力差，两平板在与纸面垂直的方向可以认为是无限延伸的，以消除另两侧面的影响。如图4.9所示，下板固定，上板以速度 u 平行于下板运动。设想把两平板间的液体分成若干与平板平行的微小质点层，由于平板与和它相近的流体质点之间有切向作用——外摩擦，所以最贴近上板的一层液体以速度 u 运动，而最贴近下板的一层液体的速度为零。由于液体质点在其接触平面内也发生切向作用——内摩擦，所以各个液体层的速度都不相同，形成速度梯度$\frac{\partial u}{\partial n}$。液体流动时，其内部产生内摩擦力的这种性质，叫作液体的黏性。

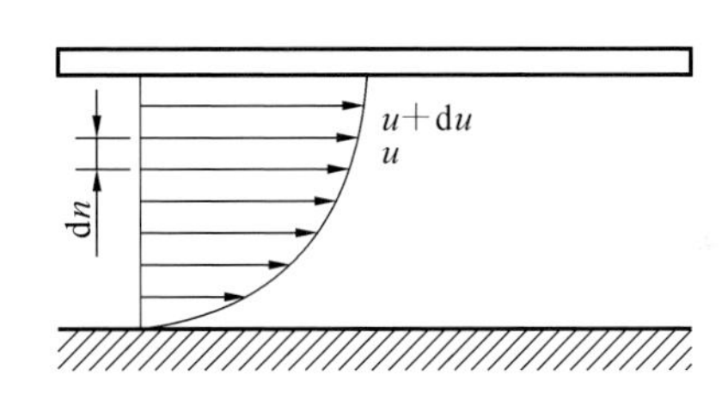

图 4.9　流体速度梯度示意图

液体的内摩擦力 F_f 与速度梯度$\frac{\partial u}{\partial n}$以及层与层之间的面积 A 成比例，可以写成

$$F_f = -\mu \frac{\partial u}{\partial n} \cdot A \tag{4.1}$$

若将式(4.1)两边都除以面积 A，则得到单位面积上的内摩擦力，即液体的剪切应力 τ：

$$\tau = -\mu \frac{\partial u}{\partial n} \tag{4.2}$$

式(4.2)就是牛顿的内摩擦定律，可简述为：黏性流体中的剪切应力正比于速度沿法线方向的导数,该法线方向与运动方向垂直。

符合牛顿内摩擦定律的流体称为牛顿流体。静压支承所用的润滑油液(不包括油脂)都属于牛顿流体,至少是近似于牛顿流体。

式(4.1)中,μ 直接表达了内摩擦力的大小,国际单位为 Pa·s,称为动力黏度或绝对黏度。

液体动力黏度 μ 与同温下液体密度 ρ 的比值常在计算中出现,其比值用 ν 表示,ν 被称为运动黏度,即

$$\nu = \frac{\mu}{\rho} \tag{4.3}$$

在工程应用中:ν 的单位为 cm^2/s;曾沿用的 ν 的单位是斯,其值太大,实际使用时以它的百分之一为单位,称为厘斯,符号表示为 cSt;国际单位为 m^2/s。一般机械油的黏度是以 50 ℃时运动黏度表示的,如 10＃机油,它在 50 ℃时运动黏度为7～13 cSt。

2. 黏温关系

液体的黏度随其温度的变化而变化,黏度随温度变化越小的油,品质越好。各种润滑油牌号都有相应的黏温曲线可查,表 4.2 所示为 10＃主轴油不同温度时的运动黏度。为了方便分析计算,用解析式来表示黏度 μ 随温度 T 的变化规律,以便用计算机计算。

表 4.2　10＃主轴油不同温度时的运动黏度

T/℃	−10	0	10	15	20	25	30	40	50	70	80
ν_T/cSt	75	45	30	24	21.5	17	14	12	10.1	6	5.1

注:表中 ν_T 表示温度为 T 时的运动黏度。

Slotte 黏度方程:

$$\mu = \frac{S}{(a+T)^m} \tag{4.4}$$

式中:S、a 和 m 为常数,由实际的黏温曲线来确定。此式不是指数方程,便于积分,在用能量方程考虑温度效应时计算方便,相当准确,常用于分析计算。

3. 液流的连续性原理

任意管道中的液体做定常流动时,假设液体是不可压缩的,且管道在压力作用下无变形,根据质量守恒定律,液体在流经截面Ⅰ—Ⅰ′和Ⅱ—Ⅱ′时的流量

相等，这就是液流的连续性原理。如图 4.10 所示，截面Ⅰ—Ⅰ′和Ⅱ—Ⅱ′的面积分别为 A_1 和 A_2，液体通过两截面时的平均流速分别为 u_1 和 u_2，流经两截面的流量为 Q，则连续性方程：

$$Q = A_1 u_1 = A_2 u_2 \tag{4.5}$$

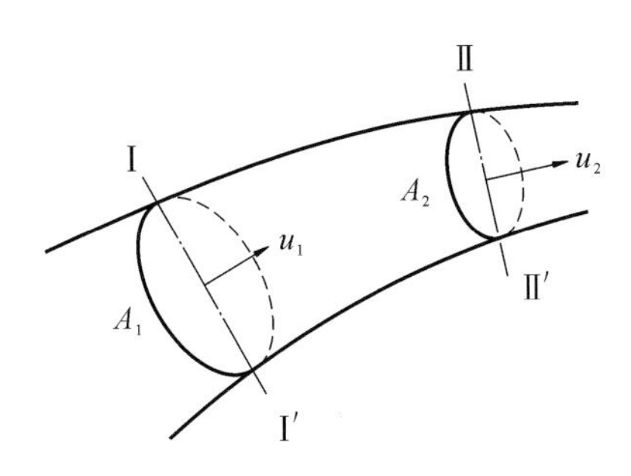

图 4.10　液流连续性原理

4. 液流分析的等效电路法

定量供油时，流量为定值，液流从进油口流入油腔再从封油边流出时的流动问题，可类比于电路中的欧姆定律。流量 Q 相当于电路中的电阻，压差 Δp 相当于电路中的电压，液阻 R_h 相当于电路中的电流。这就是液流分析的等效电路法，由其定义可知：

$$Q = \frac{\Delta p}{R_h} \tag{4.6}$$

4.2.2　平行平板间缝隙的流量

1. 压力差引起的流动

两固定平行平板间的压力差引起层流，流体受到油层间的剪切应力作用，在固定板边界处速度为零，在油膜中央处速度达到最大。如图 4.11 所示，在两平行平板之间的中线上取直角坐标系的原点，x 轴与平板平行并与流速方向一致，y 轴垂直于平板。设流体只沿 x 轴方向流动。

在流体中取一长 l、宽 b 和高 $2y$ 的微元体来研究，在左右两端分别作用有静压力 p_1 和 p_2，上下表面作用剪切应力 τ。由微元体受力平衡得

$$p_1 \cdot 2yb - p_2 \cdot 2yb - 2\tau lb = 0 \tag{4.7}$$

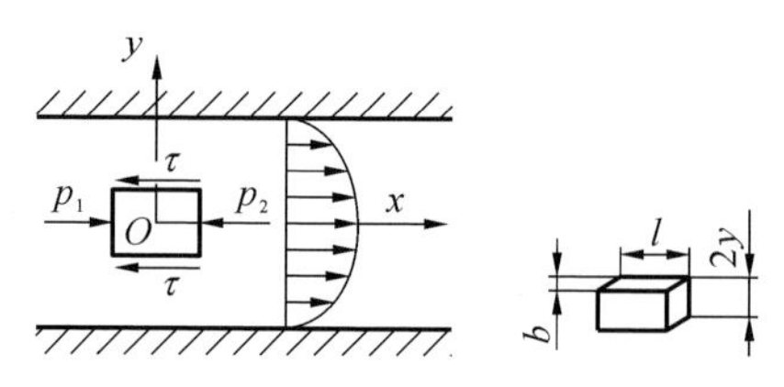

图 4.11　两固定平板间流量计算简图

将式(4.7)简化得

$$\tau = \frac{p_1 - p_2}{l} y = \frac{\Delta p}{l} y \tag{4.8}$$

如果流过长度 l' 时，流速 u 只是两平板之间法向距离坐标 y 的函数，即$\frac{\partial u}{\partial n}=\frac{\mathrm{d}u}{\mathrm{d}y}$，则式(4.2) 可写为

$$\tau = -\mu \frac{\mathrm{d}u}{\mathrm{d}y} \tag{4.9}$$

将式(4.9) 代入式(4.8) 并积分，得

$$u = -\frac{\Delta p}{2\mu l} y^2 + C \tag{4.10}$$

引用边界条件：$y=\pm\frac{h}{2}$，$u=0$，得压差引起的各点流速为

$$u = -\frac{\Delta p}{2\mu l}\left(y^2 - \frac{h^2}{4}\right) \tag{4.11}$$

取 z 方向宽度 b，流过平行板的流量为

$$Q = 2\int_0^{\frac{h}{2}} u\mathrm{d}A = -2\int_0^{\frac{h}{2}} \frac{\Delta p}{2\mu l}\left(y^2 - \frac{h^2}{4}\right) b\mathrm{d}y = \frac{bh^3 \Delta p}{12\mu l} \tag{4.12}$$

式(4.12)可改写为

$$\frac{\Delta p}{l} = \frac{12\mu}{bh^3} Q \tag{4.13}$$

由式(4.13) 可知，平行平板任意位置 x 处的压力 p 值满足

$$\frac{p_1 - p}{x} = \frac{12\mu}{bh^3} Q \tag{4.14}$$

由式(4.12) 和式(4.14)可得到平行平板间沿流动方向的压力分布规律：

$$p = p_1 - \frac{l}{x}(p_1 - p_2) \tag{4.15}$$

2. 速度引起的流动

如果两平板间有等速相对运动，由于液体的剪切作用，运动平板也带着液体流动，此时 $\Delta p=0$。当液体内部存在压差即当 $\Delta p\neq 0$ 时，两固定平板间流体流动的速度为压差引起的速度和平板相对运动引起的速度的叠加，如图 4.12 所示。

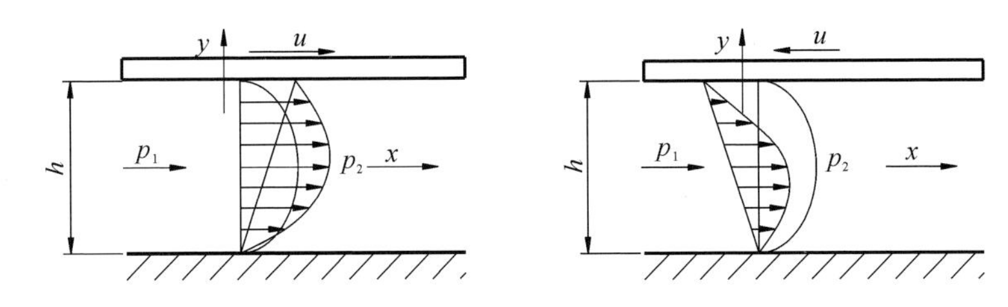

图 4.12　压差、平板相对运动同时作用引起的流动

当 $\Delta p=0$ 时，各层流速呈直线分布，如取 z 方向宽度 b，则流过截面积 $A=hb$ 的截面的速度剪切流量为

$$Q'=\frac{1}{2}uhb \tag{4.16}$$

流过平行平板间的总流量为

$$Q=\left(\frac{h^3\Delta p}{12\mu l}\pm\frac{1}{2}uh\right)b \tag{4.17}$$

4.2.3　矩形平面油垫的流量

静压支承中常用的矩形平面油垫可以看成由四个狭长形平行平板组成的，油液从中间进来向四边流出，如图 4.13 所示。

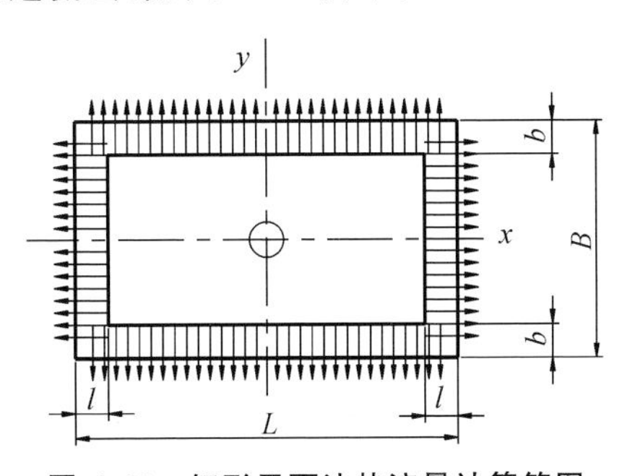

图 4.13　矩形平面油垫流量计算简图

当油膜厚度为 h 时，流经矩形油垫的流量 Q 可按两平行板间层流的流量公式计算。流过此等截面通道的不可压缩流体，在沿程各点处的流速相等，压力

降也相等,压力与流过的距离成线性关系。由式(4.12)可知,沿 x 和 y 方向的流量分别为

$$Q_x = 2\frac{h^3(B-b)\Delta p}{12\mu l} \tag{4.18}$$

$$Q_y = 2\frac{h^3(L-l)\Delta p}{12\mu b} \tag{4.19}$$

由压差引起的总流量为

$$Q = \frac{h^3\Delta p}{6\mu}\left(\frac{B-b}{l}+\frac{L-l}{b}\right) \tag{4.20}$$

4.2.4 圆形油垫的流量

1. 圆形油垫的流量及承载能力

一个空心圆台和一个平面组成的圆形油垫如图 4.14 所示,液体在油垫中往外或往里流动。设圆台的内、外圆半径分别为 r_1 和 r_2,如液体由内往外流,则缝隙两边的压差 $\Delta p = p_1 - p_2$。

在任意半径 r 处取宽度为 $\mathrm{d}r$ 的圆环,其将展开后相当于宽度 $b=2\pi r$ 的平行平板的油垫,其长度 $l=\mathrm{d}r$,考虑到压力随半径的增加而减小,代入式(4.12),得

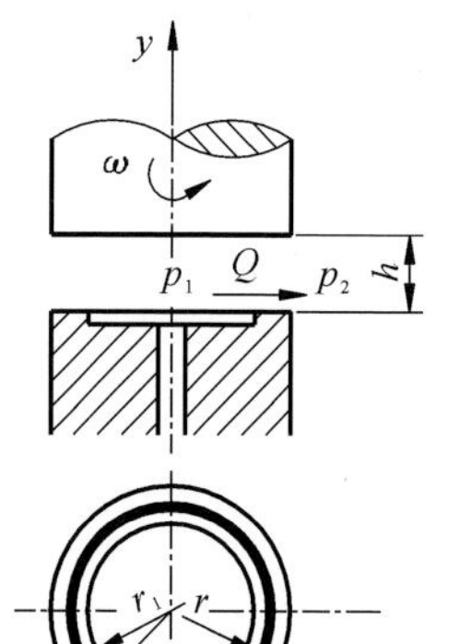

图 4.14 圆形油垫流量计算简图

$$Q = -\frac{2\pi r h^3}{12\mu}\frac{\mathrm{d}p}{\mathrm{d}r} \tag{4.21}$$

移项并简化得

$$\mathrm{d}p = -\frac{6\mu Q}{\pi h^3}\frac{\mathrm{d}r}{r} \tag{4.22}$$

两边积分,得

$$-\int_{p_1}^{p_2}\mathrm{d}p = \int_{r_1}^{r_2}\frac{6\mu Q}{\pi h^3}\frac{\mathrm{d}r}{r} \tag{4.23}$$

$$p_1 - p_2 = \Delta p = \frac{6\mu Q}{\pi h^3}\ln\frac{r_2}{r_1} \tag{4.24}$$

所以,圆形油垫由压差引起的流量为

$$Q = \frac{\pi h^3(p_1-p_2)}{6\mu\ln\frac{r_2}{r_1}} \tag{4.25}$$

如果液体在圆形油垫中由外向内流动，可用同样方法求得流量为

$$Q=\frac{\pi h^3(p_2-p_1)}{6\mu\ln\frac{r_2}{r_1}} \tag{4.26}$$

由式(4.24)，可得 r 处的油腔压力 p 的计算公式：

$$p-p_2=\frac{6\mu Q}{\pi h^3}\ln\frac{r_2}{r} \tag{4.27}$$

将式(4.25) 代入式(4.27)，得油垫沿半径方向的压力分布规律：

$$p=p_2+(p_1-p_2)\frac{\ln\frac{r_2}{r}}{\ln\frac{r_2}{r_1}} \tag{4.28}$$

由式(4.28) 可知，油压从油腔压力 p 经封油边按对数曲线规律逐渐降低到外界压力。因此，圆形油垫能承载的体积是对数曲线绕中心线旋转所形成的体积，以及油腔面积上的压力体积之和。为了方便，可以把这个旋转体简化为一个相等体积的圆柱体，其截面积也就是圆形油垫的有效承载面积 A_e。

圆形油垫的承载能力为

$$W=\int_p^0\pi r^2\mathrm{d}p=\int_{r_1}^{r_2}\pi r^2\frac{6\mu Q}{\pi h^3}\frac{\mathrm{d}r}{r}=\int_{r_1}^{r_2}r\frac{6\mu Q}{h^3}\mathrm{d}r=\frac{6\mu Q}{h^3}\frac{r_2^2-r_1^2}{2} \tag{4.29}$$

把式(4.24) 代入式(4.29)得：

$$W=\frac{\Delta p\pi(r_2^2-r_1^2)}{2\ln\frac{r_2}{r_1}}=\Delta pA_e \tag{4.30}$$

圆形油垫的有效承载面积 A_e 为

$$A_e=\frac{\pi(r_2^2-r_1^2)}{2\ln\frac{r_2}{r_1}} \tag{4.31}$$

根据式(4.24)，由等效电路法得圆形油垫液阻为

$$R_h=\frac{6\mu\ln\frac{r_2}{r_1}}{\pi h^3} \tag{4.32}$$

2. 离心作用下的压力分布及流量

图 4.15 所示为圆形油垫在止推轴承中的应用。油液从中央进入油腔经过

间隙外流，当被支承件以角速度 ω 转动时，油液的离心惯性力将引起油腔压力的下降。

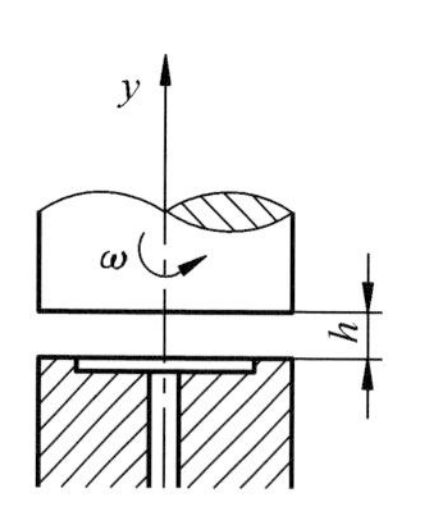

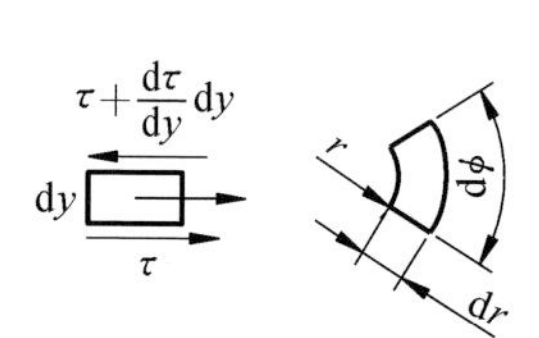

图 4.15　圆形油垫在止推轴承中的应用

在间隙中取一微元体，质量为 m，径向宽度为 $\mathrm{d}r$，距离中心为 $r+\dfrac{\mathrm{d}r}{2}$，只考虑离心力时的平衡条件为

$$m\left(r+\frac{\mathrm{d}r}{2}\right)\omega_0^2-\left(\tau+\frac{\mathrm{d}\tau}{\mathrm{d}y}\mathrm{d}y-\tau\right)\left(r+\frac{\mathrm{d}r}{2}\right)\mathrm{d}\phi\mathrm{d}r=0 \tag{4.33}$$

将质量 $m=\rho\left(r+\dfrac{\mathrm{d}r}{2}\right)\mathrm{d}\phi\mathrm{d}r\mathrm{d}y$ 代入式(4.33)，并忽略高次项，得

$$\rho r\omega_0^2=\frac{\mathrm{d}\tau}{\mathrm{d}y} \tag{4.34}$$

式中：ω_0 为微元体的角速度，它和被支承件角速度 ω 的关系是 $\omega_0=\omega\dfrac{y}{h}$。将它同式(4.2)、式(4.9)一起代入式(4.34)得

$$-\mu\frac{\mathrm{d}^2u}{\mathrm{d}y^2}=\frac{\rho\omega^2}{h^2}ry^2 \tag{4.35}$$

两次积分得

$$-\mu u=\frac{\rho r\omega^2}{3h^2}\frac{y^4}{4}+C_1y+C_2 \tag{4.36}$$

代入边界条件：当 $y=0,h$ 时，$u=0$，得

$$C_2=0,\quad C_1=-\frac{\rho rh\omega^2}{12}$$

把 C_1、C_2 代入式(4.36)并简化得

$$u=\frac{\rho r\omega^2}{12\mu}hy\left(1-\frac{y^3}{h^3}\right) \tag{4.37}$$

由此可得在任意半径 r 处离心作用所产生的流量为

$$Q_\omega=\int_0^h 2\pi ru\,\mathrm{d}y=\int_0^h 2\pi r\frac{\rho r\omega^2}{12\mu}hy\left(1-\frac{y^3}{h^3}\right)\mathrm{d}y=\frac{\rho\pi r^2\omega^2}{6\mu}\left(\frac{h^3}{2}-\frac{h^3}{5}\right)=\frac{\pi\rho r^2\omega^2h^3}{20\mu} \tag{4.38}$$

油腔压力因油液的离心作用而降低，设 $p_{\omega r}$ 为离心作用在半径 r 处引起的

压力降,则由两平行板间的层流流量公式(4.12) 可得

$$Q_{\omega} = -\frac{2\pi r h^3}{12\mu}\frac{\mathrm{d}p_{\omega r}}{\mathrm{d}r} \tag{4.39}$$

由式(4.39)可得离心压力沿径向的分布规律:

$$-\mathrm{d}p_{\omega r} = 0.3\rho\omega^2 r\mathrm{d}r \tag{4.40a}$$

$$-\int_{p_{\omega r}}^{0}\mathrm{d}p_{\omega r} = \int_{r}^{r_2} 0.3\rho\omega^2 r\mathrm{d}r \tag{4.40b}$$

$$p_{\omega r} = 0.15\rho\omega^2(r_2^2 - r^2) \tag{4.40c}$$

当 $r=r_1$ 时,可求得油腔压力降为

$$p_{\omega r_1} = 0.15\rho\omega^2(r_2^2 - r_1^2) \tag{4.41}$$

由式(4.32) 和等效电路法可知离心力在半径 r_1 与 r_2 之间产生的流量为

$$Q = \frac{p_{\omega r_1}}{R_{\mathrm{h}}} = \frac{\pi\rho\omega^2(r_2^2 - r_1^2)}{40\mu\ln\frac{r_2}{r_1}}h^3 \tag{4.42}$$

4.3 大型重载机床静压主轴系统设计

4.3.1 液体径向静压轴承

1. 工程设计计算方法

以四腔定量型(有回油槽)静压轴承为例,如图 4.16 所示,油腔分别用 1、2、3、4 标记。角度起始位置为正下方坐标轴。设主轴在外载荷力作用下,轴颈最终处于偏心距离为 e 的相对平衡位置。求轴承的承载能力和刚度。

四腔定量型(有回油槽)静压轴承油垫示意图如图 4.17 所示。轴承油腔轴向封油边宽度为 b,周向封油边宽度为 a,单边油膜间隙为 h_0,周向封油边中线夹角为 $2\phi_0$。

轴向封油边任意角度 ϕ 处的油膜厚度:

$$h_{\phi} = h_0 - e\cos\phi = h_0(1 - \varepsilon\cos\phi) \tag{4.43}$$

由对称性,油腔 1 周向两侧封油边的油量:

$$Q_{1周向} = 2\cdot\frac{B-b}{12\mu a}\cdot h_{\phi_0}^3 p_{r1} = \frac{B-b}{6\mu a}\cdot h_0^3(1-\varepsilon\cos\phi_0)^3 p_{r1} \tag{4.44}$$

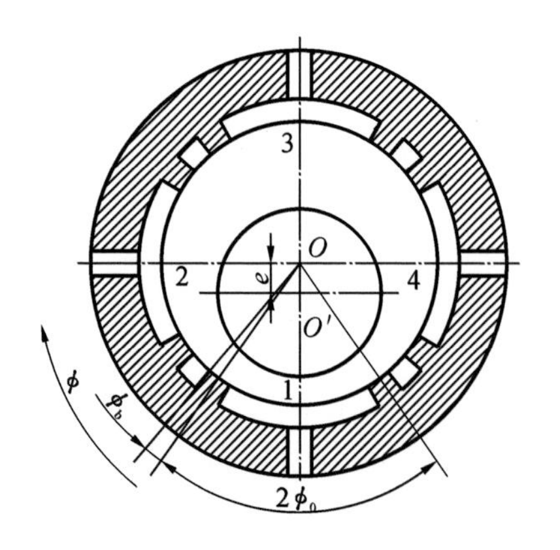

图 4.16　四腔定量型(有回油槽)静压轴承

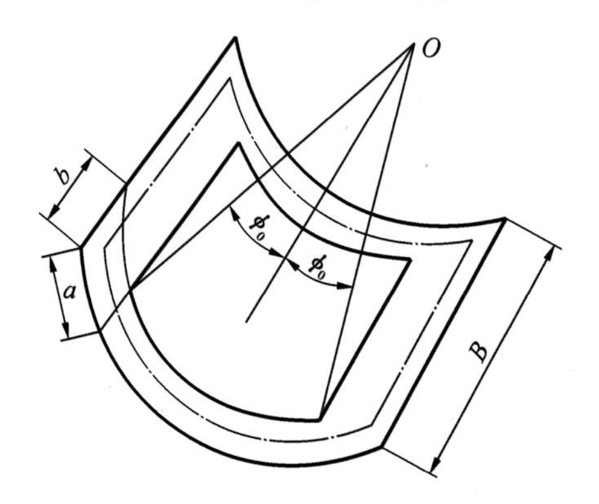

图 4.17　四腔定量型(有回油槽)静压轴承油垫示意图

通过轴向两侧封油边的油量：

$$Q_{1轴向} = 2 \cdot \int_{-\phi_0}^{\phi_0} \left[\frac{\frac{D}{2} \cdot \mathrm{d}\phi}{12\mu b} \cdot h_0^3 (1 - \varepsilon\cos\phi)^3 \cdot p_{r1} \right]$$

$$= \frac{D\phi_0 h_0^3}{6\mu b} \cdot \left(1 - \varepsilon \cdot \frac{\sin\phi_0}{\phi_0}\right)^3 \cdot p_{r1} \tag{4.45}$$

根据油腔 1 的流量平衡方程得

$$\frac{B-b}{6\mu a} \cdot h_0^3 (1 - \varepsilon\cos\phi_0)^3 p_{r1} + \frac{D\phi_0 h_0^3}{6\mu b} \cdot \left(1 - \varepsilon \cdot \frac{\sin\phi_0}{\phi_0}\right)^3 \cdot p_{r1} = Q_0 \tag{4.46}$$

将式(4.46)转换，得油腔 1 的压力：

$$p_{r1} = \frac{Q_0}{\frac{B-b}{6\mu a} \cdot h_0^3 (1 - \varepsilon\cos\phi_0)^3 + \frac{D\phi_0 h_0^3}{6\mu b} \cdot \left(1 - \varepsilon \cdot \frac{\sin\phi_0}{\phi_0}\right)^3} \tag{4.47}$$

同理，得油腔 3 的压力：

$$p_{r3} = \frac{Q_0}{\frac{B-b}{6\mu a} \cdot h_0^3 (1+\varepsilon\cos\phi_0)^3 + \frac{D\phi_0 h_0^3}{6\mu b} \cdot \left(1+\varepsilon \cdot \frac{\sin\phi_0}{\phi_0}\right)^3} \tag{4.48}$$

油腔的有效承载面积：

$$A_e = D \cdot (B-b) \cdot \sin\phi_0 \tag{4.49}$$

静压轴承在偏心距离为 e 时的油膜反力：

$$W = (p_{r1} - p_{r3}) \cdot S \tag{4.50}$$

静压轴承的油膜刚度：

$$J = -\frac{\partial W}{\partial h} = \frac{\partial W}{\partial e} \tag{4.51}$$

润滑油的温升计算如下。

假设全部的功率损耗都转换为热量，不考虑对流、传导和辐射所散去的热量，即假设全部热量只造成油的温升，发热量与轴承端泄带走的热量相等。

$$\Delta t = \frac{N_p + N_f}{\rho c_p \sum Q} = \frac{N_p + N_f}{\rho c_p z Q_0}$$

式中：$\rho = 0.869 \times 10^3\ \mathrm{kg/m^3}$；$c_p = 2120\ \mathrm{J/(kg \cdot ℃)}$。

油泵功率：

$$N_p = (p_{r1} + p_{r3}) \cdot Q_0 (1-\eta)$$

摩擦功率：

$$N_f = (F_{f1} + F_{f3}) \cdot V$$

其中，$V = R\omega$。

由牛顿流体剪切摩擦定律求得摩擦力：

$$F_{f1} = \mu A_s \frac{V}{h_0(1-\varepsilon)} + \mu A_r \cdot \frac{V}{h_0(1-\varepsilon) + h_{腔深}}$$

$$F_{f3} = \mu A_s \frac{V}{h_0(1-\varepsilon)} + \mu A_r \cdot \frac{V}{h_0(1-\varepsilon) + h_{腔深}}$$

其中，油腔面积 $A_r = R \cdot (2\phi_0 - 2\phi_b)(B-2b)$；封油边面积 $A_s = R \cdot (2\phi_0 + 2\phi_b) \cdot B - A_r$。

2. 轴承各油腔特性分析方法

以四腔定量型（无回油槽）静压轴承为例，如图 4.18 所示，油腔分别用 1、2、

3、4 标记。角度起始位置为正下方。设主轴在外载荷和油膜力综合作用下，轴颈最终处于角度为 θ(顺时针方向)的相对平衡位置，偏心距离为 e。求外载荷为 θ 方向时轴承的承载能力和刚度。

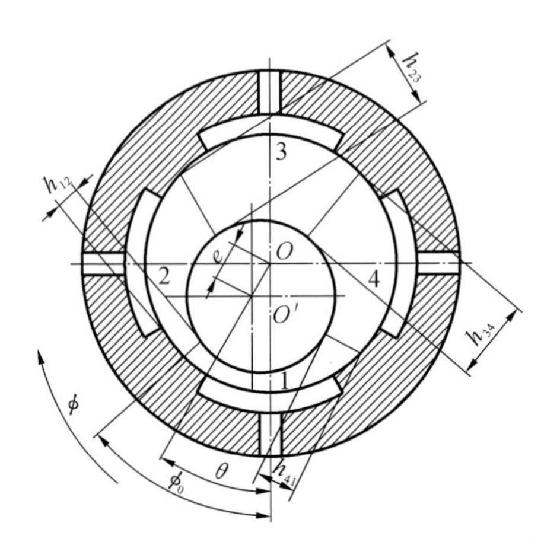

图 4.18　四腔定量型(无回油槽)静压轴承

轴向封油边任意角度 ϕ 处的油膜厚度：

$$h_{\phi} = h_0 - e\cos(\phi - \theta) = h_0[1 - \varepsilon\cos(\phi - \theta)] \tag{4.52}$$

油腔 i 逆时针方向和顺时针方向封油边中线对应的油膜厚度分别为

$$\begin{cases} h_{in} = h_0\cos\left[\phi_0 - \theta + (i-2)\cdot\dfrac{\pi}{2}\right] \\ h_{is} = h_0\cos\left[\phi_0 - \theta + (i-1)\cdot\dfrac{\pi}{2}\right] \end{cases} \tag{4.53}$$

从油腔 1 通过周向两侧封油边流到油腔 4 和 2 的油量(以从油腔往外流出为正流量)为

$$\begin{aligned} Q_{1周向} &= \frac{B-b}{12\mu a}\cdot h_{14}^3(p_{r1} - p_{r4}) + \frac{B-b}{12\mu a}\cdot h_{12}^3(p_{r1} - p_{r2})Q_s \\ &= \frac{B-b}{12\mu a}\cdot h_0^3\left[1 - \varepsilon\cos\left(\phi_0 - \frac{\pi}{2} - \theta\right)\right]^3(p_{r1} - p_{r4}) \\ &\quad + \frac{B-b}{12\mu a}\cdot h_0^3[1 - \varepsilon\cos(\phi_0 - \theta)]^3(p_{r1} - p_{r2}) \\ &\quad - \frac{\omega D(B-b)}{4}\cdot h_0\left[1 - \varepsilon\cos\left(\phi_0 - \frac{\pi}{2} - \theta\right)\right] \\ &\quad + \frac{\omega D(B-b)}{4}\cdot h_0[1 - \varepsilon\cos(\phi_0 - \theta)] \end{aligned}$$

$$= A_1(p_{r1} - p_{r4}) + B_1(p_{r1} - p_{r2}) + Q'_1 \tag{4.54}$$

式中：

$$A_1 = \frac{B-b}{12\mu a} \cdot h_0^3\left[1 - \varepsilon\cos\left(\phi_0 - \frac{\pi}{2} - \theta\right)\right]^3$$

$$B_1 = \frac{B-b}{12\mu a} \cdot h_0^3[1 - \varepsilon\cos(\phi_0 - \theta)]^3$$

$$Q'_1 = \frac{\omega D(B-b)}{4} \cdot \varepsilon h_0\left[\cos\left(\phi_0 - \frac{\pi}{2} - \theta\right) - \cos(\phi_0 - \theta)\right]$$

油腔1通过轴向两侧封油边的油量：

$$Q_{1\text{轴向}} = 2 \cdot \int_{-\phi_0}^{\phi_0}\left[\frac{\frac{D}{2} \cdot \mathrm{d}\phi}{12\mu b} \cdot h_0^3[1 - \varepsilon\cos(\phi - \theta)]^3 \cdot p_{r1}\right]$$

$$= C_1 \cdot p_{r1}$$

其中，

$$C_1 = \frac{D\phi_0 h_0^3}{6\mu b} \cdot \left(1 - \varepsilon \cdot \frac{\cos\theta\sin\phi_0}{\phi_0}\right) \tag{4.55}$$

根据油腔1的流量平衡方程得

$$A_1(p_{r1} - p_{r4}) + B_1(p_{r1} - p_{r2}) + Q'_1 + C_1 p_{r1} = Q_0 \tag{4.56}$$

同理可得，油腔 i（$i=2,3,4$）的流量平衡方程为（当 $i=4$ 时，式(4.57)中的 $p_{r(i+1)}$ 应为 p_{r1}）：

$$A_i(p_{ri} - p_{r(i-1)}) + B_i(p_{ri} - p_{r(i+1)}) + Q'_i + C_i p_{ri} = Q_0 \tag{4.57}$$

4个油腔的流量平衡方程写成矩阵形式：

$$\begin{bmatrix} A_1+B_1+C_1 & -B_1 & 0 & -A_1 \\ -A_2 & A_2+B_2+C_2 & -B_2 & 0 \\ 0 & -A_3 & A_3+B_3+C_3 & -B_3 \\ -B_4 & 0 & -A_4 & A_4+B_4+C_4 \end{bmatrix} \begin{bmatrix} p_{r1} \\ p_{r2} \\ p_{r3} \\ p_{r4} \end{bmatrix} = \begin{bmatrix} Q_0 - Q'_1 \\ Q_0 - Q'_2 \\ Q_0 - Q'_3 \\ Q_0 - Q'_4 \end{bmatrix} \tag{4.58}$$

其中，

$$A_i = \frac{B-b}{12\mu a} \cdot h_0^3\left\{1 - \varepsilon\cos\left[\phi_0 - \theta + \frac{(i-2) \cdot \pi}{2}\right]\right\}^3$$

$$B_i = \frac{B-b}{12\mu a} \cdot h_0^3\left\{1 - \varepsilon\cos\left[\phi_0 - \theta + \frac{(i-1) \cdot \pi}{2}\right]\right\}^3$$

$$C_i = \frac{D\phi_0 h_0^3}{6\mu b} \cdot \left\{1 - \varepsilon \cdot \frac{\cos\left[\frac{(i-1)\cdot\pi}{2} - \theta\right]\sin\phi_0}{\phi_0}\right\}^3$$

$$Q'_i = \frac{\omega D(B-b)}{4} \cdot \varepsilon h_0 \left\{\cos\left[\phi_0 - \theta + \frac{(i-2)\cdot\pi}{2}\right] - \cos\left[\phi_0 - \theta + \frac{(i-1)\cdot\pi}{2}\right]\right\}$$

外载荷为 θ 方向时各个油腔的有效承载面积:

$$A_{ei} = \frac{D}{2} \cdot (B-b) \cdot \left\{\sin\left[\phi_0 - \theta + \frac{(i-1)\cdot\pi}{2}\right] - \sin\left[-\phi_0 - \theta + \frac{(i-1)\cdot\pi}{2}\right]\right\} \tag{4.59}$$

静压轴承 θ 方向偏心距离为 e 处的油膜反力:

$$W = p_{r1}A_{e1} + p_{r2}A_{e2} + p_{r3}A_{e3} + p_{r4}A_{e4} \tag{4.60}$$

静压轴承 θ 方向偏心距离为 e 处的油膜刚度:

$$J = \frac{\partial W}{\partial e} \tag{4.61}$$

润滑油的温升的计算如下。

假设全部的功率损耗都转换为热量,不考虑对流、传导和辐射所散去的热量,即假设全部热量只造成油的温升,发热量与轴承端泄带走的热量相等。

$$\Delta t = \frac{N_p + N_f}{\rho c_p \sum Q} = \frac{N_p + N_f}{\rho c_p z Q_0}$$

式中:$\rho = 0.869 \times 10^3\ \mathrm{kg/m^3}$;$c_p = 2120\ \mathrm{J/(kg \cdot ℃)}$。

油泵功率:

$$N_p = \sum_{i=1}^{z} p_{ri} Q_0 (1-\eta)$$

摩擦功率:

$$N_f = \sum_{i=1}^{4} F_{fi} V$$

其中,$V = R\omega$。

由牛顿流体剪切摩擦定律求得摩擦力:

$$F_{fi} = \mu A_{iw}\frac{V}{h_{iw}} + \mu A_{ii}\frac{V}{h_{ii}} + \mu A_{is}\frac{V}{h_{is}} + \mu A_{in}\frac{V}{h_{in}} + \mu A_r \cdot \frac{V}{h_{i均} + h_{腔深}}$$

式中:A_{iw}、A_{ii}、A_{is}、A_{in} 表示第 i 个油腔外侧、内侧、顺时针方向、逆时针方向封油边的摩擦面积;h_{iw}、h_{ii}、h_{is}、h_{in}、$h_{i均}$ 表示第 i 个油腔外侧、内侧、顺时针方向、逆时针方向封油边和腔内的平均油膜厚度。

4.3.2 液体静压止推轴承

1. 单向承载工程设计计算方法

1) 不考虑离心力时的承载能力及刚度

以定量型环形平面油垫为例,如图 4.19 所示。当 $\omega=0$ 时,由式(4.26)、式(4.32)可得由压力差引起的内环回油量 Q_i、外环回油量 Q_e、内环回油液阻 R_{hi}、外环回油液阻 R_{he}。

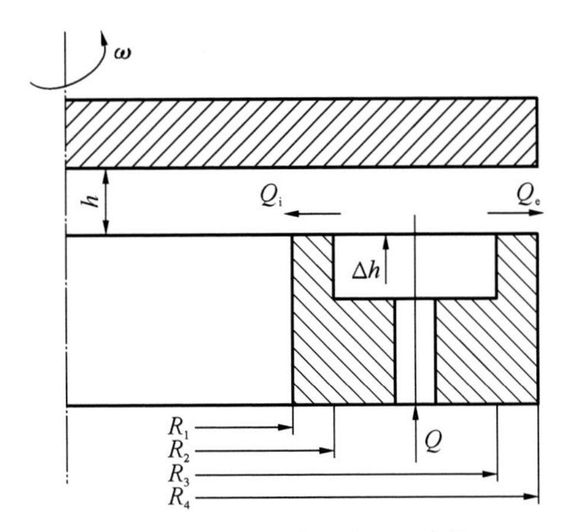

图 4.19 定量型环形平面油垫

内环回油量:

$$Q_i=\frac{p_r-0}{R_{hi}}=p_r\cdot\frac{\pi h^3}{6\mu\ln\frac{R_2}{R_1}} \tag{4.62}$$

外环回油量:

$$Q_e=\frac{p_r-0}{R_{he}}=p_r\cdot\frac{\pi h^3}{6\mu\ln\frac{R_4}{R_3}} \tag{4.63}$$

内环回油液阻:

$$R_{hi}=\frac{6\mu\ln\frac{R_2}{R_1}}{\pi h^3} \tag{4.64}$$

外环回油液阻:

$$R_{he}=\frac{6\mu\ln\frac{R_4}{R_3}}{\pi h^3} \tag{4.65}$$

根据油垫的流量平衡方程,得到其流量:

$$Q_0 = Q_i + Q_e = p_r\left(\frac{\pi h^3}{6\mu \ln \frac{R_2}{R_1}} + \frac{\pi h^3}{6\mu \ln \frac{R_4}{R_3}}\right) \tag{4.66}$$

方程(4.66)左边为进油量,右边第一项为内环回油量,右边第二项为外环回油量。

内环回油液阻与外环回油液阻并联后可求得整个圆环油垫液阻:

$$R_h = \frac{p_r}{Q_0} = \frac{6\mu}{\pi h^3} \cdot \frac{1}{\frac{1}{\ln \frac{R_2}{R_1}} + \frac{1}{\ln \frac{R_4}{R_3}}} \tag{4.67}$$

假设工件在外载荷作用下移动距离 e,则此时的实际油膜厚度 h 为

$$h = h_0 - e = h_0 \cdot (1 - \varepsilon) \tag{4.68}$$

任意间隙 h 下的油垫液阻用初始间隙 h_0 表示为

$$R_h = \frac{p_r}{Q_0} = \frac{6\mu}{\pi h_0^3} \cdot \frac{1}{\frac{1}{\ln \frac{R_2}{R_1}} + \frac{1}{\ln \frac{R_4}{R_3}}} \cdot \frac{1}{(1-\varepsilon)^3} \tag{4.69}$$

式中:相对位移率 $\varepsilon = \frac{e}{h_0}$。

定量供油时,任意状态下的液阻 R_h 与设计液阻 R_{h0} 满足:

$$Q = \frac{p_r}{R_h} = \frac{p_{r0}}{R_{h0}} \tag{4.70}$$

即

$$p_r = \frac{p_{r0}}{(1-\varepsilon)^3} \tag{4.71}$$

式中:p_r 为任意间隙 h 下的油腔压力;p_{r0} 为设计状态下油腔压力。

根据环形单腔平面油垫特点,由式(4.31)可知其有效承载面积:

$$A_e = \pi R_4^2 \frac{1 - \left(\frac{R_3}{R_4}\right)^2}{2\ln \frac{R_4}{R_3}} - \pi R_2^2 \frac{1 - \left(\frac{R_1}{R_2}\right)^2}{2\ln \frac{R_2}{R_1}} \tag{4.72}$$

环形单腔平面油垫的承载能力:

$$W = p_{r0} A_e \cdot \frac{1}{(1-\varepsilon)^3} \tag{4.73}$$

当 $\varepsilon=0$ 时，可得到其初始承载能力：

$$W_{r0} = p_{r0} A_e \cdot \frac{1}{(1-0)^3} = p_{r0} \cdot A_e \tag{4.74}$$

环形单腔平面油垫的油膜刚度：

$$J = \frac{\partial W}{\partial e} = \frac{1}{h_0}\frac{\partial W}{\partial \varepsilon} = \frac{p_{r0} A_e}{h_0} \cdot \frac{3}{(1-\varepsilon)^4} \tag{4.75}$$

2）考虑离心力作用时的承载能力及刚度

当 $\omega \neq 0$ 时，由式(4.41)、式(4.42)可得外环离心力产生的压力降 $p_{\omega e}$ 及外环出油量 $Q_{\omega e}$：

$$\begin{cases} p_{\omega e} = \dfrac{3\rho\omega^2}{20} \cdot (R_4^2 - R_3^2) \\ Q_{\omega e} = \dfrac{p_{\omega e}}{R_{he}} \end{cases} \tag{4.76}$$

因为离心力使外环压力降低，所以总外环出油量为

$$Q_e = \frac{p_r}{R_{he}} + \frac{p_{\omega e}}{R_{he}} \tag{4.77}$$

同理，内环离心力作用增加的压力 $p_{\omega i}$ 及内环出油量 Q_i 分别为

$$\begin{cases} p_{\omega i} = \dfrac{3\rho\omega^2}{20} \cdot (R_2^2 - R_1^2) \\ Q_i = \dfrac{p_r}{R_{hi}} - \dfrac{p_{\omega i}}{R_{hi}} \end{cases} \tag{4.78}$$

根据油垫的流量平衡方程，得到其流量：

$$Q_0 = Q_i + Q_e = \frac{p_r - p_{\omega i}}{R_{hi}} + \frac{p_r + p_{\omega e}}{R_{he}} \tag{4.79}$$

方程(4.79)左边为进油量，右边第一项为内环回油量，右边第二项为外环回油量。

将 R_{hi}、R_{he} 代入式(4.79)可求得任意间隙 h 下的油腔压力 p_r：

$$p_r = \frac{Q_0 + \dfrac{p_{\omega i}}{R_{hi}} - \dfrac{p_{\omega e}}{R_{he}}}{\dfrac{1}{R_{hi}} + \dfrac{1}{R_{he}}} = \frac{\ln\dfrac{R_2}{R_1} \cdot \ln\dfrac{R_4}{R_3}}{\ln\dfrac{R_2}{R_1} + \ln\dfrac{R_4}{R_3}} \left(\frac{6\mu Q_0}{\pi h^3} + \frac{p_{\omega i}}{\ln\dfrac{R_2}{R_1}} - \frac{p_{\omega e}}{\ln\dfrac{R_4}{R_3}} \right) \tag{4.80}$$

任意间隙 h 下的油垫的油腔压力 p_r 与初始间隙 h_0 的关系式为

$$p_r=\frac{Q_0+\dfrac{p_{\omega i}}{R_{hi}}-\dfrac{p_{\omega e}}{R_{he}}}{\dfrac{1}{R_{hi}}+\dfrac{1}{R_{he}}}=\frac{\ln\dfrac{R_2}{R_1}\cdot\ln\dfrac{R_4}{R_3}}{\ln\dfrac{R_2}{R_1}+\ln\dfrac{R_4}{R_3}}\left[\frac{6\mu Q_0}{\pi h_0^3(1-\varepsilon)^3}+\frac{p_{\omega i}}{\ln\dfrac{R_2}{R_1}}-\frac{p_{\omega e}}{\ln\dfrac{R_4}{R_3}}\right]\tag{4.81}$$

环形单腔平面油垫的承载能力：

$$W=p_r\cdot A_e\tag{4.82}$$

其中，A_e 可由式(4.72) 求得。

环形单腔平面油垫的油膜刚度：

$$J=\frac{\partial W}{\partial e}=\frac{1}{h_0}\frac{\partial W}{\partial\varepsilon}=\frac{A_e}{h_0}\frac{\ln\dfrac{R_2}{R_1}\cdot\ln\dfrac{R_4}{R_3}}{\ln\dfrac{R_2}{R_1}+\ln\dfrac{R_4}{R_3}}\cdot\frac{18\mu Q_0}{\pi h_0^3(1-\varepsilon)^4}\tag{4.83}$$

由式(4.83)可知环形单腔平面油垫的油膜刚度不受离心力影响。

2. 对置双向承载工程设计计算方法

1) 不考虑离心力作用时的承载能力及刚度

以定量型环形平面对置油垫为例，如图 4.20 所示，对置油垫与单油垫情况类似，对置油垫中某一油垫的有效承载面积、承载能力及油膜刚度的计算方法与环形平面单油垫一致。不同之处在于下油腔油膜间隙随相对位移增加而减小，油腔压力增大；而上油腔油膜间隙随相对位移增加而增加，油腔压力减小。

当 $\omega=0$ 时，由式(4.73)可知环形平面对置油垫的承载能力：

$$W=(p_{rd}-p_{ru})\cdot A_e=p_{r0}\cdot A_e\left[\frac{1}{(1-\varepsilon)^3}-\frac{1}{(1+\varepsilon)^3}\right]\tag{4.84}$$

当 $\varepsilon=0$ 时，可得到其初始承载能力：

$$W_{r0}=p_{r0}A_e\cdot\left[\left(\frac{1}{1-0}\right)^3-\left(\frac{1}{1-0}\right)^3\right]=p_{r0}\cdot A_e\cdot 0=0\tag{4.85}$$

由式(4.85)可知，环形平面对置油垫在初始状态下上、下油腔的油膜压力相等。

环形平面对置油垫的油膜刚度：

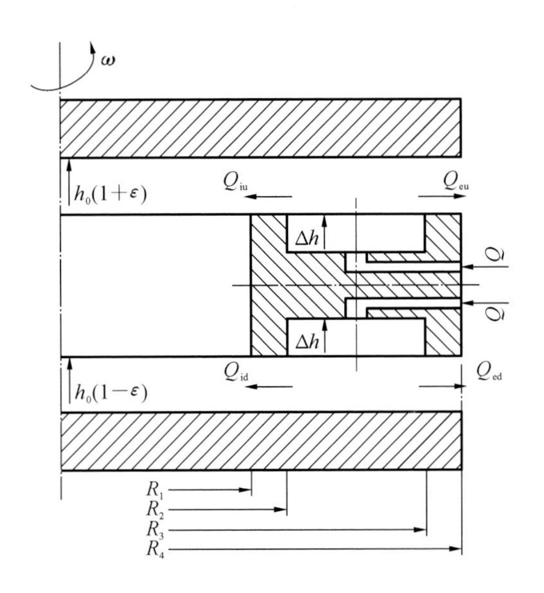

图 4.20　定量型环形平面对置油垫

$$J=\frac{\partial W}{\partial e}=\frac{1}{h_0}\frac{\partial W}{\partial \varepsilon}=\frac{3p_{r0}A_e}{h_0}\cdot\left[\frac{1}{(1-\varepsilon)^4}+\frac{1}{(1+\varepsilon)^4}\right] \tag{4.86}$$

由式(4.86)可知，对置油垫的总刚度为各油垫刚度之和。

2）考虑离心力作用时的承载能力及刚度

当 $\omega\neq 0$ 时，由对置油垫的特点可知，上、下油腔压力差不包括离心项，所以上、下油垫承载能力、油膜刚度不受惯性离心力的影响。

环形平面对置油垫的承载能力：

$$W=(p_{rd}-p_{ru})\cdot A_e=p_{r0}\cdot A_e\left[\frac{1}{(1-\varepsilon)^3}-\frac{1}{(1+\varepsilon)^3}\right] \tag{4.87}$$

环形平面对置油垫的油膜刚度：

$$J=\frac{\partial W}{\partial e}=\frac{1}{h_0}\frac{\partial W}{\partial \varepsilon}=\frac{3p_{r0}A_e}{h_0}\cdot\left[\frac{1}{(1-\varepsilon)^4}+\frac{1}{(1+\varepsilon)^4}\right] \tag{4.88}$$

式中：p_{rd}表示下油腔压力；p_{ru}表示上油腔压力；A_e 表示环形油腔的有效承载面积。

3）泵功率 N_p

环形油腔对置止推轴承在一定工作条件下所消耗的功率包括两个部分：一为油泵驱动油液流入支承间隙所消耗的油泵输出功率(简称泵功率)，二为剪切油膜所消耗的摩擦功率。

在供油压力 p_s 条件下，流入环形油腔对置止推轴承的总流量为 $\sum_{i=1}^{z} Q_0$，则泵功率为

$$N_p = p_s \cdot \sum_{i=1}^{z} Q_0 = z \cdot p_s Q_0 \tag{4.89}$$

式中：z 为油腔个数；Q_0 为流入一个油腔的流量。

4）摩擦功率 N_f

当工件运动时，由于油膜各层速度不同而产生内摩擦力，从而产生摩擦力矩阻碍工件运动，要消耗一部分额外功率。环形平面对置油垫的摩擦功率包括两个部分 N_{fd} 和 N_{fu}。

$$N_f = N_{fd} + N_{fu} \tag{4.90}$$

油腔的剪切摩擦功率为

$$\begin{aligned} N_{fd} &= \int_{R_1}^{R_2} r\omega \cdot \mu \frac{r\omega}{h_0(1-\varepsilon)} \cdot 2\pi r \mathrm{d}r + \int_{R_2}^{R_3} r\omega \cdot \mu \frac{r\omega}{h_0(1-\varepsilon)+\Delta h} \cdot 2\pi r \mathrm{d}r \\ &\quad + \int_{R_3}^{R_4} r\omega \cdot \mu \frac{r\omega}{h_0(1-\varepsilon)} \cdot 2\pi r \mathrm{d}r \\ &= \frac{\pi\mu\omega^2 (R_2^4 - R_1^4)}{2h_0(1-\varepsilon)} + \frac{\pi\mu\omega^2 (R_3^4 - R_2^4)}{2[h_0(1-\varepsilon)+\Delta h]} + \frac{\pi\mu\omega^2 (R_4^4 - R_3^4)}{2h_0(1-\varepsilon)} \end{aligned}$$

$$\begin{aligned} N_{fu} &= \int_{R_1}^{R_2} r\omega \cdot \mu \frac{r\omega}{h_0(1+\varepsilon)} \cdot 2\pi r \mathrm{d}r + \int_{R_2}^{R_3} r\omega \cdot \mu \frac{r\omega}{h_0(1+\varepsilon)+\Delta h} \cdot 2\pi r \mathrm{d}r \\ &\quad + \int_{R_3}^{R_4} r\omega \cdot \mu \frac{r\omega}{h_0(1+\varepsilon)} \cdot 2\pi r \mathrm{d}r \\ &= \frac{\pi\mu\omega^2 (R_2^4 - R_1^4)}{2h_0(1+\varepsilon)} + \frac{\pi\mu\omega^2 (R_3^4 - R_2^4)}{2[h_0(1+\varepsilon)+\Delta h]} + \frac{\pi\mu\omega^2 (R_4^4 - R_3^4)}{2h_0(1+\varepsilon)} \end{aligned}$$

式中：N_{fd} 为下油腔的剪切摩擦功率；N_{fu} 为上油腔的剪切摩擦功率。油腔剪切摩擦功率方程右边第一项为内环封油边上油流剪切摩擦功率，右边第二项为油腔上油流剪切摩擦功率，右边第三项为外环封油边上油流剪切摩擦功率。

5）温升 Δt

计算温升时，假设全部功率损耗都转化为热量，不包括对流、传导和辐射所散去的热量，即假设全部热量只造成油的温升。按上述假设，得到温升的表

达式：

$$\Delta t=\frac{N_{\mathrm{p}}+N_{\mathrm{f}}}{\rho c_{p}\sum Q}=\frac{N_{\mathrm{p}}+N_{\mathrm{f}}}{\rho c_{p}zQ_{0}} \tag{4.91}$$

其中，油的密度 $\rho=0.869\times10^{3}$ kg/m³，油的比热容 $c_{p}=2120$ J/(kg·℃)。

4.3.3 静压主轴案例分析

某镗床主轴结构如图 4.21 所示，工作环境温度为 0～45 ℃，前后轴承跨距（两外端面）为 1330 mm，前后轴承主轴轴径分别为 375 mm 和 325 mm，单边油膜间隙为0.055 mm，止推轴承单边间隙为 0.045 mm。单腔径向轴承定量泵供油量为 6 L/min，单边止推轴承泵供油量为 12 L/min。润滑介质为 10＃主轴油。供油入口温度设定为室温 25±2 ℃。油箱容积为 750 L。镗杆悬伸段 1 m 处最大径向载荷（单位采用质量单位，下同）约为 5 t，轴向抗力约为 4 t。（经验数据：进油回油温差一般不超过 10 ℃，径向油腔在温度为 25 ℃时压强一般为 2.0～2.5 MPa，端面油腔在温度 25℃时压强一般设计为 1.5 MPa，实际约为 1.0～1.2 MPa。）试分析该主轴在最大工作载荷时的允许最高工作转速。

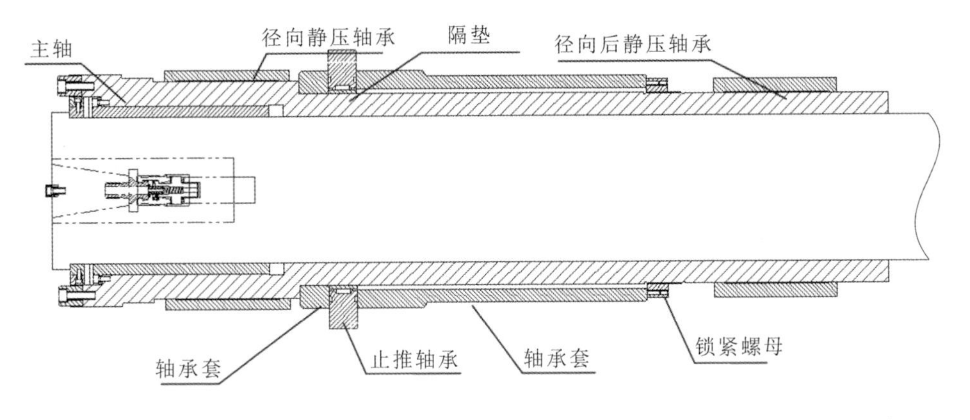

图 4.21 某镗床主轴结构

根据定量泵供油的四腔无回油槽液体静压轴承理论，分别计算前轴承在不同偏心率、不同转速条件下的承载能力、刚度、各油腔压强及温升，结果如图 4.22至图 4.24 所示。

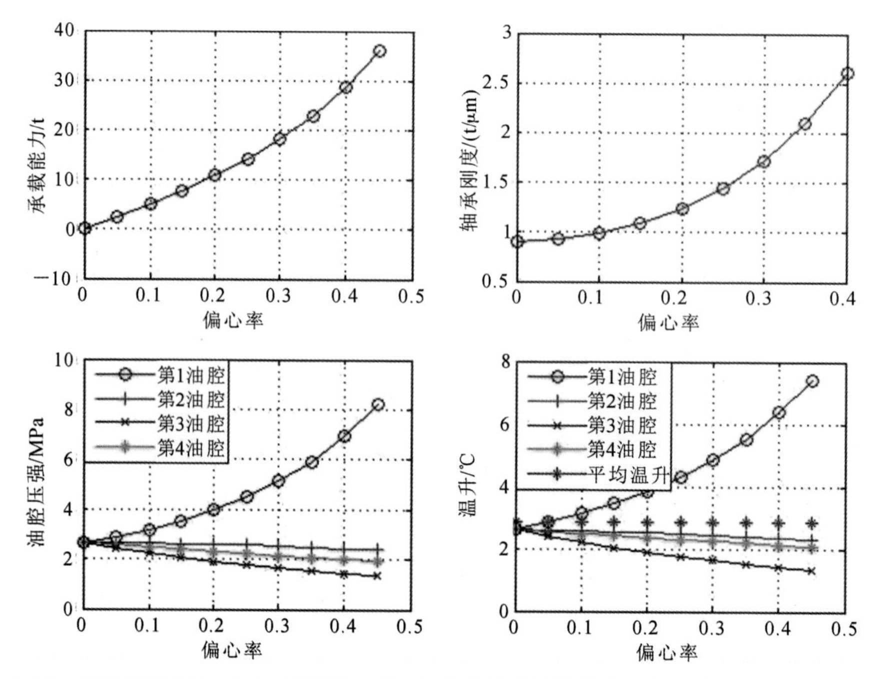

图 4.22　主轴转速 300 r/min,不同偏心率时,前轴承的承载能力、刚度、各个油腔压强及温升

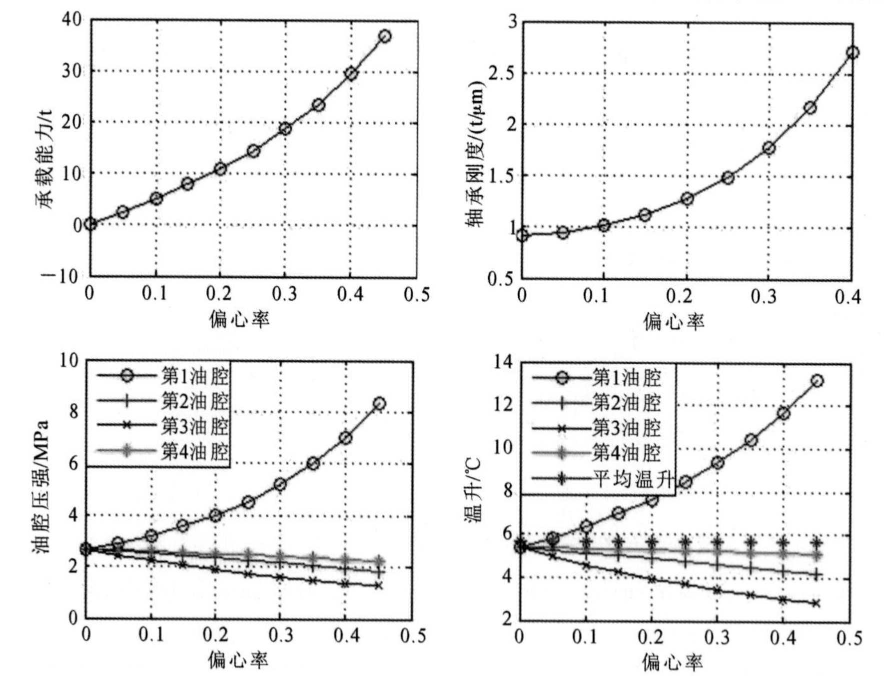

图 4.23　主轴转速 700r/min,不同偏心率时,前轴承的承载能力、刚度、各个油腔压强及温升

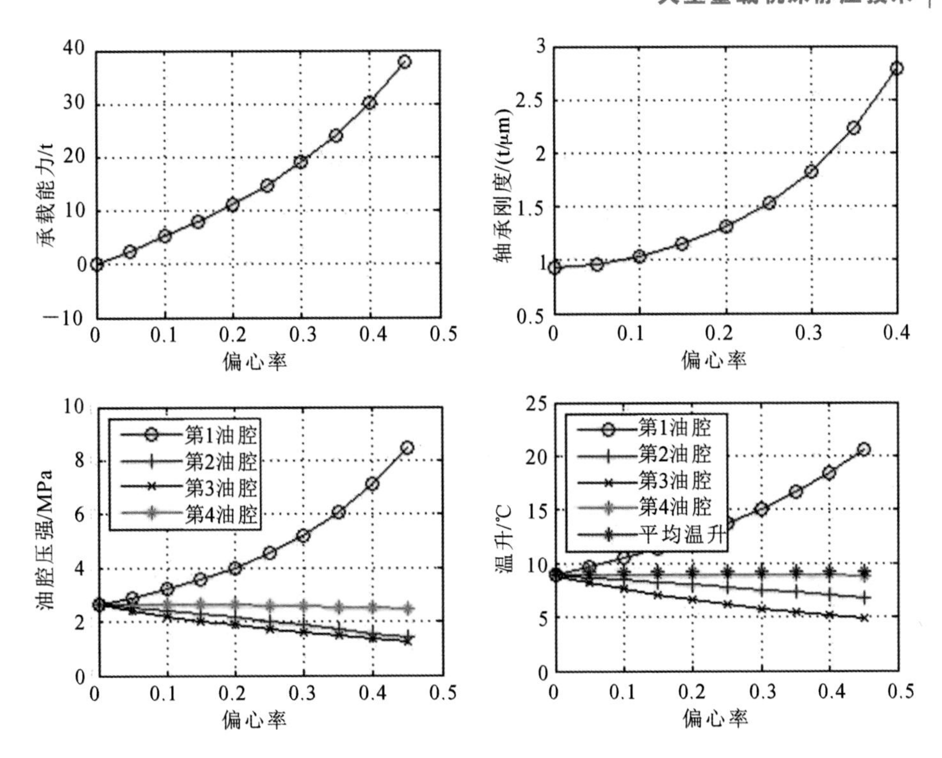

图 4.24　主轴转速 1000r/min，不同偏心率时前轴承的承载能力、刚度、各个油腔压强及温升

4.4　大型重载机床静压导轨设计

4.4.1　液体静压回转工作台设计

1. 工程设计计算方法

以十二腔定量型(有回油槽)静压回转工作台为例。

某型号定量型供油静压推力轴承单个扇形油垫结构示意图如图 4.25 所示。阴影部分表示有效承载面积，Q_1、Q_2、Q_3、Q_4 分别表示油垫各封油边的润滑油流量，R_1、R_2、R_3、R_4 表示油垫及油腔各圆弧边对应的半径，R_{e1}、R_{e2} 表示油垫的有效半径，ϕ_1 为扇形油垫对应的圆心角，ϕ_2 为有效承载面积对应夹角，ϕ_3 为油腔对应夹角，a 为周向封油边宽，b 为等效承载面积对应径向宽度，R_e 是为了便于表达定义的当量半径。

由图 4.25 可知，扇形油垫的有效夹角：

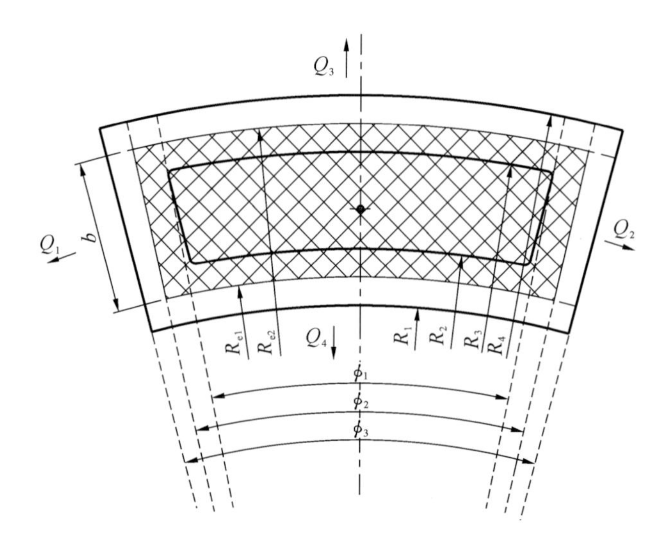

图 4.25　扇形油垫结构示意图

$$\phi_e = \phi_2 = \frac{\phi_1 + \phi_3}{2} \tag{4.92}$$

有效承载面积外圆半径：

$$R_{e1} = R_4 \sqrt{\frac{1 - \left(\frac{R_3}{R_4}\right)^2}{2\ln \frac{R_4}{R_3}}} \tag{4.93}$$

有效承载面积内圆半径：

$$R_{e2} = R_2 \sqrt{\frac{1 - \left(\frac{R_1}{R_2}\right)^2}{2\ln \frac{R_2}{R_1}}} \tag{4.94}$$

等效承载面积对应径向宽度(有效承载面积内外半径之差)：

$$b = R_{e1} - R_{e2} = R_4 \sqrt{\frac{1 - \left(\frac{R_3}{R_4}\right)^2}{2\ln \frac{R_4}{R_3}}} - R_2 \sqrt{\frac{1 - \left(\frac{R_1}{R_2}\right)^2}{2\ln \frac{R_2}{R_1}}} \tag{4.95}$$

当量半径：

$$R_e = \frac{1}{2}\left[R_4 \sqrt{\frac{1 - \left(\frac{R_3}{R_4}\right)^2}{2\ln \frac{R_4}{R_3}}} + R_2 \sqrt{\frac{1 - \left(\frac{R_1}{R_2}\right)^2}{2\ln \frac{R_2}{R_1}}}\right] \tag{4.96}$$

设回转工作台以角速度 ω 顺时针旋转，由流量公式得逆时针旋转方向封油边流量：

$$Q_1 = \frac{h^3\Delta p}{12\mu a}\left[R_4\sqrt{\frac{1-\left(\frac{R_3}{R_4}\right)^2}{2\ln\frac{R_4}{R_3}}} - R_2\sqrt{\frac{1-\left(\frac{R_1}{R_2}\right)^2}{2\ln\frac{R_2}{R_1}}}\right] - \frac{1}{2}\left[R_4\sqrt{\frac{1-\left(\frac{R_3}{R_4}\right)^2}{2\ln\frac{R_4}{R_3}}} - R_2\sqrt{\frac{1-\left(\frac{R_1}{R_2}\right)^2}{2\ln\frac{R_2}{R_1}}}\right]h\omega R_e = \frac{bh^3\Delta p}{12\mu a} - \frac{1}{2}bh\omega R_e \tag{4.97}$$

顺时针旋转方向封油边流量：

$$Q_2 = \frac{h^3\Delta p}{12\mu a}\left[R_4\sqrt{\frac{1-\left(\frac{R_3}{R_4}\right)^2}{2\ln\frac{R_4}{R_3}}} - R_2\sqrt{\frac{1-\left(\frac{R_1}{R_2}\right)^2}{2\ln\frac{R_2}{R_1}}}\right] + \frac{1}{2}\left[R_4\sqrt{\frac{1-\left(\frac{R_3}{R_4}\right)^2}{2\ln\frac{R_4}{R_3}}} - R_2\sqrt{\frac{1-\left(\frac{R_1}{R_2}\right)^2}{2\ln\frac{R_2}{R_1}}}\right]h\omega R_e = \frac{bh^3\Delta p}{12\mu a} + \frac{1}{2}bh\omega R_e \tag{4.98}$$

外圈封油边流量：

$$Q_3 = \frac{\phi_e}{2\pi}\times\frac{\pi h^3[\Delta p + 0.15\rho\,\omega^2(R_4^2 - R_3^2)]}{6\mu\ln\frac{R_4}{R_3}} = \frac{\phi_e h^3[\Delta p + 0.15\rho\,\omega^2(R_4^2 - R_3^2)]}{12\mu\ln\frac{R_4}{R_3}} \tag{4.99}$$

内圈封油边流量：

$$Q_4 = \frac{\phi_e}{2\pi}\times\frac{\pi h^3[\Delta p - 0.15\rho\,\omega^2(R_2^2 - R_1^2)]}{6\mu\ln\frac{R_2}{R_1}} = \frac{\phi_e h^3[\Delta p - 0.15\rho\,\omega^2(R_2^2 - R_1^2)]}{12\mu\ln\frac{R_2}{R_1}} \tag{4.100}$$

由流量平衡方程：

$$Q_0 = Q_1 + Q_2 + Q_3 + Q_4$$
$$= \frac{bh^3 \Delta p}{6\mu a} + C_r \frac{\phi_e h^3 \Delta p}{12\mu} + C_u \frac{\phi_e h^3}{6\mu} \tag{4.101}$$

式中：$C_r = \dfrac{\ln \dfrac{R_4 R_2}{R_3 R_1}}{\ln \dfrac{R_4}{R_3} \ln \dfrac{R_2}{R_1}}$；$C_u = 0.15\rho\omega^2 (R_{e1}^2 - R_{e2}^2)$。

将式(4.101)整理简化得：

$$\left[\left(\frac{2b}{a} + C_r \phi_e\right)\Delta p + 2C_u \phi_e\right]\frac{h^3}{12\mu} = Q_0 \tag{4.102}$$

对于定量供油轴承，Q_0 始终为一定值。当油膜间隙一定时，油腔内压力为

$$\Delta p = \frac{Q_0 \cdot \dfrac{12\mu}{h^3} - 2C_u \phi_e}{\dfrac{2b}{a} + C_r \phi_e} \tag{4.103}$$

扇形油垫的有效承载面积：

$$A_e = \frac{\phi_e}{2}\left[R_4^2 \frac{1 - \left(\dfrac{R_3}{R_4}\right)^2}{2\ln\left(\dfrac{R_4}{R_3}\right)} - R_2^2 \frac{1 - \left(\dfrac{R_1}{R_2}\right)^2}{2\ln\left(\dfrac{R_2}{R_1}\right)}\right] \tag{4.104}$$

单个油垫的承载能力：

$$W = \frac{Q_0 \cdot \dfrac{12\mu}{h^3} - 2C_u \phi_e}{\dfrac{2b}{a} + C_r \phi_e} \cdot A_e \tag{4.105}$$

不考虑倾覆情况时，在承载 W 条件下，油膜厚度为

$$h = \sqrt[3]{\frac{12\mu Q_0}{\dfrac{W}{A_e}\left(\dfrac{2b}{a} + C_r \phi_e\right) + 2C_u \phi_e}} \tag{4.106}$$

单个油垫的油膜刚度为

$$J = -\frac{\mathrm{d}W}{\mathrm{d}h} = \frac{\partial W}{\partial e} \tag{4.107}$$

为进一步研究离心力对承载力的影响，对以上流量公式进行如下处理：

$Q_0 = Q_1 + Q_2 + Q_3 + Q_4$

$$= \frac{bh^3\Delta p}{3\mu(\phi_1-\phi_3)R_e} + \frac{\phi_e h^3 \Delta p}{12\mu} \times \frac{\ln\dfrac{R_4R_2}{R_3R_1}}{\ln\dfrac{R_4}{R_3}\ln\dfrac{R_2}{R_1}} + \frac{0.15\rho\omega^2\phi_e h^3}{6\mu}(R_{e1}^2 - R_{e2}^2)$$

$$= C_1\frac{h^3\Delta p}{\mu} + C_2\frac{h^3\Delta p}{\mu} + C_3\frac{\phi_e bR_e\omega^2h^3}{\mu} \tag{4.108}$$

式中：$C_1 = \dfrac{b}{3(\phi_1-\phi_3)R_e}$；$C_2 = \dfrac{\phi_e\ln\dfrac{R_4R_2}{R_3R_1}}{12\ln\dfrac{R_4}{R_3}\ln\dfrac{R_2}{R_1}}$；$C_3 = 0.05\rho$。

将式(4.108)整理简化得

$$\Delta p = \frac{\mu Q_0 - C_3\phi_e bR_e\omega^2h^3}{(C_1+C_2)h^3} \tag{4.109}$$

单个油垫的承载能力：

$$W = \frac{\mu Q_0 A_e}{(C_1+C_2)h^3} - \frac{C_3\phi_e bR_e\omega^2 A_e}{C_1+C_2} = W_1 - W_2 \tag{4.110}$$

式(4.110)中右边第一项为仅考虑黏性效应时的承载能力，第二项为离心力引起的承载能力变化量。从式(4.110)可知，离心力导致油垫的承载能力变小。

为考虑离心力对承载能力的影响，定义离心力影响因子：

$$\lambda = \frac{W_2}{W_1} = \frac{C_3\phi_e bR_e\omega^2h^3}{\mu Q_0} \tag{4.111}$$

则单个油垫承载能力：

$$W = (1-\lambda)\frac{\mu Q_0 A_e}{(C_1+C_2)h^3} \tag{4.112}$$

2. 轴承各油腔特性分析方法

静压回转工作台工作时由于载荷分布不均（如工件形状、工件位置和切削力等原因）而使圆导轨承受偏载，根据力的平移定理，偏载可以分解为一个轴向力和一个倾覆力偶矩。轴向力的作用会改变回转工作台相对导轨基座的位置，而力偶矩不仅会改变回转工作台相对基座的位置，而且会改变各油腔间载荷的分布情况，现对回转工作台承受力偶矩时的情况进行分析计算。以十二腔定量型（有回油槽）静压回转工作台为例，在力偶矩作用下，回转工作台倾斜角度为β，如图 4.26 所示。h_{i1avg}、h_{i2avg}、h_{i3avg}、h_{i4avg}分别为第 i 个油垫的逆时针旋向封油边、内封油边、顺时针旋向封油边、外封油边的当量油膜厚度。ϕ_d 为扇形油垫对应的圆心角，ϕ_q 为油腔对应的圆心角。$\phi_0(i)-\frac{\phi_d}{2}$、$\phi_0(i)-\frac{\phi_q}{2}$、$\phi_0(i)+\frac{\phi_q}{2}$、$\phi_0(i)+\frac{\phi_d}{2}$分别为第 i 个油垫沿旋转方向各径向边线的方位角。

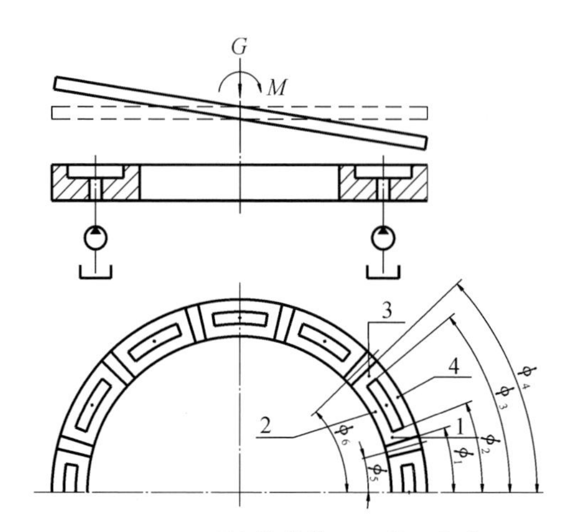

图 4.26　受偏载的静压回转工作台

回转工作台任意油垫封油边上半径为 r、方位角为 ϕ 处的油膜间隙为

$$h=h_0-r\tan\beta\cos\phi \tag{4.113}$$

第 i 个油垫中心的方位角：

$$\phi_0(i)=(i-1)\cdot\frac{\pi}{6} \tag{4.114}$$

各封油边处的当量油膜厚度：

$$h_{i1\mathrm{avg}}=\frac{\int_{R_1}^{R_4}\int_{\phi_0(i)+\frac{\phi_q}{2}}^{\phi_0(i)+\frac{\phi_d}{2}}hr\,\mathrm{d}\phi\mathrm{d}r}{\int_{R_1}^{R_4}\int_{\phi_0(i)+\frac{\phi_q}{2}}^{\phi_0(i)+\frac{\phi_d}{2}}r\,\mathrm{d}\phi\mathrm{d}r} \tag{4.115a}$$

$$h_{i2\mathrm{avg}}=\frac{\int_{R_1}^{R_2}\int_{\phi_0(i)-\frac{\phi_d}{2}}^{\phi_0(i)+\frac{\phi_d}{2}}hr\,\mathrm{d}\phi\mathrm{d}r}{\int_{R_1}^{R_2}\int_{\phi_0(i)-\frac{\phi_d}{2}}^{\phi_0(i)+\frac{\phi_d}{2}}r\,\mathrm{d}\phi\mathrm{d}r} \tag{4.115b}$$

$$h_{i3\mathrm{avg}}=\frac{\int_{R_1}^{R_4}\int_{\phi_0(i)-\frac{\phi_d}{2}}^{\phi_0(i)-\frac{\phi_q}{2}}hr\,\mathrm{d}\phi\mathrm{d}r}{\int_{R_1}^{R_4}\int_{\phi_0(i)-\frac{\phi_d}{2}}^{\phi_0(i)-\frac{\phi_q}{2}}r\,\mathrm{d}\phi\mathrm{d}r} \tag{4.115c}$$

$$h_{i4\mathrm{avg}}=\frac{\int_{R_3}^{R_4}\int_{\phi_0(i)-\frac{\phi_d}{2}}^{\phi_0(i)+\frac{\phi_d}{2}}hr\,\mathrm{d}\phi\mathrm{d}r}{\int_{R_3}^{R_4}\int_{\phi_0(i)-\frac{\phi_d}{2}}^{\phi_0(i)+\frac{\phi_d}{2}}r\,\mathrm{d}\phi\mathrm{d}r}\tag{4.115d}$$

各封油边处的流量：

$$Q_{i1}=\frac{bh_{i1\mathrm{avg}}^{3}\Delta p}{12\mu a}-\frac{1}{2}bh_{i1\mathrm{avg}}\omega R_{\mathrm{e}}\tag{4.116a}$$

$$Q_{i2}=\frac{\phi_{\mathrm{e}}h_{i2\mathrm{avg}}^{3}[\Delta p-0.15\rho\omega^{2}(R_2^2-R_1^2)]}{12\mu\ln\frac{R_2}{R_1}}\tag{4.116b}$$

$$Q_{i3}=\frac{bh_{i3\mathrm{avg}}^{3}\Delta p}{12\mu a}+\frac{1}{2}bh_{i3\mathrm{avg}}\omega R_{\mathrm{e}}\tag{4.116c}$$

$$Q_{i4}=\frac{\phi_{\mathrm{e}}h_{i4\mathrm{avg}}^{3}[\Delta p+0.15\rho\omega^{2}(R_4^2-R_3^2)]}{12\mu\ln\frac{R_4}{R_3}}\tag{4.116d}$$

对第 i 个油垫建立流量平衡方程 $Q_{i1}+Q_{i2}+Q_{i3}+Q_{i4}=Q_0$，并把各流量代入得

$$\begin{aligned}Q_0=&\frac{bh_{i1\mathrm{avg}}^{3}\Delta p}{12\mu a}-\frac{1}{2}bh_{i1\mathrm{avg}}\omega R_{\mathrm{e}}+\frac{bh_{i3\mathrm{avg}}^{3}\Delta p}{12\mu a}+\frac{1}{2}bh_{i3\mathrm{avg}}\omega R_{\mathrm{e}}\\&+\frac{\phi_{\mathrm{e}}h_{i4\mathrm{avg}}^{3}[\Delta p+0.15\rho\omega^{2}(R_4^2-R_3^2)]}{12\mu\ln\frac{R_4}{R_3}}\\&+\frac{\phi_{\mathrm{e}}h_{i2\mathrm{avg}}^{3}[\Delta p-0.15\rho\omega^{2}(R_2^2-R_1^2)]}{12\mu\ln\frac{R_2}{R_1}}\end{aligned}\tag{4.117}$$

将压力代入，并移项得：

$$\begin{aligned}&b\frac{(h_{i1\mathrm{avg}}^{3}+h_{i3\mathrm{avg}}^{3})\cdot p_{ri}}{12\mu a}+\frac{\phi_{\mathrm{e}}h_{i4\mathrm{avg}}^{3}\cdot p_{ri}}{12\mu\ln\frac{R_4}{R_3}}+\frac{\phi_{\mathrm{e}}h_{i2\mathrm{avg}}^{3}\cdot p_{ri}}{12\mu\ln\frac{R_2}{R_1}}\\&=Q_0-\frac{1}{2}b[h_{i3\mathrm{avg}}-h_{i1\mathrm{avg}}]\omega R_{\mathrm{e}}\\&\quad-\left[\frac{\phi_{\mathrm{e}}h_{i4\mathrm{avg}}^{3}\cdot 0.15\rho\omega^{2}(R_4^2-R_3^2)}{12\mu\ln\frac{R_4}{R_3}}-\frac{\phi_{\mathrm{e}}h_{i2\mathrm{avg}}^{3}\cdot 0.15\rho\omega^{2}(R_2^2-R_1^2)}{12\mu\ln\frac{R_2}{R_1}}\right]\end{aligned}\tag{4.118}$$

将式(4.118)简化得:

$$C_i \cdot p_{ri} = Q_0 - Q'_i \tag{4.119}$$

其中,

$$Q'_i = \frac{1}{2}b[h_{i3\text{avg}} - h_{i1\text{avg}}]\omega R_e + \left[\frac{\phi_e h_{i4\text{avg}}^3 \cdot 0.15\rho\omega^2(R_4^2 - R_3^2)}{12\mu\ln\frac{R_4}{R_3}} - \frac{\phi_e h_{i2\text{avg}}^3 \cdot 0.15\rho\omega^2(R_2^2 - R_1^2)}{12\mu\ln\frac{R_2}{R_1}}\right]$$

$$C_i = b\frac{(h_{i1\text{avg}}^3 + h_{i3\text{avg}}^3)}{12\mu a} + \frac{\phi_e h_{i4\text{avg}}^3}{12\mu\ln\frac{R_4}{R_3}} + \frac{\phi_e h_{i2\text{avg}}^3}{12\mu\ln\frac{R_2}{R_1}}$$

用矩阵形式表示为

$$\begin{bmatrix} C_1 & 0 & 0 & 0 & 0 & 0 & 0 & 0 & 0 & 0 & 0 & 0 \\ 0 & C_2 & 0 & 0 & 0 & 0 & 0 & 0 & 0 & 0 & 0 & 0 \\ 0 & 0 & C_3 & 0 & 0 & 0 & 0 & 0 & 0 & 0 & 0 & 0 \\ 0 & 0 & 0 & C_4 & 0 & 0 & 0 & 0 & 0 & 0 & 0 & 0 \\ 0 & 0 & 0 & 0 & C_5 & 0 & 0 & 0 & 0 & 0 & 0 & 0 \\ 0 & 0 & 0 & 0 & 0 & C_6 & 0 & 0 & 0 & 0 & 0 & 0 \\ 0 & 0 & 0 & 0 & 0 & 0 & C_7 & 0 & 0 & 0 & 0 & 0 \\ 0 & 0 & 0 & 0 & 0 & 0 & 0 & C_8 & 0 & 0 & 0 & 0 \\ 0 & 0 & 0 & 0 & 0 & 0 & 0 & 0 & C_9 & 0 & 0 & 0 \\ 0 & 0 & 0 & 0 & 0 & 0 & 0 & 0 & 0 & C_{10} & 0 & 0 \\ 0 & 0 & 0 & 0 & 0 & 0 & 0 & 0 & 0 & 0 & C_{11} & 0 \\ 0 & 0 & 0 & 0 & 0 & 0 & 0 & 0 & 0 & 0 & 0 & C_{12} \end{bmatrix} \begin{bmatrix} p_{r1} \\ p_{r2} \\ p_{r3} \\ p_{r4} \\ p_{r5} \\ p_{r6} \\ p_{r7} \\ p_{r8} \\ p_{r9} \\ p_{r10} \\ p_{r11} \\ p_{r12} \end{bmatrix} = \begin{bmatrix} Q_0 - Q'_1 \\ Q_0 - Q'_2 \\ Q_0 - Q'_3 \\ Q_0 - Q'_4 \\ Q_0 - Q'_5 \\ Q_0 - Q'_6 \\ Q_0 - Q'_7 \\ Q_0 - Q'_8 \\ Q_0 - Q'_9 \\ Q_0 - Q'_{10} \\ Q_0 - Q'_{11} \\ Q_0 - Q'_{12} \end{bmatrix} \tag{4.120}$$

倾斜工况下油膜承载力为

$$W = \sum_{i=1}^{12} W_i = \sum_{i=1}^{12} p_{ri} A_e \tag{4.121}$$

倾斜工况下油膜的弯矩为

$$M = \sum_{i=1}^{12} M_i = \sum_{i=1}^{12} p_{ri} A_e \cdot \frac{R_1 + R_3}{2} \cdot \sin\phi_{i0} \tag{4.122}$$

4.4.2 闭式液体静压直线导轨设计

对直线导轨中某一对主副油垫的承载特性进行分析。

由流量公式，得上油腔流出的流量：

$$\begin{aligned} Q_1 &= 2\frac{L_1 - a_1}{12\mu b_1} \cdot h_1^3 p_{r1} + 2\frac{B_1 - b_1}{12\mu a_1} \cdot h_1^3 p_{r1} \\ &= \frac{h_1^3}{6\mu}\left(\frac{L_1 - a_1}{b_1} + \frac{B_1 - b_1}{a_1}\right) \cdot p_{r1} \end{aligned} \tag{4.123}$$

根据流量平衡方程得到上油腔压力：

$$p_{r1} = \frac{Q_1}{\frac{h_1^3}{6\mu}\left(\frac{L_1 - a_1}{b_1} + \frac{B_1 - b_1}{a_1}\right)} \tag{4.124}$$

同理，得到下油腔流量和下油腔压力：

$$\begin{cases} Q_3 = \frac{h_3^3}{6\mu}\left(\frac{L_3 - a_3}{b_3} + \frac{B_3 - b_3}{a_3}\right) \cdot p_{r3} \\ p_{r3} = \frac{Q_3}{\frac{h_3^3}{6\mu}\left(\frac{L_3 - a_3}{b_3} + \frac{B_3 - b_3}{a_3}\right)} \end{cases} \tag{4.125}$$

承载能力与油膜间隙的变化规律：

$$\begin{aligned} W &= A_{e3} \cdot p_{r3} - A_{e1} \cdot p_{r1} \\ &= A_{e3} \cdot \frac{Q_3}{\frac{h_3^3}{6\mu} \cdot \left(\frac{L_3 - a_3}{b_3} + \frac{B_3 - b_3}{a_3}\right)} - A_{e1} \cdot \frac{Q_1}{\frac{h_1^3}{6\mu} \cdot \left(\frac{L_1 - a_1}{b_1} + \frac{B_1 - b_1}{a_1}\right)} \end{aligned} \tag{4.126}$$

当上、下油膜厚度均为 h_0 时，油膜的承载能力 W_0 为

$$\begin{aligned} W_0 &= A_{e3} \cdot \frac{Q_3}{\frac{h_0^3}{6\mu} \cdot \left(\frac{L_3 - a_3}{b_3} + \frac{B_3 - b_3}{a_3}\right)} - A_{e1} \cdot \frac{Q_1}{\frac{h_0^3}{6\mu} \cdot \left(\frac{L_1 - a_1}{b_1} + \frac{B_1 - b_1}{a_1}\right)} \\ &= \frac{A_{e3}Q_3}{\frac{h_0^3}{6\mu} \cdot \left(\frac{L_3 - a_3}{b_3} + \frac{B_3 - b_3}{a_3}\right)} - \frac{A_{e1}Q_1}{\frac{h_0^3}{6\mu} \cdot \left(\frac{L_1 - a_1}{b_1} + \frac{B_1 - b_1}{a_1}\right)} \end{aligned} \tag{4.127}$$

在外载荷作用下，向下产生偏心距 e 时的油膜承载能力

$$\begin{aligned} W_e = &\frac{A_{e3}Q_3}{\frac{h_0^3}{6\mu} \cdot \left(\frac{L_3 - a_3}{b_3} + \frac{B_3 - b_3}{a_3}\right)} \cdot \frac{1}{(1 - \varepsilon)^3} \\ &- \frac{A_{e1}Q_1}{\frac{h_0^3}{6\mu} \cdot \left(\frac{L_1 - a_1}{b_1} + \frac{B_1 - b_1}{a_1}\right)} \cdot \frac{1}{(1 + \varepsilon)^3} \end{aligned} \tag{4.128}$$

对置轴承刚度：

$$J=\frac{\partial W_e}{\partial \varepsilon \cdot h_0}$$

$$=\frac{A_{e3}Q_3}{\frac{h_0^4}{6\mu}\cdot\left(\frac{L_3-a_3}{b_3}+\frac{B_3-b_3}{a_3}\right)}\cdot\frac{3}{(1-\varepsilon)^4}$$

$$+\frac{A_{e1}Q_1}{\frac{h_0^4}{6\mu}\cdot\left(\frac{L_1-a_1}{b_1}+\frac{B_1-b_1}{a_1}\right)}\cdot\frac{3}{(1+\varepsilon)^4} \tag{4.129}$$

多对主副油垫承载特性分析。

(1) 求解不同坐标方向、不同承重、不同最大行程(力臂)、不同最大载荷工况下，导轨各个油垫的承载能力。

① 各个油垫处的油膜厚度不小于最小油膜厚度，不大于最大油膜厚度。

② 如简化求解各油垫对应的油膜厚度，可假设油膜厚度沿导轨面呈线性分布。如要精确求解，需要考虑导轨面的弯曲变形及相应油膜厚度在油垫不同封油边的不一致性，需要考虑运动副表面的平面度、直线度几何公差，计算过程需要多次循环迭代计算，结果才能收敛到较精确的数值。

(2) 根据各个油垫的承载能力要求，设计油垫参数及供油量。油垫的宽度通常选导轨本身宽度的 70%～90%，为减小加工误差和变形带来的影响，油垫的长度一般不要超过油垫宽度的 3 倍。为便于统一使用定量泵和分油器，主油垫、副油垫各油腔的流量可分别选为同一数值。最小油膜厚度通常不小于 0.03 mm，以避免导轨刮伤；最大油膜厚度不大于 0.15 mm，以减小耗油量和泵功耗。

(3) 对不确定性大的典型工况，需要进行校核验算。

4.4.3 案例分析

某 3.15 m 立式车床静压回转工作台如图 4.27 所示，图 4.27(b)为单个静压油垫图。油垫数目为 12，内半径为 865 mm，外半径为 1035 mm，封油边宽为 35 mm，沟槽宽为 20 mm，60%热量用于温升，油泵效率为 0.85。工作台自身质量为 10 t，最大承载质量为 40 t，最大转速为 150 r/min，最大转速时承载质量为 5 t(导轨承载 15 t)，导轨进油温度为 30℃。分析不同转速、不同工作台质量、不同载荷和不同油膜厚度时所需要的流量和温升，确定对应的回转工作台承载特性，结果如图 4.28 所示。

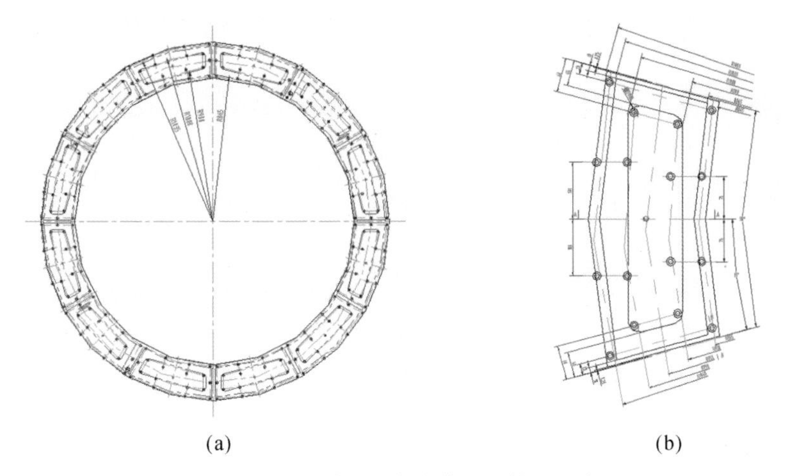

图 4.27　某立式车床静压回转工作台

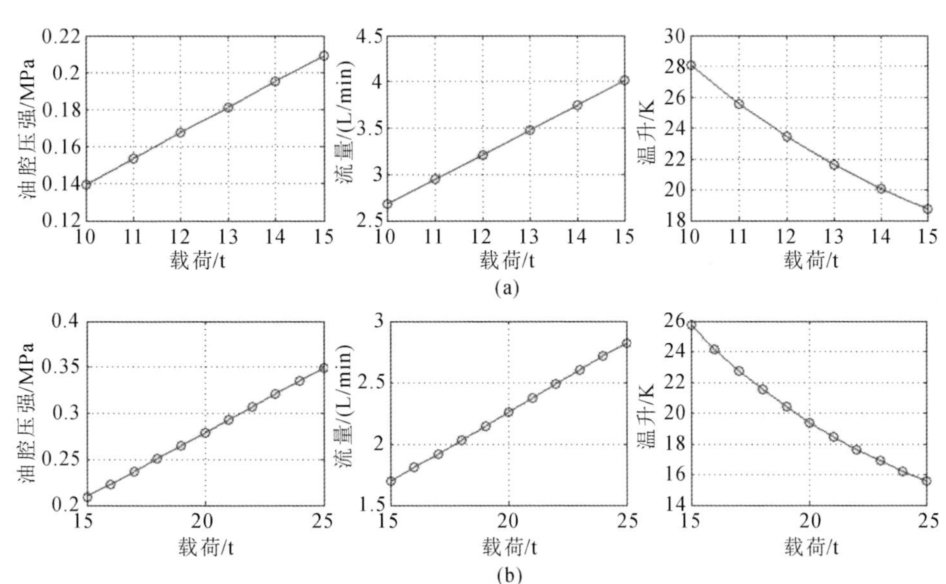

图 4.28　不同情况下回转工作台承载特性

（a）回转工作台 150 r/min-10 t-15 t-20 丝（1 丝＝0.01 mm）　（b）回转工作台 100 r/min-15 t-25 t-15 丝

（c）回转工作台 100 r/min-15 t-25 t-20 丝　（d）回转工作台 70 r/min-25 t-35 t-15 丝

（e）回转工作台 120 r/min-40 t-50 t-15 丝　（f）回转工作台 150 r/min-40 t-50 t-15 丝

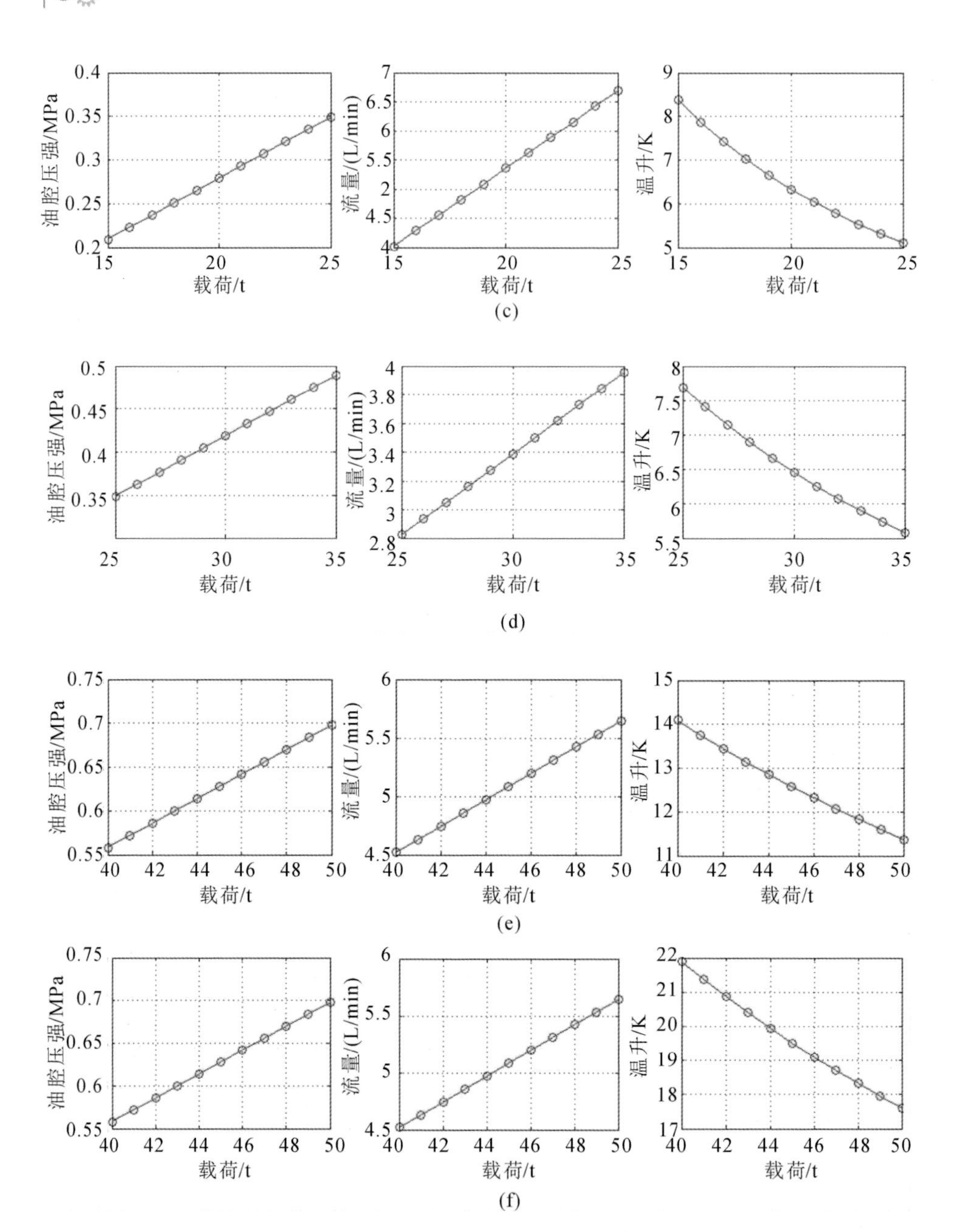

油腔压强/MPa
流量/(L/min)
温升/K
载荷/t
(c)
油腔压强/MPa
流量/(L/min)
温升/K
载荷/t
(d)
油腔压强/MPa
流量/(L/min)
温升/K
载荷/t
(e)
油腔压强/MPa
流量/(L/min)
温升/K
载荷/t
(f)

续图 4.28

4.5 液体静压支承的三维流场分析及动网格技术

4.5.1 三维流场分析的理论基础

1. CFD 基本思想

计算流体动力学(computational fluid dynamics,CFD)是一门新兴的独立学科,它将数值计算方法和数据可视化技术有机结合起来,对流动、换热等相关物理现象进行模拟分析,是当今除理论分析、实验测量之外,解决流动与换热问题的又一种技术手段。CFD 的基本思想可以归结为:把原来在时间域和空间域上连续的物理量场,用一系列离散点上的变量值来代替,并通过一定的原则和方式建立起反映这些离散点上场变量之间关系的代数方程组,然后求解代数方程组获得场变量的近似值。

2. CFD 基本控制方程

CFD 基本控制方程可以看作在流动基本方程(质量守恒方程、动量守恒方程、能量守恒方程)控制下对流动过程进行的数值模拟。通过这种数值模拟,可以得到极其复杂流场内各个位置上的基本物理量(如速度、压力、温度、浓度等)的分布,以及这些物理量随时间的变化情况。

1) 质量守恒方程

质量守恒方程又称连续性方程,当控制体各向均匀收缩到无限小时,此控制体称为微元体。如图 4.29 所示,微元体是一边长分别为 dx、dy 和 dz 的长方体。由于质量没有源或汇,微元体中的质量守恒定律可表述为:流体通过界面出入该微元体的净增率等于流体质量在该微元体内的增加率。

x 方向的净流出量为

$$\left[\rho u+\frac{\partial(\rho u)}{\partial x}\mathrm{d}x\right]\mathrm{d}y\mathrm{d}z-(\rho u)\mathrm{d}y\mathrm{d}z=\frac{\partial(\rho u)}{\partial x}\mathrm{d}x\mathrm{d}y\mathrm{d}z$$

y 方向的净流出量为

$$\left[\rho v+\frac{\partial(\rho v)}{\partial y}\mathrm{d}y\right]\mathrm{d}x\mathrm{d}z-(\rho v)\mathrm{d}x\mathrm{d}z=\frac{\partial(\rho v)}{\partial y}\mathrm{d}x\mathrm{d}y\mathrm{d}z$$

z 方向的净流出量为

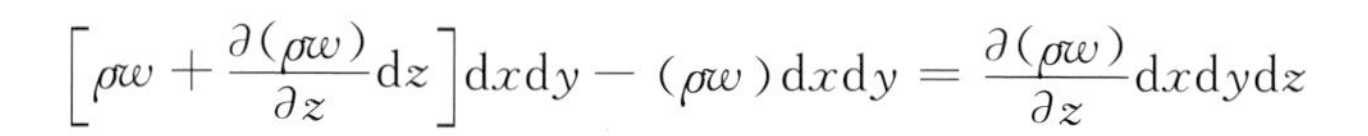

$$\left[\rho w+\frac{\partial(\rho w)}{\partial z}\mathrm{d}z\right]\mathrm{d}x\mathrm{d}y-(\rho w)\mathrm{d}x\mathrm{d}y=\frac{\partial(\rho w)}{\partial z}\mathrm{d}x\mathrm{d}y\mathrm{d}z$$

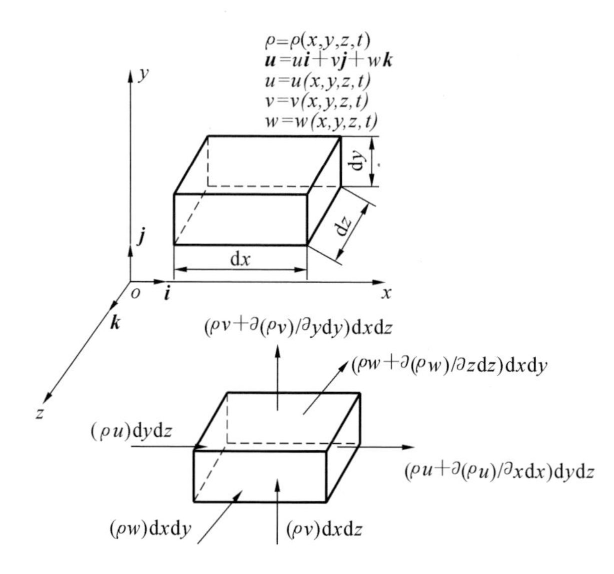

图 4.29　空间位置固定的无穷小微元体模型

从而,流出微元体的总的净质量为

$$\left[\frac{\partial(\rho u)}{\partial x}+\frac{\partial(\rho v)}{\partial y}+\frac{\partial(\rho w)}{\partial z}\right]\mathrm{d}x\mathrm{d}y\mathrm{d}z$$

无穷小微元体内流体的总质量为 $\rho(\mathrm{d}x\mathrm{d}y\mathrm{d}z)$,因此,微元体内质量增加率为$\frac{\partial\rho}{\partial t}(\mathrm{d}x\mathrm{d}y\mathrm{d}z)$。

当净质量为正值时,微元体内的质量要减少,从而微元体内质量增加率为负值,根据质量守恒定律有

$$\frac{\partial\rho}{\partial t}(\mathrm{d}x\mathrm{d}y\mathrm{d}z)+\left[\frac{\partial(\rho u)}{\partial x}+\frac{\partial(\rho v)}{\partial y}+\frac{\partial(\rho w)}{\partial z}\right]\mathrm{d}x\mathrm{d}y\mathrm{d}z=0 \tag{4.130a}$$

简化为

$$\frac{\partial\rho}{\partial t}+\frac{\partial(\rho u)}{\partial x}+\frac{\partial(\rho v)}{\partial y}+\frac{\partial(\rho w)}{\partial z}=0 \tag{4.130b}$$

引入散度符号:

$$\nabla\cdot\boldsymbol{\alpha}=\frac{\partial\alpha_x}{\partial x}+\frac{\partial\alpha_y}{\partial y}+\frac{\partial\alpha_z}{\partial z}$$

式(4.130b)可写成:

$$\frac{\partial \rho}{\partial t} + \nabla \cdot (\rho \boldsymbol{u}) = 0 \tag{4.130c}$$

对于定常不可压缩流体，式(4.130c)为

$$\nabla \cdot \boldsymbol{u} = 0 \tag{4.131}$$

式中：$\boldsymbol{u}$ 为速度矢量，其在坐标 x、y 和 z 方向上的分量分别为 u、v 和 w。

2）动量守恒方程

流体的动量方程又称为 Navier-Stokes 方程，它可由牛顿第二定律推出。以微元体为分析对象，可表述为：在惯性系统中，流体微元的质量与加速度的乘积等于该微元体所受外力的合力。对于流体运动应考虑两类外力：一为体力，它是作用在微元体内所有质量上的力（如重力）；另一类为面力，它是作用在微元体界面上的力（如压力、摩擦力等）。只考虑作用在 x 方向上的表面力（切应力、正应力和压力）的微元体运动模型如图 4.30 所示。

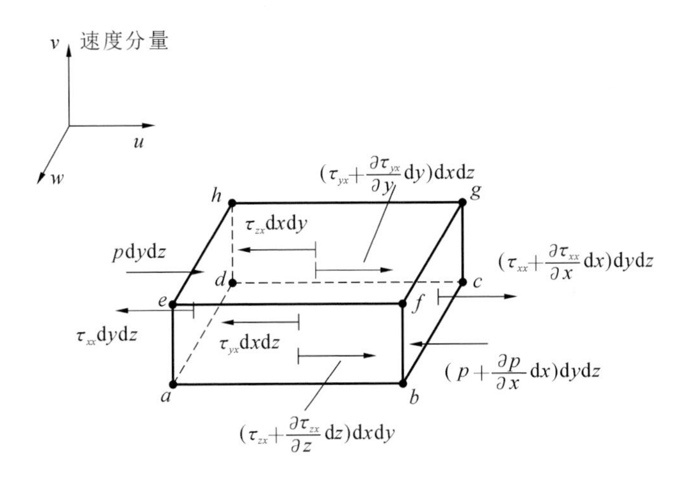

图 4.30　微元体运动模型

由牛顿第二定律，仅考虑 x 方向的分量得

$$F_x = ma_x$$

将作用在单位质量流体微元体上的体积力记作 f，其在 x 方向的分量为 f_x。流体微元体的体积为 $dxdydz$，所以作用在流体微元体上的体积力在 x 方向上的分量为 $\rho f_x(dxdydz)$。

由图 4.30 可知，对运动的流体微元，x 方向的总表面力：

$$\left[p - \left(p + \frac{\partial p}{\partial x}\right)dx\right]dydz + \left[\left(\tau_{xx} + \frac{\partial \tau_{xx}}{\partial x}dx\right) - \tau_{xx}\right]dydz$$

$$+\left[\left(\tau_{yx}+\frac{\partial \tau_{yx}}{\partial y}\mathrm{d}y\right)-\tau_{yx}\right]\mathrm{d}x\mathrm{d}z+\left[\left(\tau_{zx}+\frac{\partial \tau_{zx}}{\partial z}\mathrm{d}z\right)-\tau_{zx}\right]\mathrm{d}x\mathrm{d}y$$

$$=\left(-\frac{\partial p}{\partial x}+\frac{\partial \tau_{xx}}{\partial x}+\frac{\partial \tau_{yx}}{\partial y}+\frac{\partial \tau_{zx}}{\partial z}\right)\mathrm{d}x\mathrm{d}y\mathrm{d}z$$

所以,x 方向的总力 F_x 为

$$F_x=\left(-\frac{\partial p}{\partial x}+\frac{\partial \tau_{xx}}{\partial x}+\frac{\partial \tau_{yx}}{\partial y}+\frac{\partial \tau_{zx}}{\partial z}\right)\mathrm{d}x\mathrm{d}y\mathrm{d}z+\rho f_x\mathrm{d}x\mathrm{d}y\mathrm{d}z \tag{4.132}$$

对于运动的流体微元体,其质量是固定不变的,且

$$m=\rho\mathrm{d}x\mathrm{d}y\mathrm{d}z \tag{4.133}$$

另外,流体微元体在 x 方向的加速度为

$$a_x=\frac{\mathrm{d}u}{\mathrm{d}t} \tag{4.134}$$

综上所述,可得

$$\rho\frac{\mathrm{d}u}{\mathrm{d}t}=-\frac{\partial p}{\partial x}+\frac{\partial \tau_{xx}}{\partial x}+\frac{\partial \tau_{yx}}{\partial y}+\frac{\partial \tau_{zx}}{\partial z}+\rho f_x \tag{4.135a}$$

其中,全微分$\frac{\mathrm{d}u}{\mathrm{d}t}=\frac{\partial u}{\partial t}+\frac{\partial u}{\partial x}\frac{\partial x}{\partial t}+\frac{\partial u}{\partial y}\frac{\partial y}{\partial t}+\frac{\partial u}{\partial z}\frac{\partial z}{\partial t}$。

式(4.135a)可写成:

$$\rho\left[\frac{\partial u}{\partial t}+\boldsymbol{u}\cdot(\nabla\cdot u)\right]=-\frac{\partial p}{\partial x}+\frac{\partial \tau_{xx}}{\partial x}+\frac{\partial \tau_{yx}}{\partial y}+\frac{\partial \tau_{zx}}{\partial z}+\rho f_x \tag{4.135b}$$

同理,可以得到 y 方向和 z 方向的动量方程

$$\rho\left[\frac{\partial v}{\partial t}+\boldsymbol{u}\cdot(\nabla\cdot v)\right]=-\frac{\partial p}{\partial y}+\frac{\partial \tau_{xy}}{\partial x}+\frac{\partial \tau_{yy}}{\partial y}+\frac{\partial \tau_{zy}}{\partial z}+\rho f_y \tag{4.136}$$

$$\rho\left[\frac{\partial w}{\partial t}+\boldsymbol{u}\cdot(\nabla\cdot w)\right]=-\frac{\partial p}{\partial z}+\frac{\partial \tau_{xz}}{\partial x}+\frac{\partial \tau_{yz}}{\partial y}+\frac{\partial \tau_{zz}}{\partial z}+\rho f_z \tag{4.137}$$

式中:p 为流体微元体上的压力;τ_{xx}、τ_{xy} 和 τ_{xz} 等为因分子黏性作用而产生的作用在微元体表面上的黏性应力。

3) 能量守恒方程

能量守恒方程可用下式表示:

$$A=B+C \tag{4.138}$$

式中:A 代表流体微元体内能量的变化率;B 代表流体微元体内的净热流量,不计辐射传热时它包括两个部分,第一部分为流体微元体的体积热流量,第二部分为流体微元体各表面产生的热传导;C 代表体积力和表面力对流体微元体做

功的功率之和。

作用在一个运动物体上的力，对物体做功的功率等于这个力乘以速度在此力作用方向上的分量。所以，体积力 f 在 x 方向上做功的功率为

$$W_{fx} = u\rho f_x(\mathrm{d}x\mathrm{d}y\mathrm{d}z)$$

则体积力 f 做功的总功率为

$$W_f = \rho f \cdot u(\mathrm{d}x\mathrm{d}y\mathrm{d}z) \tag{4.139}$$

只考虑作用在 x 方向上的表面力（切应力、正应力和压力），如图 4.31 所示。在 x 方向，压力和切应力对流体微元体做功的功率等于速度在 x 方向上的分量 u 与表面力 f_x 的乘积。于是，图 4.31 中作用在面 $adhe$ 和面 $bcgf$ 上的压力在 x 方向上做功的功率为（规定在正方向上的力做正功，在负方向上的力做负功）

$$\left[up - \left(up + \frac{\partial(up)}{\partial x}\mathrm{d}x\right)\right]\mathrm{d}y\mathrm{d}z = -\frac{\partial(up)}{\partial x}\mathrm{d}x\mathrm{d}y\mathrm{d}z$$

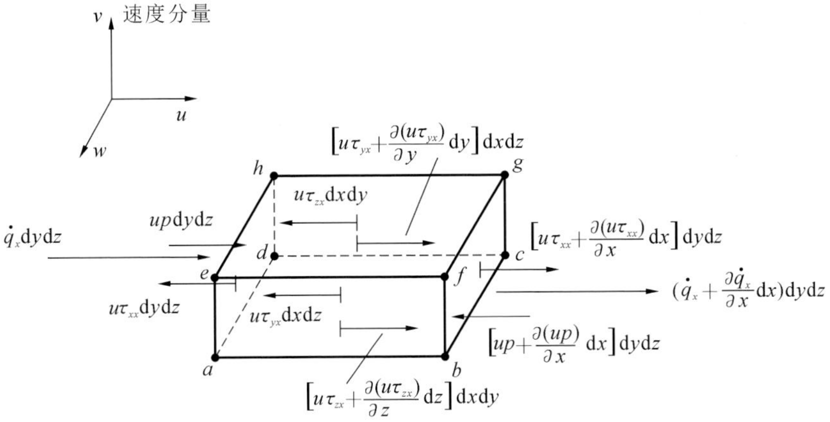

图 4.31　运动无穷小流体微元体的能量通量模型

同理，作用在流体微元体各面上的切应力在 x 方向上做功的功率为

$$\left[\left(u\tau_{xx} + \frac{\partial(u\tau_{xx})}{\partial x}\mathrm{d}x\right) - u\tau_{xx}\right]\mathrm{d}y\mathrm{d}z + \left[\left(u\tau_{yx} + \frac{\partial(u\tau_{yx})}{\partial y}\mathrm{d}y\right) - u\tau_{yx}\right]\mathrm{d}x\mathrm{d}z$$

$$+\left[\left(u\tau_{zx} + \frac{\partial(u\tau_{zx})}{\partial z}\mathrm{d}z\right) - u\tau_{zx}\right]\mathrm{d}x\mathrm{d}y$$

$$= \left[\frac{\partial(u\tau_{xx})}{\partial x} + \frac{\partial(u\tau_{yx})}{\partial y} + \frac{\partial(u\tau_{zx})}{\partial z}\right]\mathrm{d}x\mathrm{d}y\mathrm{d}z$$

在 x 方向上所有表面力对运动流体微元体的总功率为

$$W_{\mathrm{S}x}=\left[-\frac{\partial(up)}{\partial x}+\frac{\partial(u\tau_{xx})}{\partial x}+\frac{\partial(u\tau_{yx})}{\partial y}+\frac{\partial(u\tau_{zx})}{\partial z}\right]\mathrm{d}x\mathrm{d}y\mathrm{d}z \tag{4.140}$$

同理,在 y 和 z 方向上所有表面力对运动流体微元体的总功率分别为

$$W_{\mathrm{S}y}=\left[-\frac{\partial(vp)}{\partial y}+\frac{\partial(v\tau_{xy})}{\partial x}+\frac{\partial(v\tau_{yy})}{\partial y}+\frac{\partial(v\tau_{zy})}{\partial z}\right]\mathrm{d}x\mathrm{d}y\mathrm{d}z \tag{4.141}$$

$$W_{\mathrm{S}z}=\left[-\frac{\partial(wp)}{\partial z}+\frac{\partial(w\tau_{xz})}{\partial x}+\frac{\partial(w\tau_{yz})}{\partial y}+\frac{\partial(w\tau_{zz})}{\partial z}\right]\mathrm{d}x\mathrm{d}y\mathrm{d}z \tag{4.142}$$

因此,体积力和表面力对流体微元体做功的总功率为

$$C=W_f+W_{\mathrm{S}x}+W_{\mathrm{S}y}+W_{\mathrm{S}z} \tag{4.143}$$

运动流体微元体的质量为 $\rho\mathrm{d}x\mathrm{d}y\mathrm{d}z$。

流体微元体的体积热流量为 $\rho\dot{q}\mathrm{d}x\mathrm{d}y\mathrm{d}z$。

热传导对流体微元体的热流量为 $-\left(\frac{\partial\dot{q}_x}{\partial x}+\frac{\partial\dot{q}_y}{\partial y}+\frac{\partial\dot{q}_z}{\partial z}\right)\mathrm{d}x\mathrm{d}y\mathrm{d}z$。

所以,流体微元体内的净热流量为

$$B=\left[\rho\dot{q}-\left(\frac{\partial\dot{q}_x}{\partial x}+\frac{\partial\dot{q}_y}{\partial y}+\frac{\partial\dot{q}_z}{\partial z}\right)\right]\mathrm{d}x\mathrm{d}y\mathrm{d}z \tag{4.144}$$

A 为总能量的变化率,即动能与内能之和的变化率,所以有

$$A=\rho\frac{\mathrm{d}}{\mathrm{d}t}\left(E+\frac{u^2}{2}\right)\mathrm{d}x\mathrm{d}y\mathrm{d}z \tag{4.145}$$

把 A、B、C 代入式(4.138),并化简得

$$\begin{aligned}&\frac{\partial}{\partial t}\left[\rho\left(E+\frac{u^2}{2}\right)\right]+\nabla\cdot\left[\rho\left(E+\frac{u^2}{2}\right)\right]\boldsymbol{u}\\&=\rho\dot{q}+\frac{\partial}{\partial x}\left(\frac{k}{c_p}\frac{\partial T}{\partial x}\right)+\frac{\partial}{\partial y}\left(\frac{k}{c_p}\frac{\partial T}{\partial y}\right)+\frac{\partial}{\partial z}\left(\frac{k}{c_p}\frac{\partial T}{\partial z}\right)-\frac{\partial(up)}{\partial x}-\frac{\partial(vp)}{\partial y}-\frac{\partial(wp)}{\partial z}\\&\quad+\frac{\partial(u\tau_{xx})}{\partial x}+\frac{\partial(u\tau_{yx})}{\partial y}+\frac{\partial(u\tau_{zx})}{\partial z}+\frac{\partial(v\tau_{xy})}{\partial x}+\frac{\partial(v\tau_{yy})}{\partial y}+\frac{\partial(v\tau_{zy})}{\partial z}+\frac{\partial(w\tau_{xz})}{\partial x}\\&\quad+\frac{\partial(w\tau_{yz})}{\partial y}+\frac{\partial(w\tau_{zz})}{\partial z}+\rho f\cdot u\end{aligned} \tag{4.146}$$

式中:k 为流体传热系数;c_p 为比热容;T 为流体温度。

3. CFD 控制方程的离散

CFD 的工作过程:首先对计算域进行离散,即生成计算网格,接着选择合适的离散化方法,将偏微分方程及定解条件转化为各个网格节点上的代数方程组,求解代数方程组,获得节点上的解,进而获得整个计算域上的近似解。本书

采用计算流体仿真软件 ANSYS Fluent 对静压止推轴承和径向静压轴承进行数值模拟，所用到的离散方法为有限体积法。有限体积法是目前流动和传热问题中最有效的数值计算方法，在 CFD 领域得到了广泛应用，绝大多数 CFD 软件都采用有限体积法。

有限体积法（finite volume method，FVM）又称为控制体积法（control volume method，CVM），是近年来发展非常迅速的一种离散化方法。其基本思想：将计算域划分为网格，并使每个网格点周围有一个互不重复的控制体积，将待解的偏微分方程对每一个控制体积积分，从而得出一组离散方程，方程中的未知量是网格点上的特征变量。为了求出控制体积的积分，必须假定特征变量值在网格点之间的变化规律。从积分区域的选取方法来看，有限体积法属于加权余量法中的子域法；从未知解的近似方法来看，有限体积法属于采用局部近似的离散法。简而言之，子域法加上离散法就是有限体积法的基本思想。

有限体积法的基本思想易于理解，并能得出直接的物理解释。离散方程的物理意义就是特征变量在有限大小的控制体积中的守恒原理，如同微分方程表示特征变量在无限小的控制体积中的守恒原理一样。有限体积法得出的离散方程，要求特征变量的积分守恒对任意一组控制体积都满足，对整个计算域也满足，这是有限体积法的最大特点。对于有限差分法，仅当网格极其细密时，离散方程才满足积分守恒。而有限体积法即使在粗网格情况下，也能表现出准确的积分守恒。

就离散方法而言，有限体积法只寻求网格节点上的特征变量值，但在计算控制体积的积分时，必须假定特征变量值在网格点之间的分布。在有限体积法中，插值函数只用于计算控制体积的积分，得出离散方程之后，便不用它了。如果有需要，还可以对微分方程中不同的项采用不同的插值函数。

4. CFD 问题的解决过程

CFD 对某一实际问题的解决过程分为三步：前处理、求解、后处理。下面对这三个过程进行具体说明。

1）前处理

前处理的目的是将具体问题转化为求解器可以接受的形式，这里求解器可以接受的形式就是计算域和网格，即前处理需要建立计算域并划分网格。这两者虽然只是求解过程的准备工作，但都很耗时，且对求解结果的精确度起决定性的作用。

计算域,即CFD分析的流动区域,对计算域进行合理处理可以极大地减少计算量,如果是具有对称性的流动,可以设置一个含对称面(或对称轴)的计算域来处理。网格的数目和质量对求解过程有重要的影响。网格数量越多,越能确保合理描述流动过程,但网格的数目多,会增加计算时间,降低工作效率。在网格的质量方面,应该尽量使用结构化网格。对于二维流动的模拟,应尽量使用四边形网格;对于三维流动的模拟,应尽量使用六面体网格,以提高求解精度。网格划分通常要占到CFD分析时间的40%以上。对计算域划分好网格后,即可定义边界条件。边界条件定义好后即完成前处理,此时可以输出文件给求解器计算了。

2)求解

求解器在读入前处理生成的文件后,应首先检查该文件的网格质量是否符合求解器的要求,网格是否出现负体积。没有网格问题后,再检查计算域单位(如尺寸单位、参数单位等)。然后设置求解器,如定常还是非定常,显式还是隐式等;设置各类模型,如层流模型、湍流模型、多相流模型、组分传输模型、化学反应模型、辐射模型等;设置流体的物理性质,如密度、比热容、热导率、黏度等;设置计算域的边界条件;设置压力与速度耦合方式、离散格式、欠松弛因子。最后对计算域进行初始化,并设置关键位置的监测点,就可以开始进行迭代计算了。

3)后处理

后处理即对已经计算收敛的结果继续处理,直到得到直观清晰的、便于交流的数据和图表。后处理可以利用商业求解器自带的功能进行,如ANSYS Fluent和ANSYS CFX都自带了较为完善的后处理功能,可以获得计算结果的矢量图、等值线图、迹线图等。后处理也可以利用专业的后处理软件完成,如常用的Tecplot、Origin、FieldView和EnSight等。

4.5.2 可动边界流场的动网格分析技术

动网格计算方法是在通用CFD软件的基础上,采用自定义程序实现因润滑界面运动而引起的油膜边界运动变化过程,利用弹簧光顺模型更新因润滑界面改变而导致的油膜网格变形,将可动边界转换为静止边界,避免了因界面运动而引起的网格畸变。该方法利用 CFD 软件计算 N-S 方程，得到可动边界工况下，静压部件的流体瞬态压力场，进而求解承载力、力矩和刚度特性等。

1. 油膜润滑的瞬态计算

利用 CFD 软件计算时，润滑油流动的基本动力润滑理论是 N-S 方程。数值求解润滑方程的基本思想是有限体积法，其核心是子域法及离散法。将流体域离散为流体微元体，计算出各个微元体的物理参量。润滑油在可动边界与固定边界间的流动为黏性层流，不考虑流体的黏温效应，动力润滑方程包括连续方程和动量方程，其瞬态通用表达形式为

$$\frac{\partial}{\partial t}(\rho\varphi)+\mathrm{div}(\rho\boldsymbol{u}\varphi)=\mathrm{div}(\Gamma\cdot\mathrm{grad}\varphi)+S_{\varphi} \tag{4.147}$$

式中：ρ 为流体密度；$\boldsymbol{u}$ 为流场速度矢量；φ 为通用变量；Γ 为广义扩散系数，S_{φ} 为广义源项。

式(4.147)各项从左到右分别为表征流体的瞬态项、对流项、扩散项和广义源项，对比广义雷诺方程的假设条件及其所包含的压力项、楔入项和挤压项，式(4.147)各项之间呈线性叠加关系。显然，三维 N-S 控制方程更适于表征间隙内流体的三维流动形态。

静压支承间隙内流体的流场形态主要由可动边界运动引起的压力流和速度流非线性耦合形成，表现为静压与动压的强耦合效应。流体的压力-速度耦合方程为

$$\frac{\partial}{\partial t}(\rho\varphi)+\mathrm{div}(\rho\varphi\boldsymbol{u})=\mathrm{div}(\Gamma\cdot\mathrm{grad}\varphi)-\frac{\partial p}{\partial\boldsymbol{\eta}}+S_{\varphi} \tag{4.148}$$

式中：$\boldsymbol{\eta}$ 表示容积表面外法线方向。

基于有限体积法，将式(4.148)改写为

$$\int_{V}\frac{\partial}{\partial t}(\rho\varphi)\mathrm{d}V+\int_{V}\mathrm{div}(\rho\varphi\boldsymbol{u})\mathrm{d}V=\int_{V}\mathrm{div}(\Gamma\cdot\mathrm{grad}\varphi)\mathrm{d}V+\int_{V}S_{\varphi}\mathrm{d}V \tag{4.149}$$

式中：V 为润滑油的体积。

采用高斯散度公式，将体积分转换为面积分，得到瞬态问题的表达式为

$$\int_{\Delta t}\frac{\partial}{\partial t}\left(\int_{V}\rho\varphi\mathrm{d}V\right)\mathrm{d}t+\int_{\Delta t}\int_{A}\boldsymbol{\eta}\cdot(\rho\varphi\boldsymbol{u})\mathrm{d}A\mathrm{d}t=\int_{\Delta t}\int_{A}\boldsymbol{\eta}\cdot(\Gamma\cdot\mathrm{grad}\varphi)\mathrm{d}A\mathrm{d}t+\int_{\Delta t}\int_{V}S_{\varphi}\mathrm{d}V \tag{4.150}$$

式中：A 为控制容积面积；Δt 为时间变化量；$\boldsymbol{\eta}$ 为容积表面外法线方向。

方程(4.150)是 ANSYS Fluent 进行瞬态计算的理论基础。

采用动网格模型处理非定常压力-速度耦合流动问题时,需将 N-S 方程按照子域法进行改写以进一步求解压力-速度耦合方程,该基本算法为 PISO (pressure-implicit splitting of operator)算法。其计算基础是 Patankar 和 Spalding 提出的 SIMPLE(semi-implicit method for pressure linked equation)算法;核心思想是压力预测与修正,通过不断的修正计算结果,求出压力和速度的收敛解。PISO 算法的计算步骤如下。

PISO 算法的基本离散格式为

$$a_{\mathrm{P}}\varphi_{\mathrm{P}} = a_{\mathrm{W}}\varphi_{\mathrm{W}} + a_{\mathrm{E}}\varphi_{\mathrm{E}} + a_{\mathrm{S}}\varphi_{\mathrm{S}} + a_{\mathrm{N}}\varphi_{\mathrm{N}} + b \tag{4.151}$$

式中:$a_{\mathrm{W}}=D_{\mathrm{w}}+\dfrac{F_{\mathrm{w}}}{2}$,$a_{\mathrm{E}}=D_{\mathrm{e}}-\dfrac{F_{\mathrm{e}}}{2}$,$a_{\mathrm{S}}=D_{\mathrm{s}}+\dfrac{F_{\mathrm{s}}}{2}$,$a_{\mathrm{N}}=D_{\mathrm{n}}-\dfrac{F_{\mathrm{n}}}{2}$;$b=a_{\mathrm{P}}^{0}\varphi_{\mathrm{P}}^{0}+S_{\mathrm{C}}\Delta V$;$a_{\mathrm{P}}=\sum a_{\mathrm{nb}}+\Delta F+a_{\mathrm{P}}^{0}-S_{\mathrm{P}}\Delta V$。其中,$a_{\mathrm{P}}^{0}=\dfrac{\rho_{\mathrm{P}}^{0}\Delta V}{\Delta t}$,$\Delta F=F_{\mathrm{e}}-F_{\mathrm{w}}+F_{\mathrm{n}}-F_{\mathrm{s}}$,$F_{\mathrm{w}}=(\rho \boldsymbol{u})_{\mathrm{w}}A_{\mathrm{w}}$,$F_{\mathrm{e}}=(\rho \boldsymbol{u})_{\mathrm{e}}A_{\mathrm{e}}$,$F_{\mathrm{n}}=(\rho \boldsymbol{u})_{\mathrm{n}}A_{\mathrm{n}}$,$F_{\mathrm{s}}=(\rho \boldsymbol{u})_{\mathrm{s}}A_{\mathrm{s}}$,$A_{\mathrm{w}}=\Delta y$,$A_{\mathrm{e}}=\Delta y$,$A_{\mathrm{n}}=\Delta x$,$A_{\mathrm{s}}=\Delta x$;$D_{\mathrm{w}}=\dfrac{\Gamma_{\mathrm{w}}A_{\mathrm{w}}}{(\delta x)_{\mathrm{w}}}$,$D_{\mathrm{e}}=\dfrac{\Gamma_{\mathrm{e}}A_{\mathrm{e}}}{(\delta x)_{\mathrm{e}}}$,$D_{\mathrm{n}}=\dfrac{\Gamma_{\mathrm{n}}A_{\mathrm{n}}}{(\delta x)_{\mathrm{n}}}$,$D_{\mathrm{s}}=\dfrac{\Gamma_{\mathrm{s}}A_{\mathrm{s}}}{(\delta x)_{\mathrm{s}}}$。

上述各式中:φ 为通用变量,代表压力、速度和温度等物理量;a 为中心差分系数,系数 a_{E}、a_{W}、a_{N} 和 a_{S} 代表在控制体积的四个界面上对流与扩散的影响,它们均通过界面上对流质量流量 F 与扩散传导质量流量 D 计算;下标 P 为控制体,E、W、S 和 N 分别表示东、西、南、北四个方向上与其相邻的控制体;F_{e}、F_{w}、F_{n} 和 F_{s} 为控制界面上的值;ΔV 控制体体积值,A 为控制体边界面积。

根据 PISO 算法,求解方程需预设压力场 P^* 作为油膜流场的压力场值,其值在初始化压力场时设定。将预设压力场 P^* 代入动量方程,求解出速度分量 u^* 和 v^*。计算式为

$$\begin{cases} a_{i,J}u_{i,J}^{*} = \sum a_{\mathrm{nb}}u_{\mathrm{nb}}^{*} + (P_{I-1,J}^{*} - P_{I,J}^{*})A_{i,J} + b_{i,J} \\ a_{I,j}v_{I,j}^{*} = \sum a_{\mathrm{nb}}v_{\mathrm{nb}}^{*} + (P_{I,J-1}^{*} - P_{I,J}^{*})A_{I,j} + b_{I,j} \end{cases} \tag{4.152}$$

式中:$a_{i,J}=\sum a_{\mathrm{nb}}+\dfrac{\rho_{i,J}^{0}}{\Delta t}-S_{u\mathrm{P}}\Delta V_{u}$;$a_{I,j}=\sum a_{\mathrm{nb}}+\dfrac{\rho_{I,j}^{0}}{\Delta t}-S_{v\mathrm{P}}\Delta V_{v}$;$b_{i,J}=S_{u\mathrm{C}}\Delta V_{u}+a_{i,J}^{0}u_{i,J}^{0}$;$b_{I,j}=S_{v\mathrm{C}}\Delta V_{v}+a_{I,j}^{0}v_{I,j}^{0}$。

一般情况下,预设的压力场以及据此求解得到的速度场并不能满足油腔流量的连续性方程,需根据速度值(u^* 和 v^*)修正压力方程,得到相应油膜压力

场 P'：

$$a_{I,J}P'_{I,J}=a_{I+1,J}P'_{I+1,J}+a_{I-1,J}P'_{I-1,J}+a_{I,J+1}P'_{I,J+1}+a_{I,J-1}P'_{I,J-1}+b'_{I,J} \tag{4.153}$$

式中：$a_{I,J}=a_{I+1,J}+a_{I-1,J}+a_{I,J+1}+a_{I,J-1}$，$a_{I-1,J}=(\rho\mathrm{d}A)_{I-1,J}$，$a_{I+1,J}=(\rho\mathrm{d}A)_{I+1,J}$，$a_{I,J-1}=(\rho\mathrm{d}A)_{I,J-1}$，$a_{I,J+1}=(\rho\mathrm{d}A)_{I,J+1}$，$b'_{I,J}=(\rho u^*A)_{i,J}-(\rho u^*A)_{i+1,J}+(\rho v^*A)_{i,J}-(\rho v^*A)_{i+1,J}+\dfrac{(\rho^0_{I,J}-\rho_{I,J})\Delta V}{\Delta t}$。

根据式(4.152)和式(4.153)的计算结果，同时修正油膜流场的压力 P'' 及速度 u^{**} 和 v^{**}，修正方程为

$$\begin{cases}P''_{I,J}=P^*_{I,J}+P'_{I,J}\\u^{**}_{i,J}=u^*_{i,J}+d_{i,J}(P'_{I-1,J}-P'_{I,J})\\v^{**}_{I,j}=v^*_{I,j}+d_{I,j}(P'_{I,J-1}-P'_{I,J})\end{cases} \tag{4.154}$$

式中：$d_{i,J}=\dfrac{A_{i,J}}{a_{i,J}}$，$d_{I,j}=\dfrac{A_{I,j}}{a_{I,j}}$。

式(4.152)至式(4.154)即 SIMPLE 算法的基本处理过程。通过 SIMPLE 算法求解压力修正方程式(4.153)，计算得到的压力用于修正速度值效果很好，但修正压力值时不甚理想。其数学根源如式(4.154)所示，速度修正与压力非线性耦合，而压力修正则是压力本身的线性叠加。

PISO 算法解决该问题的处理方式是将式(4.154)计算得到的速度值，再次代入压力修正方程，满足连续性方程，得到第二次修正后的压力场 P''，压力修正方程为

$$a_{I,J}P''_{I,J}=a_{I+1,J}P''_{I+1,J}+a_{I-1,J}P''_{I-1,J}+a_{I,J+1}P''_{I,J+1}+a_{I,J-1}P''_{I,J-1}+b''_{I,J} \tag{4.155}$$

式中：

$$\begin{aligned}b''_{I,J}=&\left(\frac{\rho A}{a}\right)_{i,J}\sum a_{\mathrm{nb}}(u^{**}_{\mathrm{nb}}-u^*_{\mathrm{nb}})-\left(\frac{\rho A}{a}\right)_{i+1,J}\sum a_{\mathrm{nb}}(u^{**}_{\mathrm{nb}}-u^*_{\mathrm{nb}})\\&+\left(\frac{\rho A}{a}\right)_{I,j}\sum a_{\mathrm{nb}}(v^{**}_{\mathrm{nb}}-v^*_{\mathrm{nb}})-\left(\frac{\rho A}{a}\right)_{I,J+1}\sum a_{\mathrm{nb}}(v^{**}_{\mathrm{nb}}-v^*_{\mathrm{nb}})\\&+\frac{(\rho^0_{I,J}-\rho_{I,J})\Delta V}{\Delta t}\end{aligned}$$

根据式(4.155)计算得到的压力场 P''，进一步修正压力和速度，并作为最终结果。压力和速度修正方程为

$$\begin{cases} P^{***} = P^{*} + P' + P'' \\ u_{i,J}^{***} = u_{i,J}^{*} + d_{i,J}(P'_{I-1,J} - P'_{I,J}) + \dfrac{\sum a_{\mathrm{nb}}(u_{\mathrm{nb}}^{**} - u_{\mathrm{nb}}^{*})}{a_{i,J}} + d_{i,J}(P''_{I-1,J} - P''_{I,J}) \\ v_{I,j}^{***} = u_{I,j}^{*} + d_{I,j}(P'_{I-1,J} - P'_{I,J}) + \dfrac{\sum a_{\mathrm{nb}}(v_{\mathrm{nb}}^{**} - v_{\mathrm{nb}}^{*})}{a_{I,j}} + d_{I,j}(P''_{I,J-1} - P''_{I,J}) \end{cases} \tag{4.156}$$

PISO 算法针对 SIMPLE 算法中每步迭代获得的压力场与动量方程偏差过大的问题，在每步迭代中增加了动量修正和网格畸变修正过程。虽然 PISO 算法每步迭代的计算量大于 SIMPLE 算法和 SIMPLEC 算法的，但是由于每个迭代过程中获得的压力场更准确，所以计算收敛得更快，也就是说获得收敛解需要的迭代步数大大减少。PISO 算法需连续两次修正压力和速度方程，使压力和速度分别达到该时刻 t 的两阶和三阶的精度。

通过软件求解压力-速度耦合方程，得到油膜的三维物理场（压力、速度和温度）后，利用 ANSYS Fluent 软件提供的用户自定义函数 UDF（user defined function）开发油膜力计算程序模块。采用自定义程序循环指令遍历可动边界面域内各节点的压力和黏性力并积分，可得到不同方向的油膜合力。

$$\begin{cases} F_x = \int_{-\frac{B}{2}}^{\frac{B}{2}} \mathrm{d}z \int_0^{2\pi} pr\sin\phi \mathrm{d}\phi \\ F_y = \int_{-\frac{B}{2}}^{\frac{B}{2}} \mathrm{d}z \int_0^{2\pi} pr\cos\phi \mathrm{d}\phi \end{cases} \tag{4.157}$$

式中：F_x 为 x 方向上的油膜力；F_y 为 y 方向上的油膜力；ϕ 为轴承周向位置角度。

2. 运动边界控制

运动边界在运动过程中，除了引起润滑油膜在边界切线方向的运动，还使油膜在厚度方向呈现周期性的挤压变形。采用 CFD 方法模拟可动边界工况时，需解决润滑油膜网格产生扭曲的问题。解决润滑油膜网格扭曲问题的基本思路是将转动转化为平动，即将可动边界运动的转速转化为线速度，再分解为不同方向的速度嵌入至方程源项，并嵌入至每次迭代求解的压力-速度耦合方程，将可动边界（旋转动边界）转为静止边界，不影响计算结果。

对润滑油流体域进行网格划分，单层润滑油膜网格节点受力示意图如图 4.32所示。每个节点的位移均受到与其相邻节点的作用力的约束，位移大小与两节点之间的弹性系数有关。值得注意的是，油膜内部节点的受力数量相同，而油膜的内外圆弧出油边界、底座静压导轨的静止边界和回转工作台静压导轨的动边界节点的受力数量减半。虽然节点的受力数量不同，但处理节点位移的基本模型不变。

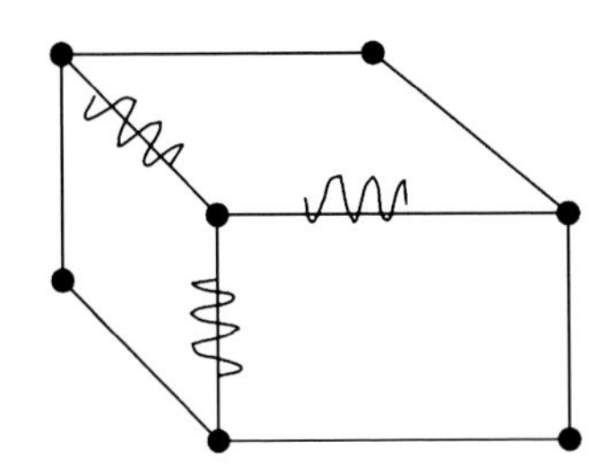

图 4.32　单层润滑油膜网格节点受力示意图

润滑油膜网格运动的计算模型基于线性假设的弹簧光顺模型，其核心思想是胡克定律，网格节点移动位移与油膜力的关系表达式为

$$F_i = \sum_{j}^{n_i} k_{ij}(\Delta x_j - \Delta x_i), \quad k_{ij} = \frac{1}{\sqrt{|x_i - x_j|}} \tag{4.158}$$

式中：F_i 为网格节点 i 的油膜力；n_i 为与节点 i 相邻的节点数；Δx_i、Δx_j 分别为节点 i 与相邻节点 j 的位置变化量；k_{ij} 为节点 i 与相邻节点 j 之间的弹性系数；x_i、x_j 分别为节点 i 与节点 j 的位置。

与可动边界交界（即油膜上表面）的节点按胡克定律上下移动，通过流体内部节点传递到固定边界面上。在传递过程中，网格的形变对流体域网格的拉伸和挤压变形产生重要作用。为减小网格的畸变程度，需更新网格节点的位移，控制方程为

$$x_i^{n+1} = x_i^n + \beta \Delta x_i^{n,\text{converged}} \tag{4.159}$$

式中：n 为时间步；x_i^{n+1}、x_i^n 分别为下一时间步节点与当前时间步节点 i 的位置；Δx_i^n 为当前时间步节点 i 的位移；β 为移动节点 i 的松弛因子，用于表征相邻内部节点的移动距离对变形边界节点移动幅度的影响程度。

在流体内部，网格运动使各个节点之间产生挤压或拉伸。节点之间的影响程度需结合物理现象在 PISO 算法中设置，默认设置对常见物理现象通常都是有效的。为使流体内部节点各方向受力平衡，节点将产生相应的运动，网格节点位移更新的计算模型为

$$\Delta x_i^{m+1}=\frac{\sum_j^{n_i}k_{ij}\Delta x_j^m}{\sum_j^{n_i}k_{ij}} \tag{4.160}$$

式中:m 为迭代次数;Δx_i、Δx_j 分别为节点 i 与相邻节点 j 的位置变化量;n_i、n_j 分别为与节点 i 和节点 j 相邻的节点数;k_{ij} 为节点 i 与相邻节点 j 之间的弹性系数。

在单个迭代时间步长,每个方向上节点之间的力应保持平衡,才能计算出单个节点的位移量。节点之间力与位移的计算关系式为

$$\begin{bmatrix} k_1+k_2 & -k_2 & 0 & & \cdots & 0 \\ -k_2 & k_2+k_3 & -k_3 & & & \vdots \\ 0 & -k_3 & k_3+k_4 & & & \\ \vdots & & & & -k_{n-2} & 0 \\ & & & -k_{n-2} & k_{n-1}+k_n & -k_{n-1} \\ 0 & \cdots & & 0 & -k_{n-1} & k_n \end{bmatrix}\begin{Bmatrix} x_1 \\ x_2 \\ x_3 \\ \vdots \\ x_{n-1} \\ x_n \end{Bmatrix}=\begin{Bmatrix} 0 \\ 0 \\ 0 \\ \vdots \\ 0 \\ 0 \end{Bmatrix} \tag{4.161}$$

可动边界使油膜网格形状产生变形,变形量和变形规则由弹簧光顺模型协调。网格体积变化后,相应的压力-速度耦合方程需要根据变形量和网格形状进行修改。体积变化后的压力-速度耦合方程为

$$\frac{\mathrm{d}}{\mathrm{d}t}\int_V\rho\varphi\mathrm{d}V+\int_{\partial V}\rho\varphi(\boldsymbol{u}-\boldsymbol{u}_{\mathrm{g}})\cdot\mathrm{d}\boldsymbol{A}=\int_{\partial V}\boldsymbol{\Gamma}\boldsymbol{\nabla}\varphi\cdot\mathrm{d}\boldsymbol{A}+\int_V S_\varphi\mathrm{d}V \tag{4.162}$$

式中:$\boldsymbol{u}_{\mathrm{g}}$ 为固定边界网格的移动速度;∂V 用于标识控制体的边界。动网格一般只涉及瞬态计算,在 ANSYS Fluent 内部仅对瞬态项进行处理。对式(4.162)的时间瞬态项进行一阶向后差分处理:

$$\begin{cases} \frac{\mathrm{d}}{\mathrm{d}t}\int_V\rho\varphi\mathrm{d}V=(\rho\varphi V)^{n+1}-(\rho\varphi V)^n \\ V^{n+1}=V^n+\frac{\mathrm{d}V}{\mathrm{d}t}\Delta t \\ \frac{\mathrm{d}V}{\mathrm{d}t}=\int_{\partial V}\boldsymbol{u}_{\mathrm{g}}\cdot\mathrm{d}\boldsymbol{A}=\sum_j^{n_{\mathrm{f}}}\boldsymbol{u}_{\mathrm{g},j}\cdot\boldsymbol{A}_j \\ \boldsymbol{u}_{\mathrm{g},j}\cdot\boldsymbol{A}_j=\frac{\delta V_j}{\Delta t} \end{cases} \tag{4.163}$$

式中：n 和 $n+1$ 分别表示当前时间点和下一时间点的物理参量；$\frac{dV}{dt}$ 为控制体的体积微分；n_f 为控制体的面数量；$\boldsymbol{A}_j$ 为控制面 j 的表面积矢量；δV_j 为在时间步长 Δt 内控制面 j 引起的体积变化量。

方程(4.163)是 ANSYS Fluent 处理网格变形的基本形式。根据弹簧光顺模型更新油膜网格法则，对网格体积变形的网格节点进行搜索、标识，用方程(4.163) 处理后再代入式(4.162) 。若采用动态铺层(dynamic layering)模型和局部重构(local remeshing)模型处理动网格问题，将涉及网格再生问题，处理方式更为复杂。

通常，弹簧光顺模型要求网格类型具有非规则特征。但是，对于油膜厚度与油膜直径尺寸相差非常悬殊的大型重载机床静压回转工作台油膜，采用非规则网格建模将使网格数量极其庞大，对计算设备要求很高；而采用规则网格建模可控制网格数量，所以本书对静压回转工作台油膜采用规则网格进行划分。采用规则网格划分的流体模型在导入 ANSYS Fluent 中计算时，弹簧光顺模型需要用特殊的指令才可以调用，且仅限于控制网格节点的挤压平动。由回转工作台旋转运动引起的网格形状扭曲导致无法计算的问题却无法解决。因此，还需要研究新的网格技术以解决回转工作台旋转引起的网格扭曲问题。

4.5.3 静压主轴轴承流场案例分析

1. 镗床主轴径向轴承数值模拟

1）模型的建立

对径向静压轴承采用商用 CFD 软件进行数值模拟前需要先对径向静压轴承进行三维实体建模。模型的几何结构参数：径向轴承内径为 385 mm、外径为 445 mm、宽度为 260 mm，设计初始油膜厚度为 0.05～0.06 mm，周向封油边为 22 mm，轴向封油边为 22 mm，腔深 2.5 mm，进油孔直径为 10 mm，长度为 15 mm。所建三维模型如图 4.33 所示。

图 4.33　径向静压轴承三维模型

2）计算域的网格划分

网格划分是数值模拟的一个重要环节，它占据着整个仿真计算过程中很大一部分的时间。对径向静压轴承采用 ICEM 进行网格划分,为了减少计算时间,提高仿真效率,在对径向静压轴承进行数值模拟时,对于径向油膜处,因为速度梯度大,网格要细密;对于速度梯度小的区域如径向油腔处,网格可以相对稀疏。对径向静压轴承的内部流场进行数值计算时,油膜的厚度极薄(0.055 mm),在网格处理方面有些难度,网格生成较为耗时,必须经过反复尝试和不断调整,才能找到合理的网格划分方式。划分后的网格模型如图 4.34 所示。

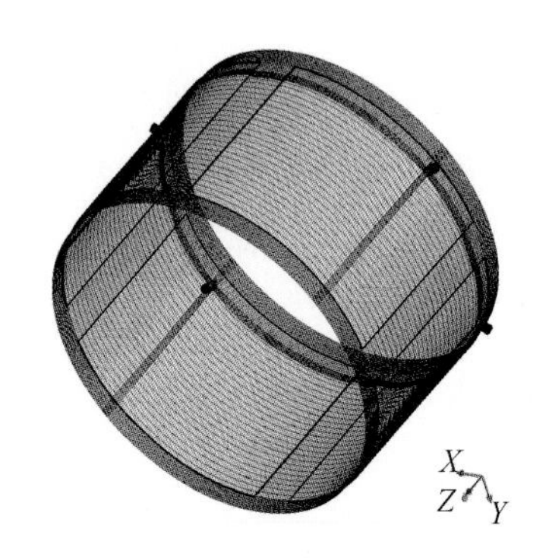

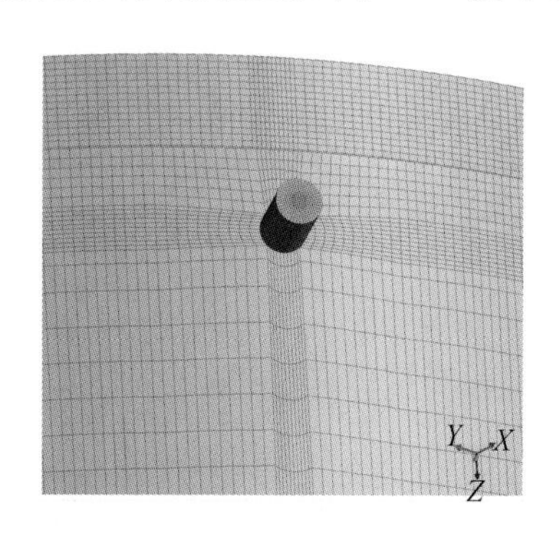

图 4.34　径向静压轴承网格划分模型

3）求解条件的设置

采用 ANSYS Fluent 对径向静压轴承流场进行数值计算前应先设置求解条件。求解器选单精度分离式求解器;计算模型选层流模型;流场介质为 5＃润滑油,密度ρ=869 kg/m^3,动力黏度 μ=0.00591 Pa·s;边界条件为质量流量入口、压力出口,轴颈表面为旋转壁面,其他为静止壁面;对流场求解选 SIMPLE 算法,压强差值格式选标准格式,动量的离散格式选二阶迎风格式。将连续性方程,x、y、z 方向上的动量方程的残差因子都设置为 10^{-5},计算结束后得到的残差曲线图如图 4.35 所示。

4）偏心位移对径向静压轴承压力场的影响

在初始油膜厚度为 0.055 mm、单个油腔进油量为 11.5 L/min、质量流率为 0.16656 kg/s、转速为 0 r/min 的情况下,分别对偏心位移为 0 mm、0.01 mm、0.02 mm、0.03 mm 四种工况进行数值模拟,模拟结果如图 4.36 所示。

从图中可以看出,偏心位移为 0 mm 时,四个油腔的压力均相等,压强为 2～2.5 MPa,随着偏心位移的增大,底部两油腔的压力逐渐增大,顶部油腔的压力逐渐减小,当偏心位移为 0.03 mm 时,底部压强增大到 4.6～5.1 MPa,顶部油腔压强减小到 1.0～1.5 MPa。

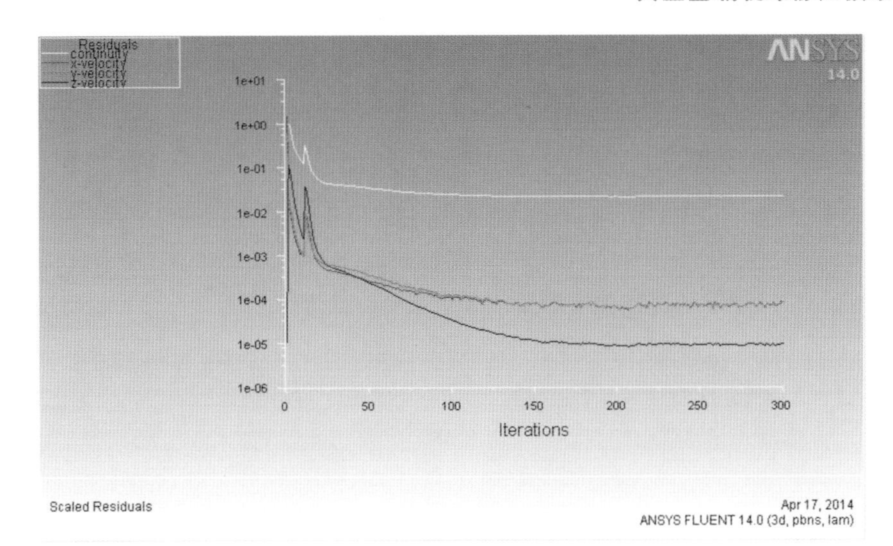

图 4.35 径向轴承数值计算残差曲线图

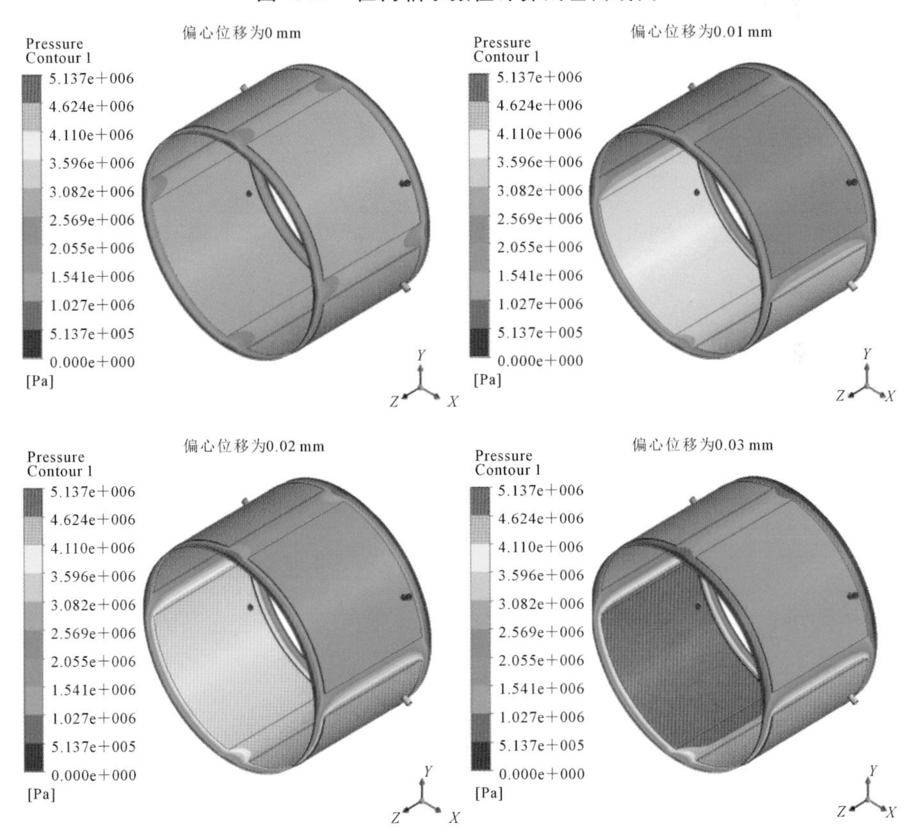

图 4.36 不同偏心位移时径向轴承油膜压力场对比图

5）转速对径向静压轴承压力场的影响

在初始油膜厚度为0.055 mm、单个油腔进油量为11.5 L/min、质量流率为0.16656 kg/s、偏心位移为0.01 mm的情况下，考虑到最高转速为1000 r/min，因此分别对转速为0 r/min、360 r/min、720 r/min、1080 r/min四种工况进行数值模拟，模拟结果如图4.37所示。

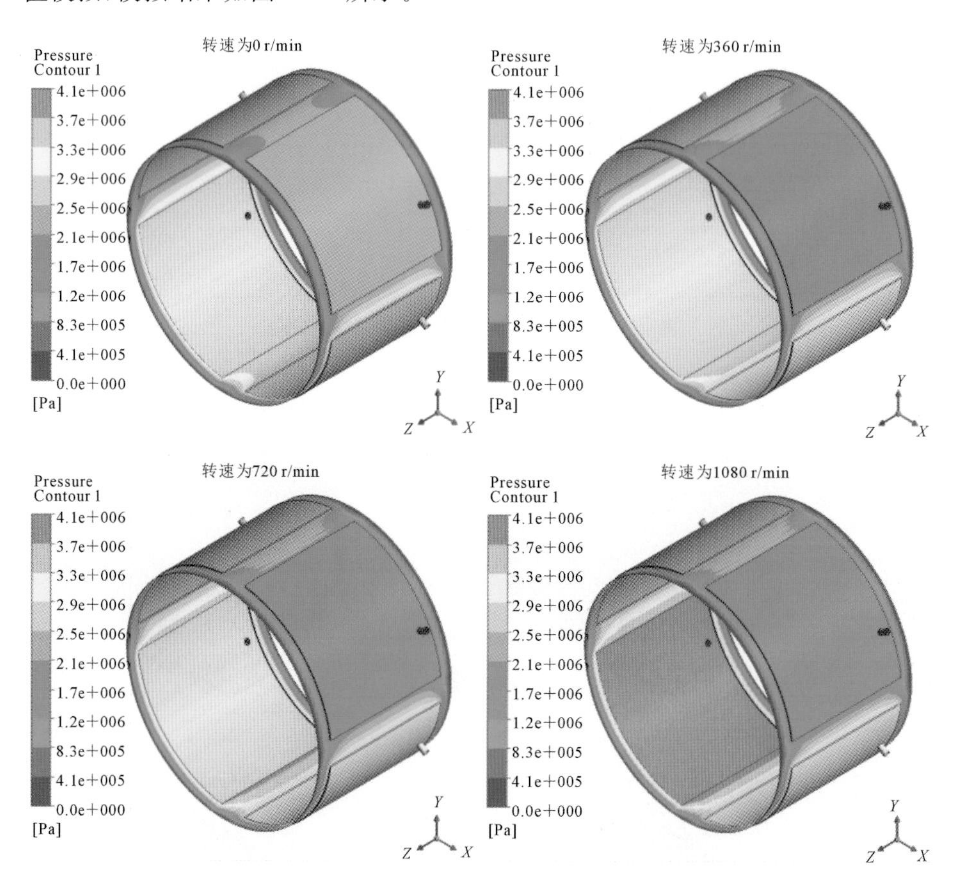

图4.37 不同转速时径向轴承油膜压力场对比图

从图可以看出，在偏心位移为0.01 mm条件下，转速为0 r/min时，底部两个油腔压力相等，顶部两个油腔压力也相等，这是由于转速为0 r/min时流场内没有产生动压效应，偏心率使底部油腔油膜厚度小于顶部油腔油膜厚度，所以底部油腔压力大于顶部油腔压力。随着转速的提高，动压效应形成的条件得到满足，流场内有动压效应产生，所以收敛区域的油腔压力升高，发散区域油腔压力降低，从而导致各个油腔的压力不再相等。随着转速的提高，动压效应越明显，底部油腔的压力增加越大。

6）偏心位移和转速对径向静压轴承承载力的影响

通过 ANSYS Fluent 数值模拟得到偏心位移和转速对径向静压轴承竖直方向承载力的影响，如表 4.3 所示。

表 4.3　偏心位移和转速对径向静压轴承竖直方向承载力的影响

偏心位移/mm	0	0.01	0.02	0.03
承载力/N	0	120748.7	248625.0	319634.4
转速/(r/min)	0	360	720	1080
承载力/N	120748.7	120846.9	121111.3	121388

从表 4.3 可以看出，在转速为 0 r/min 时，随着偏心位移从 0 增大到 0.03 mm，径向静压轴承竖直方向承载力迅速提升。当偏心位移为 0 mm 时，各个油腔压力相互抵消，因此竖直方向的承载力为 0 N；当偏心位移为 0.01 mm 时，竖直方向承载力为 120748.7 N；当偏心位移达到 0.03 mm 时，竖直方向承载力达到319634.4 N。在偏心位移为 0.01 mm 时，随着转速的提高，虽然各个油腔的压力变化明显，但从竖直方向总的承载力来看，转速从 0 r/min 增大到1080 r/min 时，竖直方向承载力从 120748.7 N 增大到 121388 N，可见竖直方向承载力变化不明显，只是略微有所上升。

2. 镗床主轴止推轴承数值模拟

1）模型的建立

止推轴承参数如下：轴承内径为 ϕ413 mm、油腔内径为 ϕ435 mm、油腔外径为 ϕ457 mm、轴承外径为 ϕ481 mm，单个油腔进油量为 19.5 L/min，质量流率为 0.2824 kg/s，设计初始油膜厚度为 0.035～0.045 mm，腔深 6 mm，进油孔直径为 9 mm、深度为 11 mm，进油温度为 25±2 ℃，最高转速为 1000 r/min，最大温升为 10 ℃，密度为 869 kg/m^3，25 ℃时运动黏度为 6.8 cSt、动力黏度为0.00591 Pa·s、主轴最大切削力为 6 t。所建三维模型如图 4.38 所示。

图 4.38　止推轴承三维模型

2）计算区域的网格划分

对静压止推轴承采用 ICEM 进行网格划分，为了减少计算时间，提高仿真效率，在对静压止推轴承进行数值模拟时，对于封油边处，因为速度梯度大，网格要细密；对于速度梯度小的区域如环形槽油腔处，网格可以相对稀疏。对静压止推轴承的内部流场进行数值计算时，油膜的厚度极薄(0.04 mm)，在网格处理方面有些难度，网格生成较为耗时，必须经过反复尝试和不断调整，才能找到合理的网格划分方式。划分好的网格模型如图 4.39 所示。

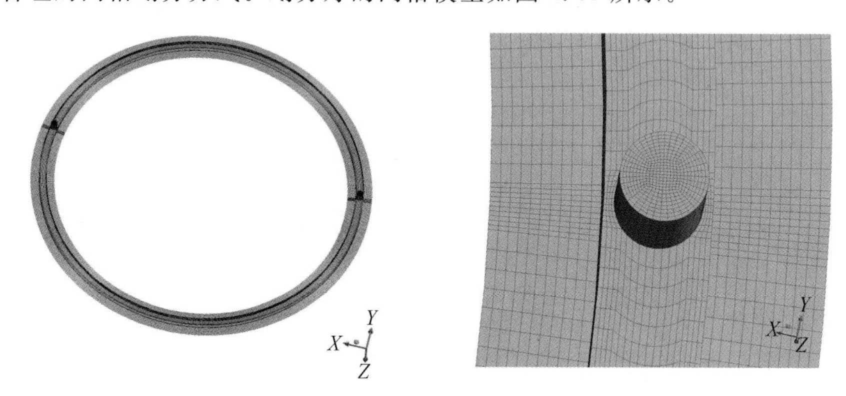

图 4.39　静压止推轴承网格划分模型

3）求解条件的设置

采用 ANSYS Fluent 对静压止推轴承流场进行数值计算前先进行求解条件的设置。求解器选单精度分离式求解器；计算模型选层流模型；流场介质为 5＃润滑油，密度 $\rho=869\ \mathrm{kg/m^3}$，动力黏度 $\mu=0.00591\ \mathrm{Pa\cdot s}$；边界条件为质量流量入口、压力出口，轴颈表面为旋转壁面，其他为静止壁面；对流场求解选 SIMPLE 算法，压强差值格式选标准格式，动量的离散格式选二阶迎风格式。将连续性方程，x、y、z 方向上的动量方程的残差因子都设置为 10^{-5}，计算结束后得到的残差曲线图如图 4.40 所示。

4）倾斜位移对静压止推轴承压力场的影响

倾斜位移指的是止推轴承外径处最小油膜厚度相对于初始油膜厚度的减小量。在初始油膜厚度为 0.04 mm、单个油腔进油量为 19.5 L/min、质量流率为0.2824 kg/s、转速为 0 r/min 的情况下，分别对倾斜位移为 0 mm、0.01 mm、0.02 mm、0.03 mm四种工况进行数值模拟，模拟结果如图 4.41 所示。

从图 4.41 可以看出倾斜位移为 0 mm 时油腔压力最大，压强为 2.4～2.6 MPa，随着倾斜位移的增大，油腔压力逐渐减小，当倾斜位移为 0.03 mm 时，油腔压力最小，压强在 1.8～2.1 MPa 之间。当倾斜位移增大时，环形槽油腔有一

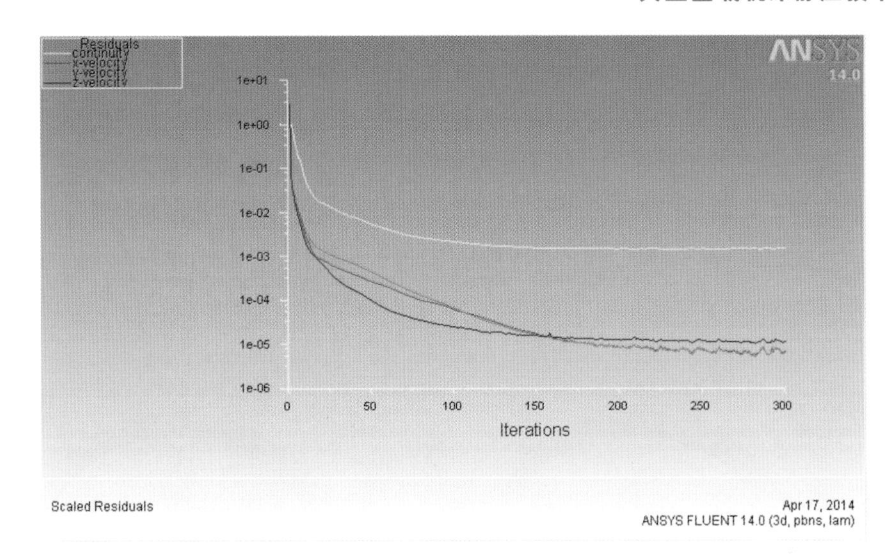

图 4.40　止推轴承数值计算残差曲线图

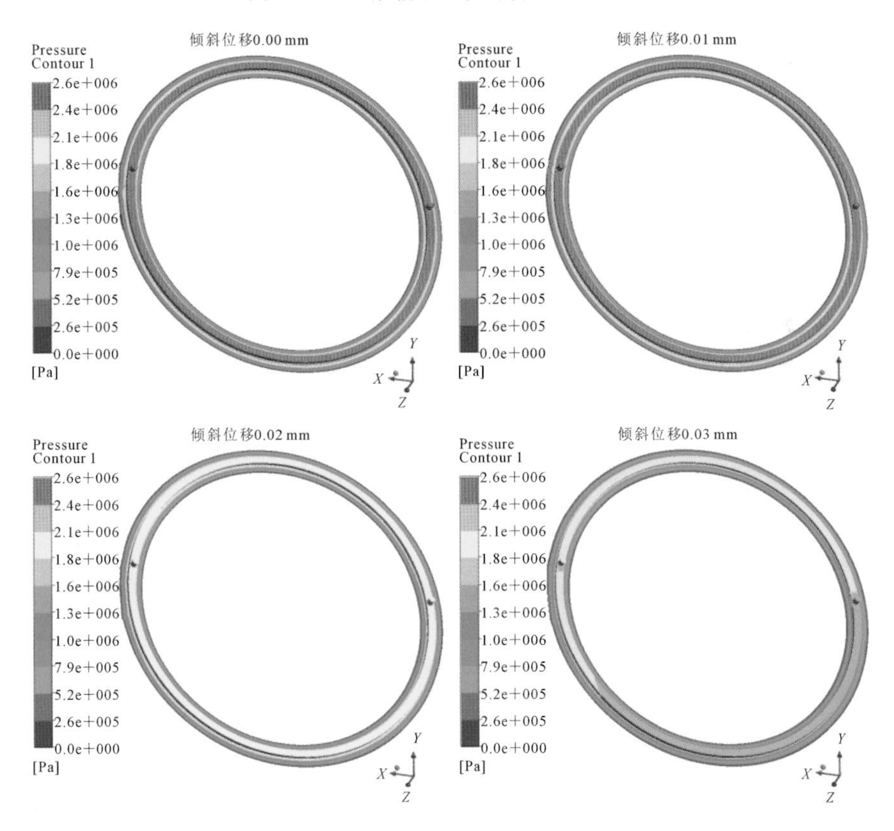

图 4.41　不同倾斜位移时止推轴承油膜压力场对比图

半区域的油膜厚度要减小，而另外一半区域的油膜厚度要增大，在其他参数相同的条件下，进入环形槽油腔的润滑油大量地通过油膜厚度增大的区域往外泄漏，因此排油阻力相对来说减小了，故油腔压力下降。

5）转速对静压止推轴承压力场的影响

在初始油膜厚度为 0.04 mm、单个油腔进油量为 19.5 L/min、质量流率为 0.2824 kg/s、倾斜位移为 0.01 mm 的情况下，分别对转速为 0 r/min、360 r/min、720 r/min、1080 r/min 四种工况进行数值模拟，模拟结果如图 4.42 所示。

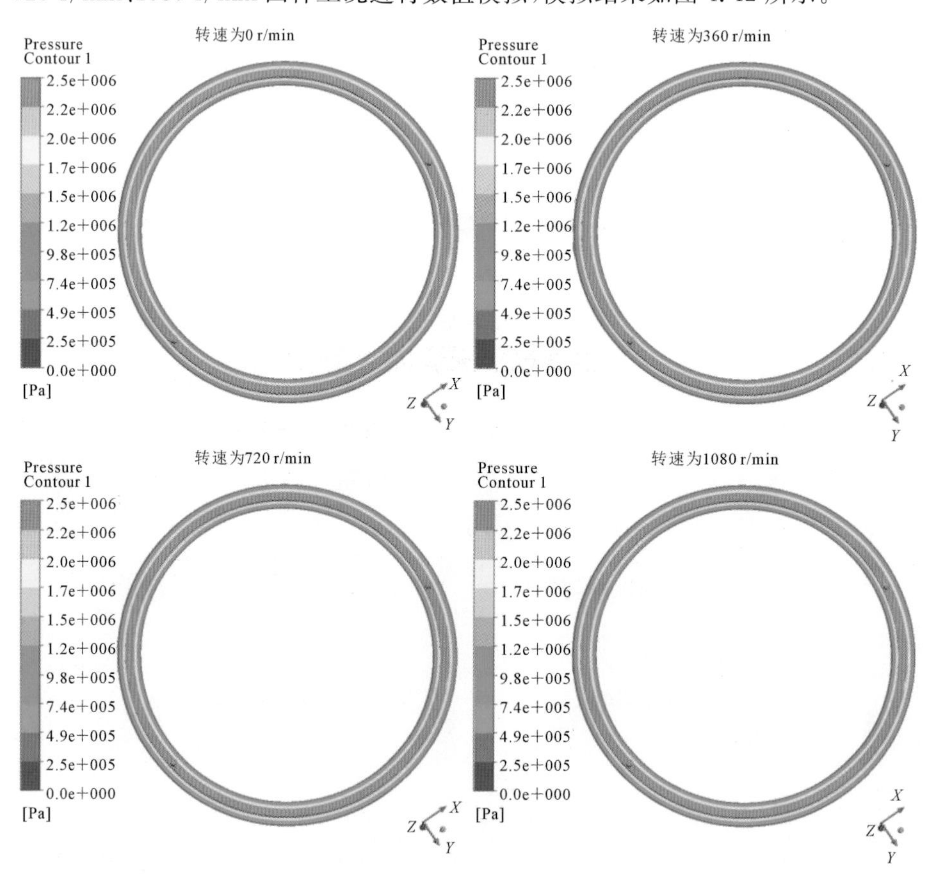

图 4.42　不同转速时止推轴承油膜压力场对比图

从图 4.42 可以看出，在倾斜位移为 0.01 mm 的情况下，当转速从 0 r/min 增大到 1080 r/min 时，止推轴承油膜压力场并无明显变化，这说明轴承在最大工作转速 1000 r/min 以下运行时，旋转速度对止推轴承压力场产生的影响很小。

6）倾斜位移和转速对静压止推轴承承载力的影响

通过 ANSYS Fluent 数值模拟得到倾斜位移和转速对静压止推轴承竖直方向承载力的影响，如表 4.4 所示。

表 4.4　倾斜位移和转速对静压止推轴承竖直方向承载力的影响

倾斜位移/mm	0	0.01	0.02	0.03
承载力/N	82000.6	76420.0	63523.9	49817.7
转速/(r/min)	0	360	720	1080
承载力/N	76420.0	76401.8	76399.7	76360.2

从表 4.4 可知，在初始油膜厚度为 0.04 mm、转速为 0 r/min 时，随着倾斜位移的增大，静压止推轴承的承载力快速减小，在倾斜位移为 0 mm 时，承载力最大，为 82000.6 N，当倾斜位移为 0.03 mm 时，承载力最小；速度对静压止推轴承压力场产生的影响很小。

4.5.4　回转工作台轴承流场案例分析

本小节将介绍 CK5235 立式数控车床液体静压回转工作台的数值模拟分析。

1. 简化为矩形油垫进行数值模拟

CK5235 立式数控车床液体静压回转工作台油垫示意图如图 4.43 所示，$R_1=850$ mm、$R_2=917$ mm、$R_3=983$ mm、$R_4=1050$ mm、$L=436.46$ mm、$l=301.86$ mm、$B=200$ mm、$b=66$ mm。回转工作台质量 $G_0=8.55$ t，能承受最大载荷 $G_{工件max}=40$ t。设计油腔压强不大于 0.8 MPa，转速范围为 120 r/min，12 个油垫总流量为 16～96 L/min。基于以上已知条件，对扇形油腔多油垫液体静压回转工作台的承载能力与油膜厚度、刚度和油膜厚度及温升与转速等关系进行计算分析。

经计算，回转工作台单个油垫的有效承载面积 $A_e=0.0491$ m^2。当回转工作台满载时，油腔的压强 $p=(40+8.55)\times10000/12/0.0491$ MPa$=0.824$ MPa。当回转工作台空载时，设预紧力为 16 t，油腔的压强 $p=(8.55+16)\times10000/12/0.0491$ MPa$=0.41667$ MPa。

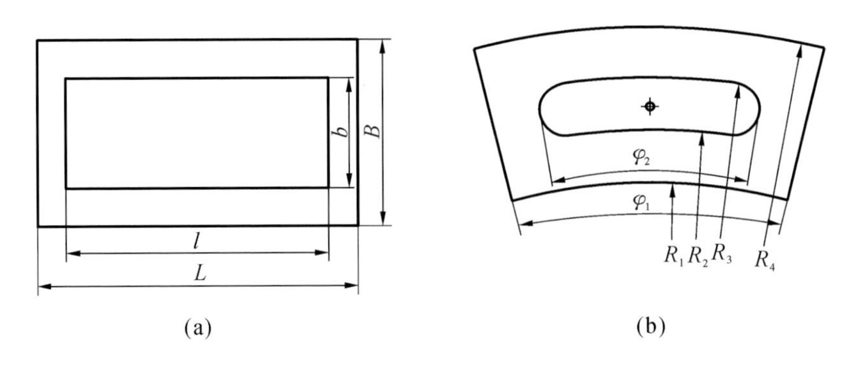

图 4.43　油垫示意图

(a) 矩形油垫图　(b) 腰形油腔(扇形油垫)

水平状态下转动的 CK5235 机床液体静压回转工作台,其 12 个扇形油垫承载特性相同,本节仅对单个扇形油垫进行建模与仿真,分析静压回转工作台导轨的承载特性。

1) 单个油垫内流体流速分布

在进油温度为 30 ℃,油泵流量为 16 L/min,油膜厚度为 0.12 mm 的工况下,在油膜厚度为 0.11 mm 平面上,单个油垫内流体流速分布云图随转速的变化过程如图 4.44 所示。

2) 单个油垫内液体压强分布

在油膜厚度为 0.12 mm,进油温度为 30 ℃,油泵流量为 16 L/min 工况下,考虑黏度随温度变化时,CK5235 机床液体静压回转工作台的单个油垫内流体压强分布随转速的变化过程如图 4.45 所示。可见,随着转速的增加,油腔内出现明显的动压效应。

3) 单个油垫内液体温度分布

在油膜厚度为 0.12 mm,进油温度为 30 ℃,油泵流量为 16 L/min 工况下,CK5235 机床液体静压回转工作台的单个油垫内油膜厚度为 0.11 mm 平面上的流体温度分布随转速的变化过程如图 4.46 所示。回转工作台静止时,流体不受摩擦力做功,温度基本无变化;回转状态下,流体由于受摩擦力做功,产生热量,流体温度升高。

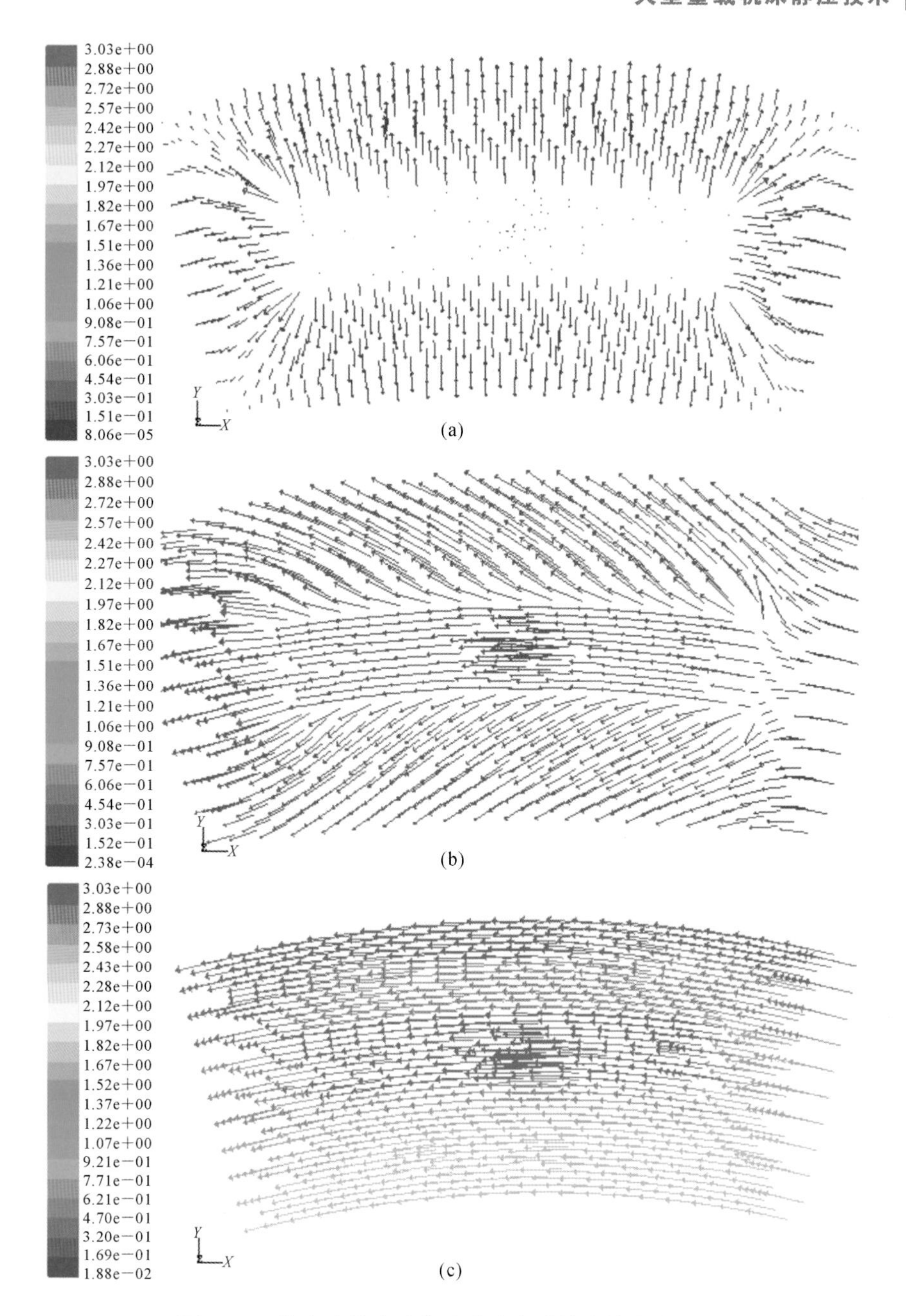

图 4.44　单个油垫内流体流速分布随转速的变化过程

(a) 转速为 0 rad/s 时，油膜厚度 $h=0.11$ mm 平面上的流体流速分布图

(b) 转速为 0.2 rad/s，油膜厚度 $h=0.11$ mm 平面上的流体流速分布图

(c) 转速为 3.1416 rad/s(30 r/min)，油膜厚度 $h=0.11$ mm 平面上的流体流速分布图

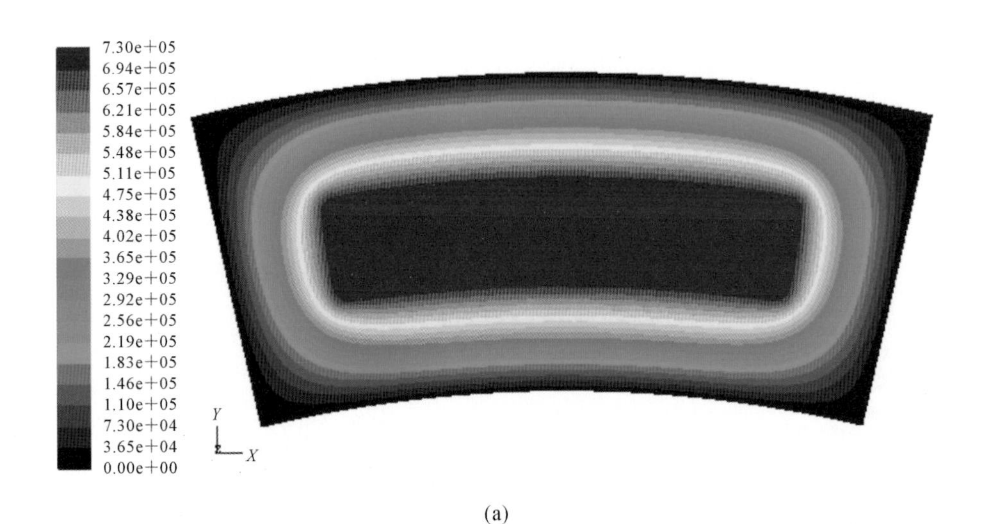

(a)

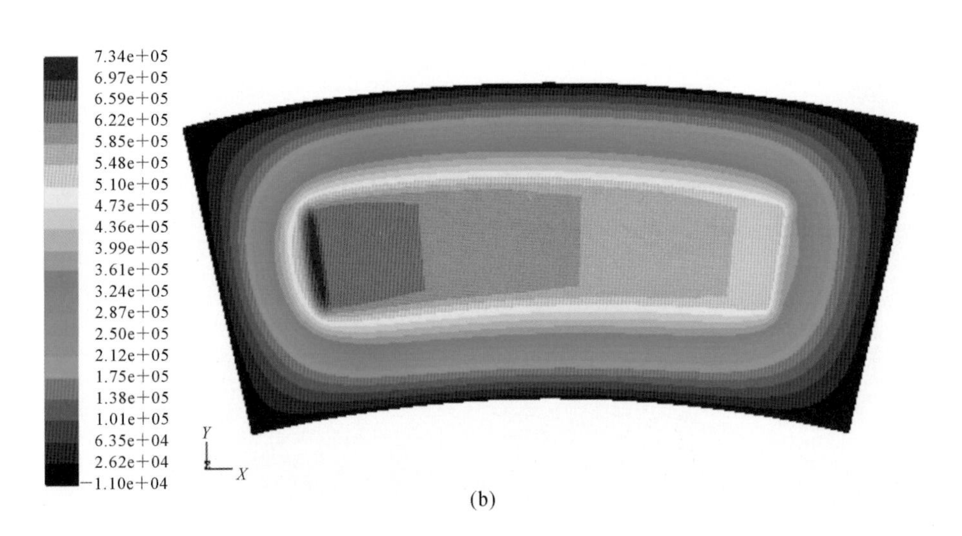

(b)

图 4.45　压强分布随转速的变化过程

(a) 转速为 0 r/min 时,压强分布　(b) 转速为 50 r/min 时,压强分布

(c) 转速为 80 r/min 时,压强分布

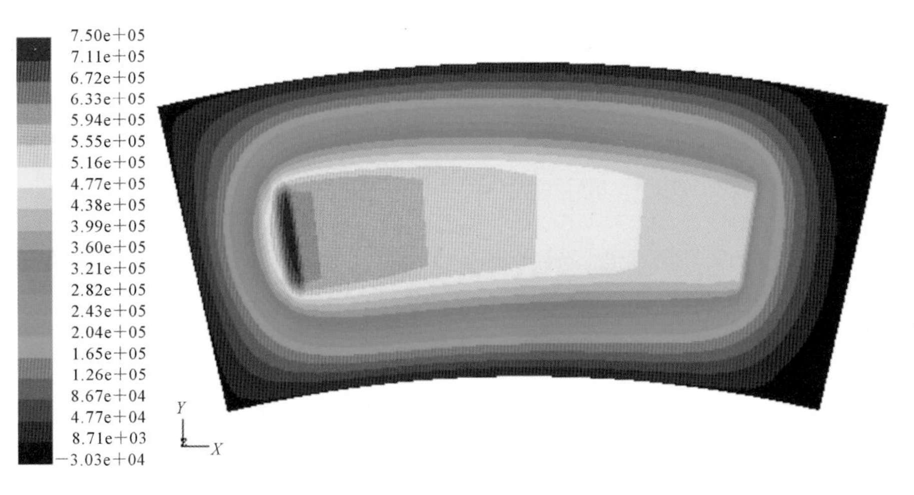

(c)

续图 4.45

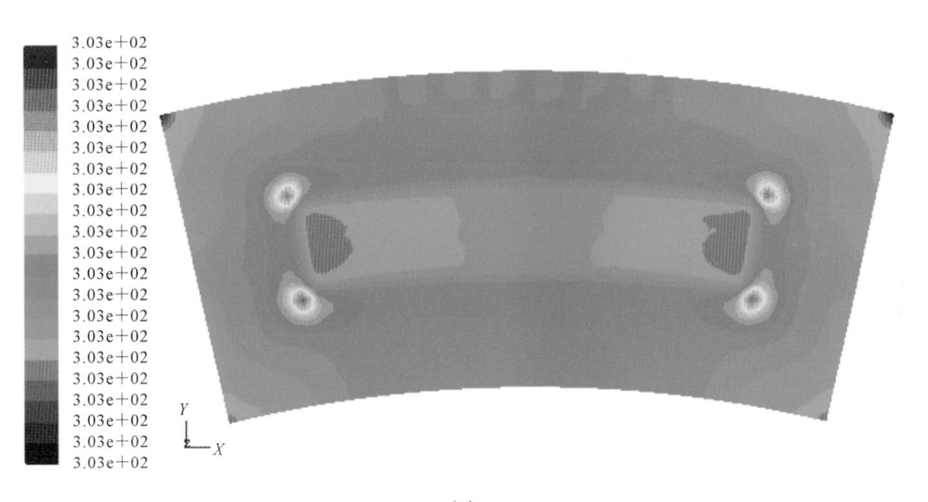

(a)

图 4.46　温度分布随转速的变化过程

(a) 转速为 0 r/min 时，油膜厚度 $h=0.11$ mm 平面上的温度分布

(b) 转速为 50 r/min 时，油膜厚度 $h=0.11$ mm 平面上的温度分布

(c) 转速为 80 r/min 时，油膜厚度 $h=0.11$ mm 平面上的温度分布

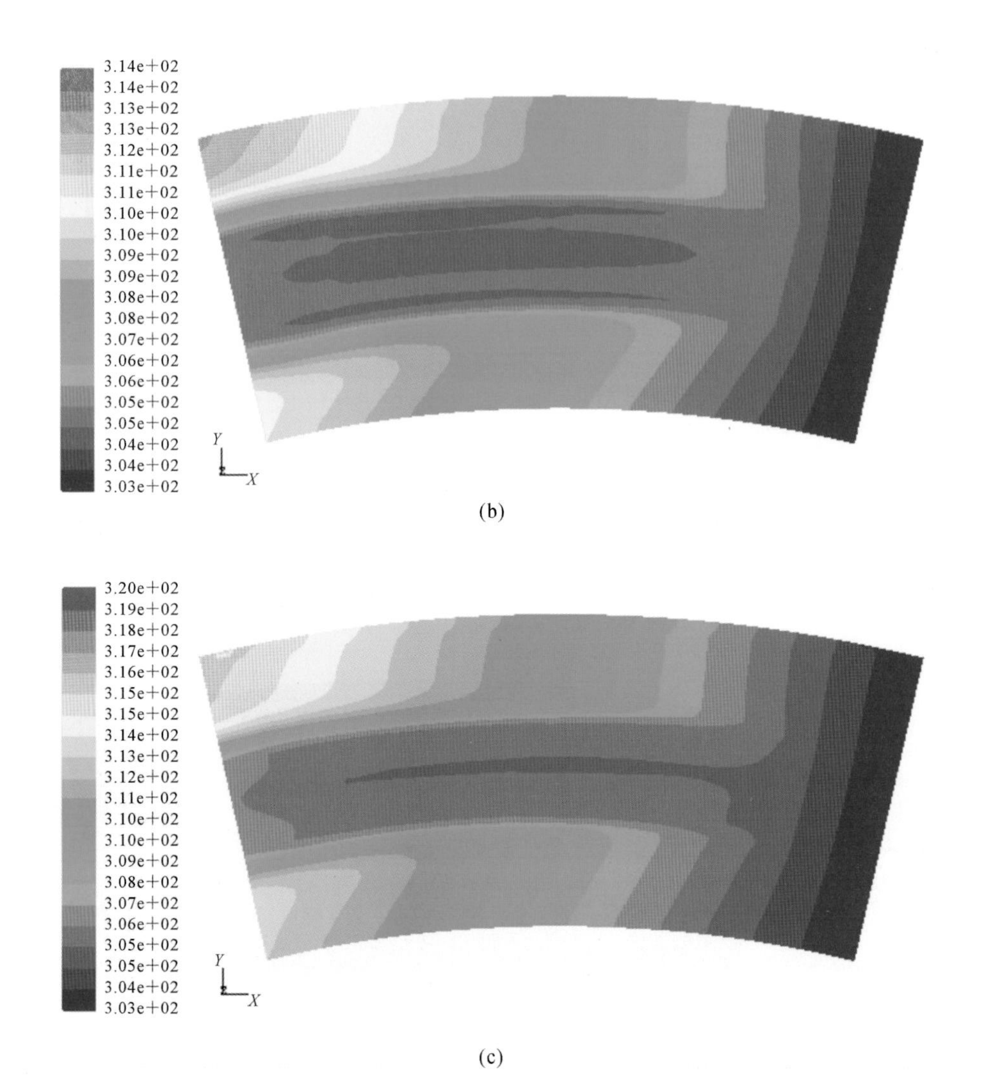

(b)

(c)

续图 4.46

2. 倾斜扇形油腔静压导轨仿真方法的研究

倾斜状态下转动的CK5235机床液体静压回转工作台导轨，其12个扇形油垫承载特性不同，导轨需要整体建模。本节对静压导轨12个扇形油垫进行整体建模与仿真，分析静压导轨倾斜状态的承载特性。

为了研究回转工作台在承受偏载荷工况下，即回转工作台发生倾斜时，油垫的整体承载能力和油腔内压强分布，对进油温度为 20 ℃，油泵流量为 16 L/min，回转工作台中心油垫厚度为 0.12 mm，倾角分别为 0.001°、0.002°、0.003°时的润滑油流场进行了三维仿真研究，结果如表 4.5 和表 4.6 所示。

表 4.5 不同倾角、静止时油垫的承载能力和力矩

倾角/(°)	最小油膜厚度/mm	最大油膜厚度/mm	腔内最大压强/MPa	腔内最小压强/MPa	承载能力/t	力矩/(N·m)
0.001	0.1017	0.1383	0.792	0.277	30.14	59776
0.002	0.0833	0.1567	1.33	0.199	35.94	135998
0.003	0.0650	0.1750	2.48	0	48.67	267108

表 4.6 不同倾角、不同转速时油垫的承载能力和最大温升

倾角/(°)	转速/(r/min)	承载能力/t	最大温升/℃
0.001	0	30.14	0
	10	24.19	10
	40	22.02	33
0.002	0	35.94	0
	32	27.71	19
	40	25.18	42
0.003	0	48.67	0
	10	36.22	18
	20	32.67	23

(1) 表 4.5 表明，当回转工作台发生倾斜时，在静止状态下，油垫的总体承载能力和承受力矩将随回转工作台倾角的增大而增大。当倾角为 0.002°时，较倾角为 0.001°时承载能力增加 19%；当倾角为 0.003°时，较倾角为 0.001°时承载能力增加 61%。

(2) 表 4.5 表明，当回转工作台发生倾斜时，在静止状态下，油膜厚度不均导致各油腔内压强不均。当倾角为 0.002°时，相对于倾角为 0.001°时，油腔内最大压强增加 68%，最小压强减小 28%；当倾角为 0.003°时，相对于倾角为 0.001°时，油腔内最大压强增加 213%，腔内最小压强减小到 0。

(3) 表 4.6 表明，回转工作台发生倾斜时，在转动状态下，回转工作台承载能力随着转速的增大而减小,回转工作台最大温升随着转速的增大而增加。进油温度为20℃、油泵流量为16 L/min、转速为10 r/min时,倾角为0.001°,回转工作台最大温升为10℃;倾角为0.003°,回转工作台最大温升为18℃,增加80%。

三维仿真计算过程中,在相同倾角、进油温度和油泵流量,不同转速的情况下,得到一定条件下的压强分布云图、温度分布云图与截面流速分布云图,如图4.47至图4.49所示。

(1) 对回转工作台油膜进行整体建模,倾角为0.001°,回转工作台中心间隙为0.13 mm,进油温度为20 ℃,油泵流量为16 L/min,转速为0 r/min时,压强分布云图、温度分布云图及流速分布云图如图4.47所示。图4.47显示,回转工作台倾斜时静压导轨各油腔压强不均,油膜厚度越小,油腔压强越大。回转工作台倾斜角为0.001°时,在静止状态下,油膜厚度对油腔的温度场和液压油流速影响较小。

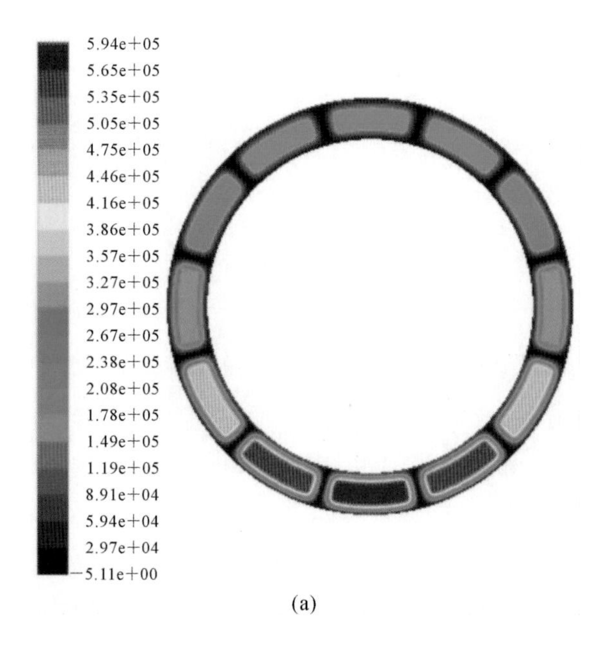

(a)

图4.47　倾角为0.001°,回转工作台中心间隙为0.13 mm,进油温度为20 ℃,油泵流量为16 L/min,转速为0 r/min时压强、温度、流速场

(a) 压强分布云图　(b) 温度分布云图　(c) h=0.05 mm截面流速分布云图

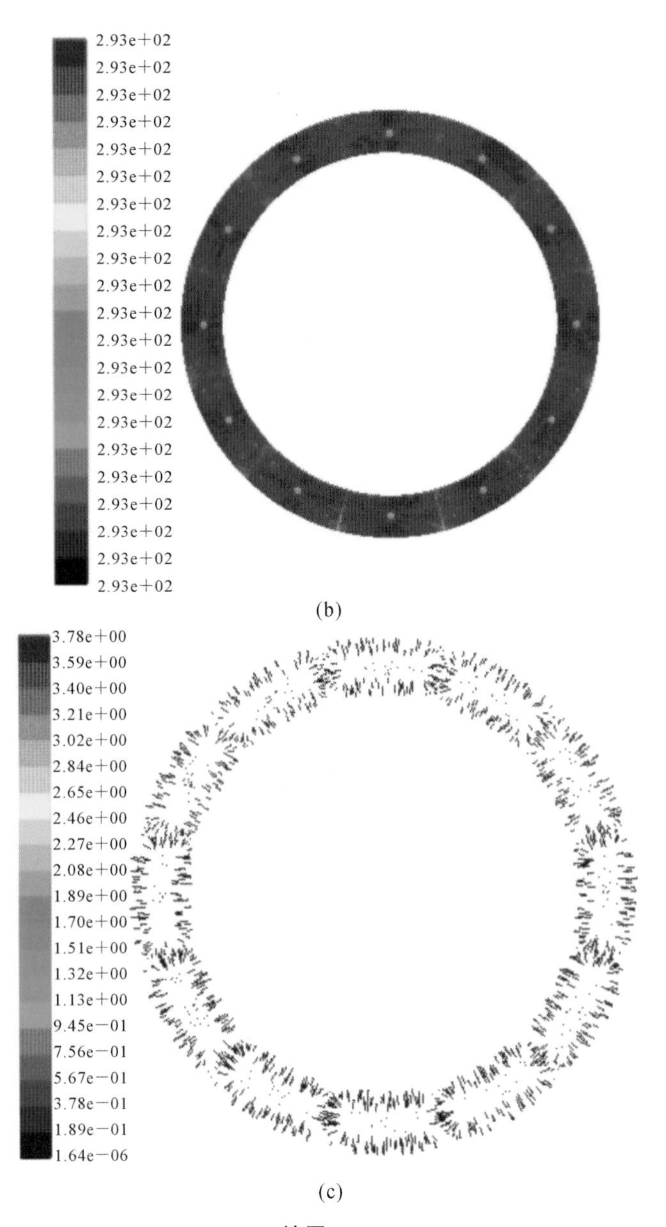

(b)

(c)

续图 4.47

（2）对回转工作台油膜进行整体建模，倾角为 0.001°，回转工作台中心间隙为 0.13 mm，进油温度为 20 ℃，油泵流量为 16 L/min，转速为 10 r/min 时，压强分布云图、温度分布云图及流速分布云图如图 4.48 所示。图 4.48 显示，回转工作台发生倾斜时，在转动状态下，油腔产生动压效应，油膜厚度越小，动压效应越显著。转动的导轨对油腔液压油的流速产生影响。

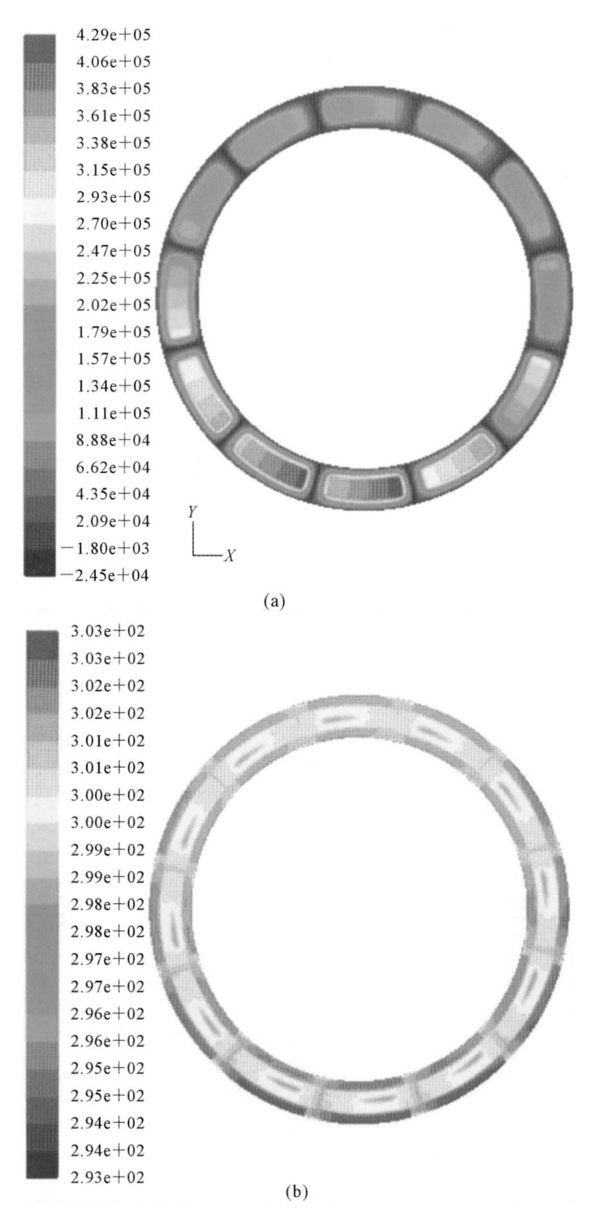

图 4.48 倾角为 0.001°,回转工作台中心间隙为 0.13 mm,进油温度为 20 ℃,油泵流量为 16 L/min,转速为 10 r/min 时压强、温度、流速场

(a) 压强分布云图 (b) 温度分布云图 (c) h=0.05 mm 截面流速分布云图

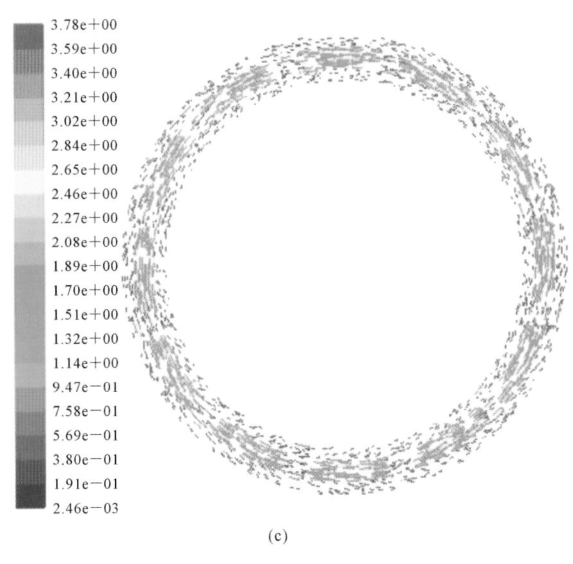

(c)

续图 4.48

(3) 对回转工作台油膜进行整体建模，倾角为 0.001°，回转工作台中心间隙为 0.13 mm、进油温度为 20 ℃，油泵流量为 16 L/min，转速为 20 r/min 时，压强分布云图、温度分布云图及流速分布云图如图 4.49 所示。对比图 4.48 和图 4.49 表明，回转工作台发生倾斜时，在转动状态下，转速越高，动压效应越显著，温升越高，对油腔液压油的流速影响越大。

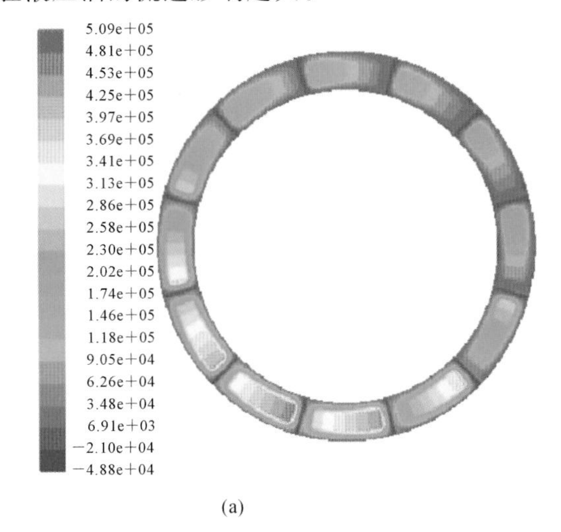

(a)

图 4.49　倾角为 0.001°，回转工作台中心间隙为 0.13 mm、进油温度为 20℃，油泵流量为 16 L/min，转速为 20 r/min 时压强、温度、流速场

(a) 压强分布云图　(b) 温度分布云图　(c) h=0.05 mm 截面流速分布云图

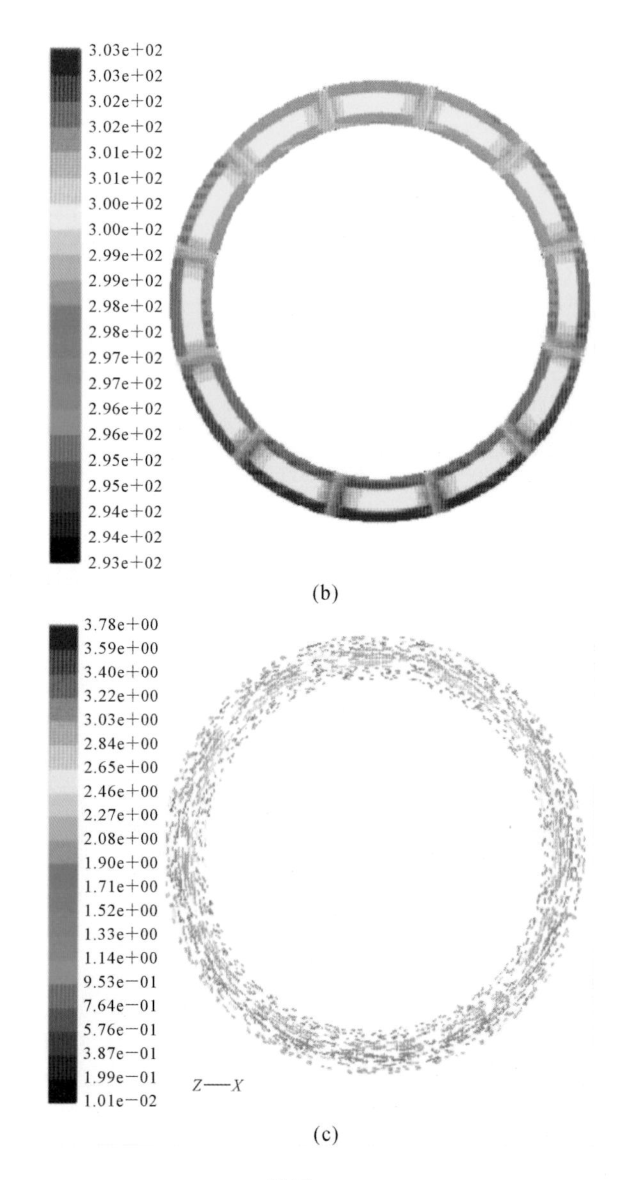

(b)

(c)

续图 4.49

3. 静压回转工作台的动网格计算

采用偏载液体静压回转工作台旋转工况下承载能力及倾覆力矩动网格计算方法，对如前所述的 CK5235 大型重载立式车床静压回转工作台进行仿真计算，以验证自定义程序的可行性和动网格计算方法的有效性。

为验证静压回转工作台运动控制程序能否成功实现回转工作台对油膜网

格的挤压运动，同时将回转工作台旋转的动边界条件成功转化为静边界条件，并有效避免由回转工作台旋转引起的油膜网格扭曲，对静压回转工作台油膜利用 Gambit 建模，采用 ANSYS Fluent 软件进行动网格计算。

采用前处理软件 Gambit 对流体进行建模。考虑到计算结果的精确性和网格数量等要求，流体域采用六面体规则网格划分，如图 4.50 所示。油膜厚度方向划分为 8 层，油膜表面采用四边形划分，体网格采用 PAVE 模式，流体域网格节点数量约为 115 万。同时，设置相应的边界条件：进油孔定义为速度进口，油膜内外圆柱面定义为压力出口，油膜上表面为运动壁面，其他为静止壁面。

采用 ANSYS Fluent 软件对模型进行求解。求解器模型选择为非定常模式，压力-速度耦合方程的离散和计算模型如前所述。边界条件具体设置参数如下：进油口供油速度为 0.1061 m/s（总流量为 6 L/min），出口压强为 0 MPa；油膜上表面为运动壁面，其旋转速度由 UDF 运动控制程序实现，其他为静止壁面；静压回转工作台油膜上内外两圆柱面出口以及流体域均定义为变形区域。

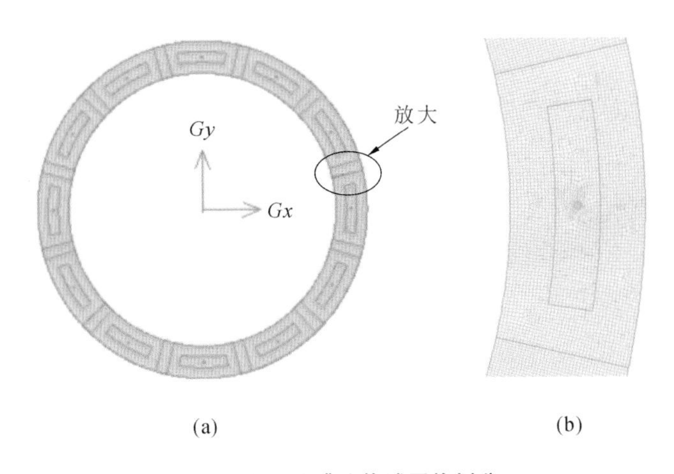

图 4.50　油膜流体域网格划分

（a）流体域网格　（b）局部放大示意图

回转工作台倾斜方向变化引起的挤压运动和回转工作台旋转运动对油膜流场的影响可通过压强分布云图验证。图 4.51 所示为利用 DEFINE_GRID_MOTION 宏控制回转工作台挤压运动，不同迭代次数时，油膜压强分布云图。在运动初始位置，回转工作台倾斜方向为 x 轴正方向，x 轴正方向对应的油腔油膜厚度最小，油腔内压强最大，如图 4.51(a) 所示。当回转工作台逆时针旋转时,对比图 4.51 中不同迭代次数时的油膜压强分布云图可知:各油腔内压强沿逆时针方向逐步增大,表明 DEFINE_GRID_MOTION 宏成功实现了对回转工作台挤压运动的控制。

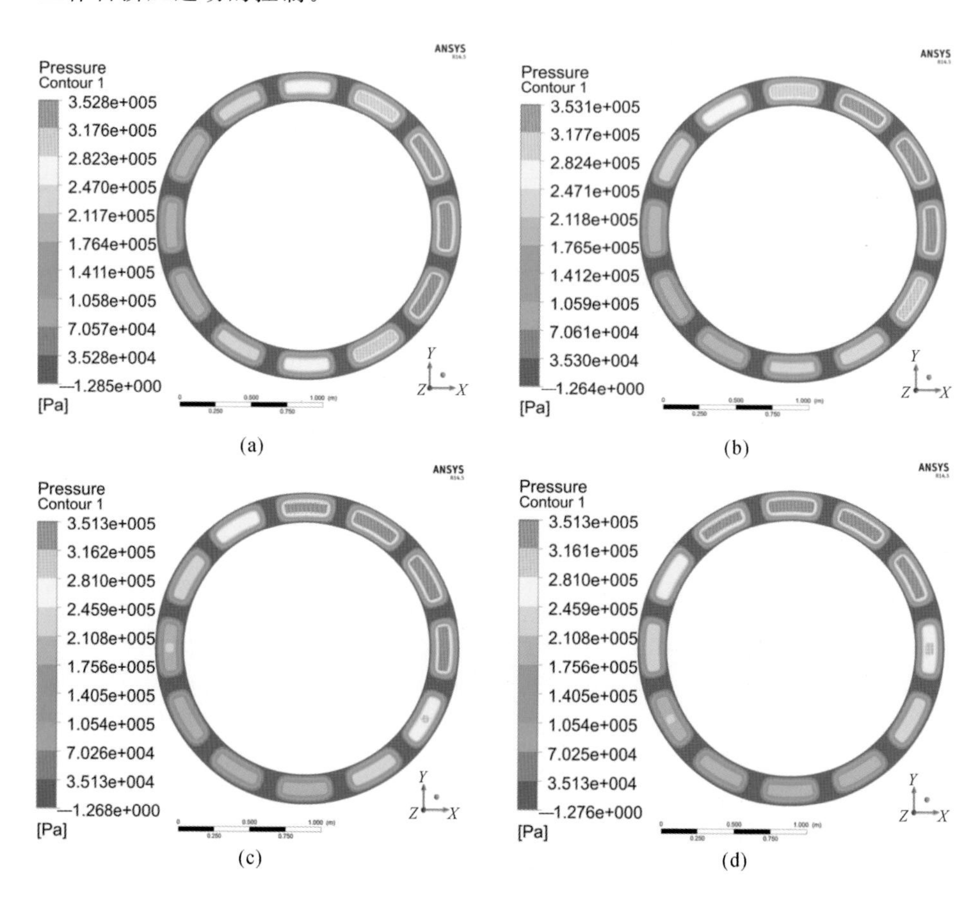

图 4.51　网格受挤压变形引起的压强分布变化

(a) 初始状态　(b) 迭代 100 次　(c) 迭代 200 次　(d) 迭代 400 次

图 4.52 所示为对油膜上边界加载逆时针转速 20 r/min 与回转工作台静止时油膜压强分布对比图。从图中可以看出,加载转速后,单个油腔内的压强分布变得不再均匀,且沿着转动方向增大,油腔内最大压强也由加载前的 0.3528 MPa 增加到 0.3977 MPa,表明回转工作台转速已成功加载。同时,计算的顺利进行说明成功实现了将回转工作台旋转的动边界条件转换为静边界条件,并有效避免了由回转工作台旋转引起的网格畸变。

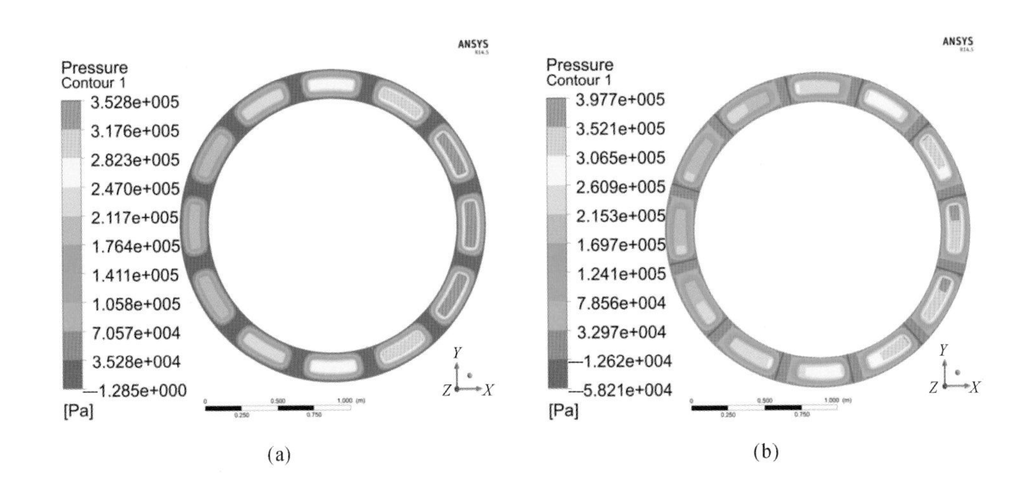

图 4.52　加载回转工作台转速后引起的压强分布变化

(a) 加载转速前　(b) 加载转速后

自定义的回转工作台运动控制程序成功实现了对回转工作台运动的控制，并有效避免了油膜网格的扭曲问题，建立了与工程实际相吻合的计算模型，为计算偏载回转工作台的承载能力和倾覆力矩创造了基本条件。自定义程序循环指令遍历回转工作台上导轨边界面域内各个面单元的压强，根据程序计算得到 z 轴方向的油膜合力。将各面单元的受力乘以相应力臂得到倾覆力矩。力臂由遍历各面单元求得其质心坐标实现。

4.6　大型重载静压主轴及导轨测试技术

4.6.1　液体静压主轴系统性能测试

为了更接近实际研究中的数控落地铣镗床静压轴承的力学性能和油膜的运行状态，针对 FB320 数控落地铣镗床静压轴承的特性，研制了主轴静压轴承支承模型，并进行试验，验证理论计算和数值模拟的正确性，验证结果如下。

1. 静压轴承主要零件精度

静压轴承主要零件精度如表 4.7 所示。

表 4.7 静压轴承主要零件精度

精度项目	允许值/mm	检测值/mm
ϕ440 内孔的圆柱度	0.005	0.05
ϕ440 内孔尺寸与铣轴配间隙	0.1～0.11	0.08～0.14
ϕ385 内孔圆柱度	0.005	0.013
ϕ385 内孔尺寸与铣轴配间隙	0.1～0.11	0.09～0.10
ϕ440 孔对公共轴线的同轴度	0.01	0.023
ϕ385 孔对公共轴线的同轴度	0.01	0.017
端面轴承两靠面平行度	0.005	0.005

根据表 4.7 的检测结果可知，由于加工误差，前静压轴承与铣轴的装配间隙较理论值偏大，静压轴承的压强会比理论值 2.5MPa 低；后静压轴承与铣轴的装配间隙较理论要求稍低，静压轴承的压强会比理论值 2.5MPa 稍高。

2. 检测 5＃静压主轴油的实际黏度

5＃静压主轴油的实际黏度检测结果如表 4.8 所示。

表 4.8 5＃静压主轴油黏度

温度/℃	目标黏度/cSt	实测黏度/cSt
10	9.93	9.25
20	7.7	7.3
30	6.13	5.85
40	5	4.58
50	4.16	3.63

从表 4.8 可看出，实测黏度与目标黏度略有偏差，会使压强略微升高，变化不明显。

3. 检测四联泵及双联泵的流量

四联泵及双联泵的流量检测结果如表 4.9 所示。

表 4.9 泵的流量检测结果

序号	目标流量/(L/min)	实际值/(L/min)	相对误差
26.1	11.5	11.1	3%
26.2	11.5	11.36	1.2%

续表

序号	目标流量/(L/min)	实际值/(L/min)	相对误差
26.3	11.5	12.05	4.7%
26.4	11.5	11.66	1.4%
28.1	19.5	19.28	1.1%
28.2	19.5	19.48	0.1%

从表 4.9 可看出，流量较稳定，在目标流量 95%范围内波动。

4. 主轴浮升量及运转精度的检验

主轴浮升量及运转精度的检验结果如表 4.10 所示。

表 4.10　主轴浮升量及运转精度检测结果

检验项目	检验示图	目标值/mm	实测值/mm
A. 铣轴的端面跳动	B A	0.01	0.005
B. 铣轴的径向跳动		0.01	0.005
C. 铣轴的浮升量(开关静压铣轴的径向变化量)		≥0.02	0.025

从表 4.10 可看出，主轴部分精度指标符合主机要求且有所提高，采用静压轴承能够较好地保证主轴的精度。

5. 主轴运转特性的检验

以主轴转速为 1000 r/min 时的空运转 3 h 记录为例，检验结果如表 4.11 和表 4.12 所示。

表 4.11　1000 r/min 时空运转静压轴承压强记录

运转时间/min	静压轴承压强/MPa									
	101	102	103	104	105	106	107	108	109	110
0	1.2	0.9	1.2	0.9	3.2	3.1	3.0	3.2	0.9	0.8
5	1.2	0.8	1.2	0.9	3.2	3.1	3.1	3.2	0.9	0.8
10	1.2	0.9	1.2	0.9	3.3	3.1	3.2	3.3	0.9	0.8
40	1.2	0.8	1.1	0.8	3.2	3.0	3.2	3.2	0.9	0.8
60	1.2	0.8	1.1	0.8	3.0	2.9	2.9	3.0	0.9	0.8

续表

运转时间/min	静压轴承压强/MPa									
	101	102	103	104	105	106	107	108	109	110
80	1.1	0.8	1.1	0.8	3.1	2.9	3.0	3.0	0.9	0.8
100	1.1	0.8	1.1	0.8	3.2	3.0	3.1	3.2	0.9	0.8
120	1.2	0.8	1.1	0.8	3.2	3.1	3.1	3.2	0.9	0.8
140	1.1	0.8	1.1	0.8	3.2	3.1	3.1	3.2	0.9	0.8
180	1.1	0.8	1.0	0.8	2.9	2.8	2.8	2.8	0.9	0.8

根据表4.11并结合表4.7的检测结果，可知前静压轴承压强较理论值2.5 MPa低，符合表4.7所得间隙计算结果，而由于前静压轴承套加工时圆柱度较差，故有两个前静压轴承压强更低，证明理论计算符合实际变化趋势。后静压轴承单边间隙为0.05 mm，计算结果应为3.2 MPa，与实际值基本相符，比理论值略微偏大。止推轴承的压强与理论值偏差较多，经塞尺检测发现间隙比理论值偏大约0.04～0.06 mm，且平面轴承的平面度难以保证，也会使压强下降。

表4.12 1000r/min **空运转温度记录**

运转时间/min	测温点温度/℃								
	T1	T2	T3	T4	T5	T6	T7	T8	T9
0	20	19	21	24	22	22	21	19	15
5	24	23	23	24	25	25	24	23	19
10	26	26	25	24	27	25	25	24	17
20	25	24	25	24	26	24	24	22	16
40	24	23	24	25	25	23	23	21	15
60	26	24	24	24	26	25	24	23	17
80	27	26	26	25	28	26	26	25	19
100	26	25	26	26	27	25	25	23	16
120	25	23	24	25	26	23	23	21	15
140	24	23	24	25	25	23	23	21	15
180	28	27	27	26	28	27	26	25	20

根据表4.12绘制温度变化曲线，如图4.53所示。

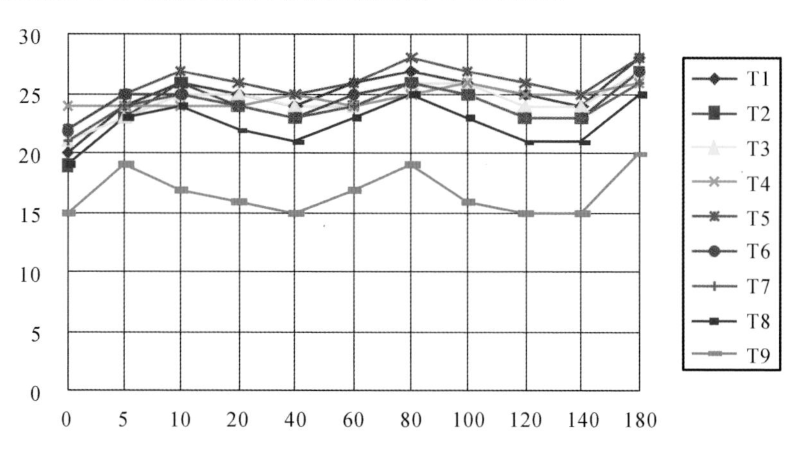

图4.53 温度变化曲线

根据图4.53不难看出，静压轴承以主轴转速为1000 r/min运行大约5 min后，温度随进油口处的温度T9变化，幅值变化基本一致，比较稳定。故该组数据可作为理论计算验证的依据。

根据试验结果，设计FB320数控落地铣镗床静压主轴系统，并制作生产，该产品已交付使用，各项精度指标均合格。图4.54所示为天津赛瑞机器设备有限公司为天津阿尔斯通加工观音岩水电站下端轴的前端24个直径为240 mm的内孔及后端24-螺纹孔的加工现场。

图4.54 观音岩水电站下端轴加工现场

4.6.2 液体静压回转工作台性能测试

本小节以CK5235立式车床静压回转工作台为对象，介绍回转工作台性能测试的内容及原理。并通过对试验数据进行分析，验证并修正前述推导的理论公式和三维仿真计算结果。

1. 试验系统的组成和原理

大型重载立式数控车床静压回转工作台试验系统由静压回转工作台、温控系统、液压系统、检测系统和控制系统等组成,其工作原理如图 4.55 所示,实物如图 4.56 所示。

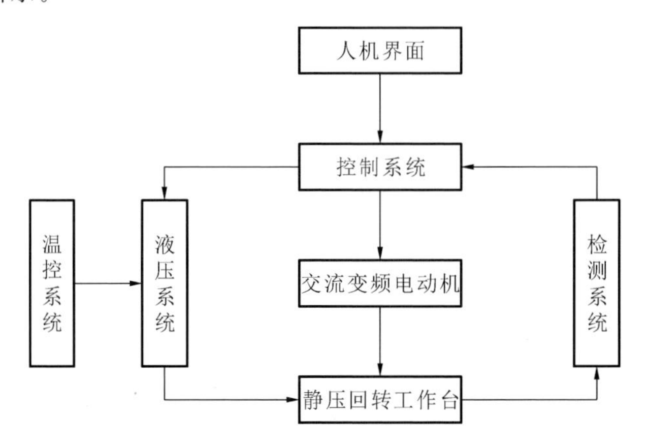

图 4.55 大型重载立式数控车床静压回转工作台试验系统工作原理

图 4.56 大型重载立式数控车床静压回转工作台试验系统实物

油箱内润滑油的温度由温控系统进行控制。润滑油经液压系统进入静压回转工作台,为主轴提供润滑并使液体静压回转工作台处于静压工作状态,润滑油流出静压回转工作台后,再经液压系统流回油箱。控制系统通过控制驱动供油泵和回转工作台的两个变频电动机频率,控制润滑油流量和回转工作台转速。静压回转工作台的实时工作状态的主要参数(油膜厚度、导轨温度、油腔内压强)由检测系统检测并转化为电信号输入控制系统,控制系统根据工作要求进行实时监控、分析,对紧急情况进行预警或停机保护。通过人机界面,用户可以对静压回转工作台进行编程和操作,并能直接读取相关数值。

大型重载立式数控车床静压回转工作台试验系统各组成部分的具体功能和原理如下。

(1) 大型重载立式数控车床液体静压回转工作台:本小节试验的主要研究对象,主要由工作台底座、工作台、中心轴和预紧轴承等部件组成。工作台导轨由12个扇形腔平面油垫组成,供入润滑油后,对工作台形成静压支承。

(2) 温控系统:控制油箱内润滑油温度,使进入静压回转工作台的润滑油温度保持不变,降低温度变化对润滑油黏度的影响,提高加工精度。同时,将润滑油温度控制在低温状态,以有利于提高静压回转工作台的转速。

试验选用DVT公司LYR-240B型温控箱作为大型重载立式数控车床静压回转工作台的温控系统。温控箱内部的温度控制装置通过改变自耦变压器的抽头位置来改变输出电压的高低,从而改变风机的运转速度,以达到改变温度的目的。

(3) 液压系统:为主轴提供润滑,通过对静压回转工作台导轨油腔供油,使静压回转工作台处于静压工作状态。润滑油经12头齿轮分油器分为12等分,分别对12个油腔供油,形成一腔一泵式静压导轨。静压回转工作台基本液压原理如图4.57所示。

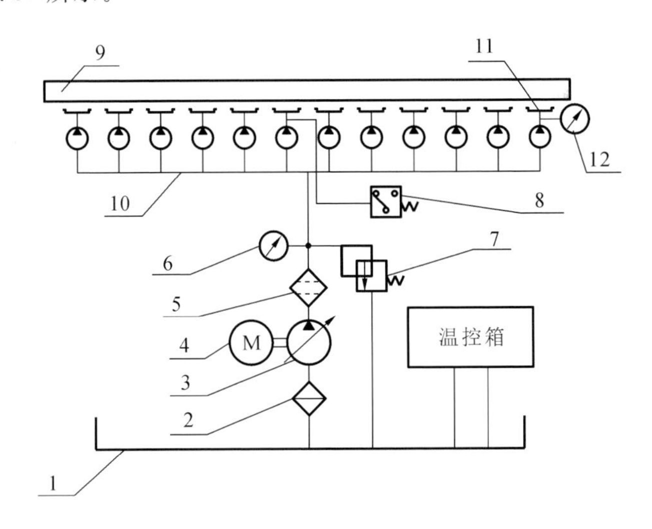

图4.57 静压回转工作台基本液压原理

1—油箱;2—粗过滤器;3—变量泵;4—交流电动机;5—精过滤器;6、12—压力表;7—溢流阀;8—压力继电器;9—工作台;10—齿轮分油器;11—底座油腔

(4) 检测系统:实时检测静压回转工作台工作时的油膜厚度、导轨温度和油

腔内压强等,并将相关物理量转化为电信号输入到控制系统。用到的传感器主要包括4个电感式直线位移传感器和2个Pt100铂电阻温度传感器,具体介绍如下。

电感式直线位移传感器和Pt100铂电阻温度传感器的布设如图4.58所示。4个电感式直线位移传感器均匀布置在静压回转工作台底座导轨上,用于监测油垫的油膜厚度。2个Pt100铂电阻温度传感器呈180°布置在同一直径上的回油槽内,用于监测静压回转工作台的导轨温度。

图4.58　静压回转工作台底座上传感器的布设

另外,油泵的出油口布置有流量传感器和压强传感器,以监测油泵供油的流量和压强。

(5) 控制系统:根据工作要求,通过控制驱动供油泵和静压回转工作台的2个变频电动机频率,控制润滑油流量和回转工作台转速,并对检测信号进行实时监控、分析,对危险工况进行预警或停机保护。

2.试验方案

建立大型重载立式数控车床液体静压回转工作台试验系统后,分别对静止状态和转动状态下的CK5235大型重载立式数控车床液体静压回转工作台进行研究。具体试验方案如下。

1) 静止状态下,除去预紧力进行试验

由于不同载荷工况下,预紧轴承的预紧力大小不相同且没有有效的测量方法。因此,松掉预紧轴承,去除预紧力后进行试验。此时油垫的承载能力W就是静压回转工作台的质量G_0与载荷G_1之和,即$W=G_0+G_1$。

静止状态下,由于油膜没有发生剪切摩擦做功,润滑油温度不变,黏度不变,满足无黏温效应的理想假设条件。因此,静止状态下的试验可用于研究无黏温效应的理想假设条件下，油膜厚度与承载能力及油腔压强的关系。

在不同载荷工况下，通过控制驱动供油泵电动机的频率，调节润滑油流量，记录试验测得的电动机频率、环境温度、导轨温度、位移与压强等数据。

2）转动状态下，安装预紧轴承进行试验

调节供油量，将CK5235大型重载立式数控车床液体静压回转工作台的油膜厚度控制在设计允许的最大浮动值内。在相同供油量、不同转速工况下对静压回转工作台进行温升试验。

转动状态下，由于油膜发生剪切摩擦做功，润滑油温度升高。将试验测得的数据与考虑黏温效应的三维仿真结果进行比较，研究考虑黏温效应时，静压回转工作台的转速对润滑油温升的影响规律。

在不同载荷工况下，通过控制驱动导轨静压供油泵电动机的频率，调节静压油流量，记录试验测得的电动机频率、环境温度、导轨温度、油膜厚度与压强等数据。

3. 试验结果分析与结论

1）静态浮升试验

将试验测得的数据通过计算转化为实际的相关物理量数值，并将其与理论计算值进行对比。现分析如下。

（1）载荷一定时，试验数据与理论计算结果的对比。

表4.13中列举了载荷为21 t，流量分别为6.6624 L/min、7.0704 L/min、8.6304 L/min、11.5968 L/min时，相关的试验数据、理论计算结果。

表4.13　载荷为21 t，进油温度为32 ℃时，试验数据与理论计算结果对比

编号	试验数据					理论计算结果	
	流量/(L/min)	油膜厚度/mm	相对误差	压强/MPa	相对误差	油膜厚度/mm	压强/MPa
1	6.6624	0.097	11%	0.358	0.6%	0.109	0.356
2	7.0704	0.101	9%	0.35	1.7%	0.111	0.356
3	8.6304	0.107	10%	0.355	0.3%	0.119	0.356
4	11.5968	0.119	9%	0.395	11%	0.131	0.356

表4.14所示为定载荷（21 t）条件下，进油温度为32 ℃，以不同流量对静压回转工作台进行恒流供油时，测得的试验数据与理论计算结果。

表 4.14　载荷为 21 t,进油温度为 32 ℃,试验数据与理论计算结果对比

编号	试验数据					理论计算结果	
	流量/(L/min)	油膜厚度/mm	相对误差	压强/MPa	相对误差	油膜厚度/mm	压强/MPa
1	14.136	0.1400	7.7%	0.438	23%	0.1300	0.356
2	11.8848	0.1320	9%	0.403	13.2%	0.1210	0.356
3	10.5216	0.1270	10.8%	0.39	9.6%	0.1146	0.356
4	9.2736	0.1218	13.4%	0.375	5.3%	0.1074	0.356
5	7.8096	0.1152	12.9%	0.373	4.8%	0.1020	0.356
6	6.5856	0.1087	13.5%	0.358	0.6%	0.0958	0.356
7	4.9248	0.0987	16.4%	0.353	0.8%	0.0848	0.356
8	3.8448	0.0907	22.1%	0.343	3.7%	0.0743	0.356
9	3.0960	0.0849	47.9%	0.303	15%	0.0574	0.356

通过对试验数据、理论计算结果的比较分析,可以得出以下结论。

① 无黏温效应的理想条件下,载荷一定时,油膜厚度的实测值约为理论值的 90%。

如表 4.13 所示,定载荷(21 t)条件下,进油温度为 32.5 ℃时,分别以流量为 6.6624 L/min、7.0704 L/min、8.6304 L/min、11.5968 L/min 对静压回转工作台进行恒流供油时,试验测得的油膜厚度与理论计算值对比,偏小 9%~11%。因为受加工误差和装配误差的影响,静压回转工作台上下两导轨平面存在凹凸不平或倾斜情况,工作台底座导轨直径方向的高度差最大达到 0.02 mm,润滑油更易从间隙偏大的地方流出,导致在定载荷条件下,实测油膜厚度比理论油膜厚度小。

表 4.14 中数据表明,流量在 5 L/min 以上时,油膜厚度的试验数据与理论计算结果对比,偏大约 10%;流量在 5 L/min 以下时,流量越小,试验测得的油膜厚度与理论值相比,偏差越大。主要因为流量越小,油膜厚度越小,加工误差和装配误差对油膜厚度的影响越大。

② 无黏温效应的理想条件下,表 4.13 中的数据表明,试验测得的压强值与理论计算值对比,相对误差在 11%以内;表 4.14 中的数据表明,试验测得的压强值与理论计算结果对比,流量小于 12 L/min 时,相对误差在 15%以内,流量

为 14.136 L/min 时，相对误差为 23%。因为流量较大时，多点齿轮分油器分油不均，造成进油口压力表指针大幅摆动，无法准确读取压力表数值，造成数据偏差较大。同时，由于润滑油在管道内流动存在沿程损失，压力表数值并不等于油腔内实际压强。

(2) 载荷一定时，油膜厚度与流量的关系。

载荷为 21 t，进油温度为 32 ℃时，实测油膜厚度、理论厚度随流量的变化曲线如图 4.59 所示。

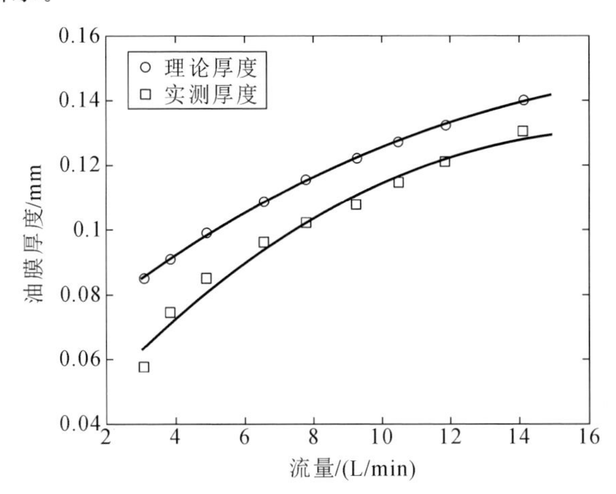

图 4.59　载荷为 21 t，进油温度为 32 ℃时，流量与油膜厚度的关系

通过对比实测油膜厚度和理论油膜厚度与流量之间的关系曲线，可得出以下结论：

无黏温效应的理想条件下，载荷一定，以不同流量对静压回转工作台进行恒流供油时，实测油膜厚度、理论油膜厚度随流量的变化曲线相近，趋势一致。如图4.59所示，载荷恒定(21 t)，进油温度为 32 ℃时，以不同流量对静压回转工作台进行恒流供油，流量越大，油膜厚度越大。

(3) 流量一定时，油膜厚度与载荷的关系。

流量为 10 L/min，进油温度为 32 ℃时，试验测得的油膜厚度与理论计算结果如表 4.15 所示，试验测得的油膜厚度和理论计算值与载荷的关系如图 4.60 所示。(由于试验条件的限制，目前只测得三组数据)。通过对比，可以得出以下结论。

① 无黏温效应的理想条件下，定流量时，实测油膜厚度比理论值偏小 17%

以内。如表 4.15 所示,进油温度为 32 ℃,流量一定(10 L/min),载荷分别为 9.4 t 、21.05 t、27.7 t 时,试验测得油膜厚度与理论值相比分别偏小 9%、15%、17%。载荷越大,偏差越大。因为在流量一定时,载荷越大,油膜厚度越小,加工误差和装配误差对油膜厚度的影响越大。

② 无黏温效应的理想条件下,流量一定时,油膜厚度理论值与实测油膜厚度随载荷变化的曲线图形状相似,趋势一致。如表 4.15 所示,进油温度为 32 ℃,润滑油流量恒定(10 L/min)时,载荷越大,油膜厚度越小。

表 4.15　流量为 10 L/min,进油温度 32 ℃时,实测油膜厚度与理论值对比

载荷/t	9.4	21.05	27.7
理论值/mm	0.174	0.125	0.1184
实测值/mm	0.1588	0.1057	0.0976
实测值/理论值	91%	85%	83%

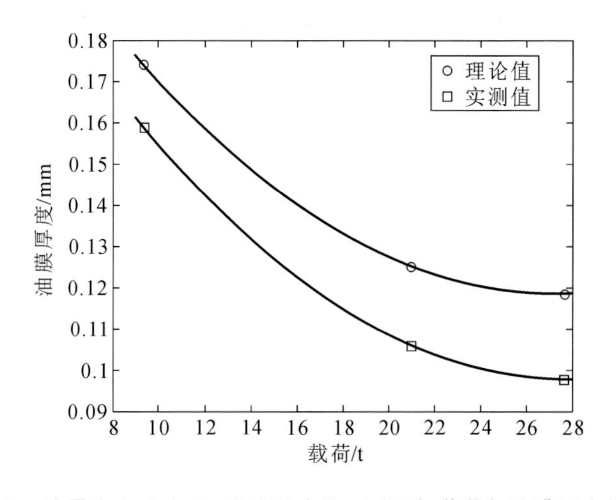

图 4.60　流量为 10 L/min,进油温度为 32 ℃时,载荷与油膜厚度的关系

根据以上无黏温效应的理想条件下,试验数据和理论计算结果的对比分析,可以得出以下结论:

无黏温效应的理想条件下,载荷一定时,油膜厚度的实测值约为理论值的 90%;载荷一定,以不同流量对静压回转工作台进行恒流供油时,实测油膜厚度、理论油膜厚度随流量的变化曲线相近,趋势一致;流量一定时,理论油膜厚度与实测油膜厚度随载荷的变化曲线形状相似,趋势一致;以上分析证明前述推导的液体静压回转工作台的基础理论公式符合工程实际,能有效用于工程计算。

2）转动状态下，温升试验

使CK5235大型重载立式数控车床液体静压回转工作台在某一转速下持续工作，当静压回转工作台导轨温度恒定以后，检测并记录回转工作台转速、润滑油流量、油膜厚度和导轨温度等数据。

表4.16所示为进油温度为24 ℃时，试验测得的静压回转工作台导轨温度与考虑润滑油的黏温效应的仿真计算值对比。图4.61所示为流量为7 L/min，进油温度为24 ℃时，试验与仿真计算得到的温升与转速的关系曲线。

表4.16　进油温度24 ℃时，试验测得的导轨温升与仿真计算值对比

转速/(r/min)	流量/(L/min)	油膜厚度/mm	试验数据		仿真数据		
			温度/℃	温升/℃	导轨温升/℃	相对误差	承载能力/t
60	5.32	0.085	42.60	15.3	15	2%	26.28
65	6.72	0.095	40.52	16.52	15.78	4.5%	32.4
70	6.89	0.094	42.60	18.60	16.56	11%	32.16
80	7.75	0.094	44.42	20.42	17.90	12%	34.24
90	7.80	0.095	49.61	22.86	19.20	16%	32.39

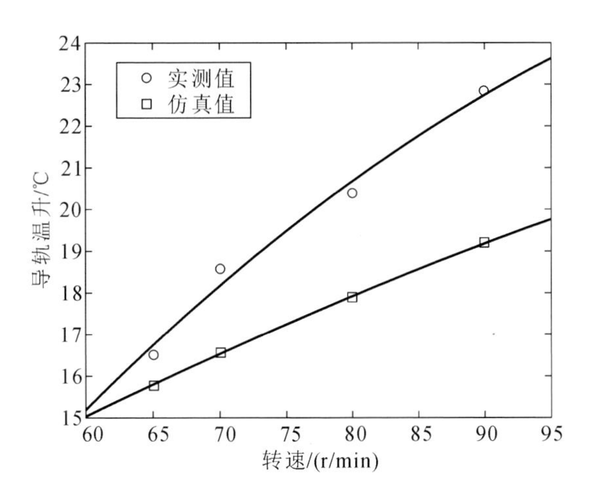

图4.61　流量为7 L/min，进油温度为24 ℃时，温升与转速的关系

通过对比分析表4.16中的试验数据和仿真计算结果及图4.61中温升与转速的曲线图，可以得出以下结论。

(1) 在各不同转速和流量工况下，仿真计算得到的液体静压回转工作台导轨温升与实测导轨温升的相对误差分别为2%、4.5%、11%、12%和16%。说明液体静压回转工作台在转动状态下,考虑黏温效应的三维仿真计算得到的导轨温升与工程实际相吻合,证明对静压回转工作台的流体三维建模、网格划分方法及边界条件设置是合理的,利用 ANSYS Fluent 软件对静压回转工作台导轨温升进行数值模拟计算的方法是有效可行的。

(2) 仿真计算得到的液体静压回转工作台承载能力均大于回转工作台质量与预紧力之和(26 t),说明静压回转工作台的自由浮升量低于测量值 0.085 mm,远低于设计值 0.15 mm。因此,装配上存在问题,这可能是造成液体静压回转工作台导轨刮伤的原因。由于装备预紧螺钉时,仅凭操作经验,一方面,不能保证各预紧螺钉受力均匀,易导致静压回转工作台导轨发生倾斜;另一方面,难以保证静压回转工作台的自由浮升范围达到设计要求。建议在装配时使用数显扭矩扳手,以保证静压回转工作台自由浮升范围在设计值范围内,同时,也保证各预紧螺钉受力均匀。

(3) 静压回转工作台的实测导轨温升略高于未考虑散热情况的仿真计算值。产生误差的原因如下:①建立的三维理想模型与工程实际存在偏差;②仿真计算方法存在误差;③在进行转速为 100 r/min 的试验时,压力继电器报警,静压回转工作台导轨发生刮伤。不排除在之前的试验中,导轨发生了轻微刮擦。

(4) 试验测得的静压回转工作台导轨温升和仿真计算得到的导轨温升与转速的关系曲线趋势一致,如图 4.61 所示,静压回转工作台导轨的温升随着转速的增大而增大。

本章参考文献

[1]ROWE W B. Hydrostatic and hybrid bearing design[M]. London:Butterworths,1983.

[2] 叶红玲,邵沛泽,文聘,等.液体静压转台系统动力学分析及参数影响[J].北京工业大学学报,2015,41(10):1508-1515.

[3] 陈东生,吉方,蓝河.液体静压支承平台的直驱低速性能影响因素分析[J].制造技术与机床,2014(05):68-71.

[4] 梅怡.新型液体静压支承技术在机床导轨上的应用[J].液压与气动,2012

(06):83-86.
[5] 权好.液体静压支承系统的动态性能研究[D].北京:北京工业大学,2012.
[6] 文聘,叶红铃,沈静娴.液体静压支承转台系统优化目标函数的响应面拟合[C]//北京力学会.北京力学会第18届学术年会论文集.[S.l.s.n.]2012:443-444.
[7] 刘赵淼,张成印.不同边界条件下液体静压油腔流场与承载稳定性数值研究[J].科技导报,2011,29(19):40-46.
[8] 张成印.液体静压支承系统油腔工作性能研究[D].北京:北京工业大学,2011.
[9] 魏旭壕,叶红玲,刘赵淼.液体静压支承转台的动力学分析与数值模拟[J].流体传动与控制,2010(02):41-46.
[10] 丁振乾.我国机床液体静压技术的发展历史及现状[J].精密制造与自动化,2003(3):19-21.
[11] 丁振乾.流体静压支承设计[M].上海:上海科学技术出版社,1989.
[12] 许尚贤.液体静压和动静压滑动轴承设计[M].南京:东南大学出版社,1989.
[13] 张直明.滑动轴承的流体动力润滑理论[M].北京:高等教育出版社,1986.
[14] 王志芳.滑动轴承流场及润滑油相关特性研究[D].南京:东南大学,2016.
[15] 张晋琼.基于ANSYS的液体静压轴承流固耦合分析[J].机械工程与自动化,2016(6):94-95.
[16] 熊万里,阳雪兵,吕浪,等.液体动静压电主轴关键技术综述[J].机械工程学报,2009(9):1-18.
[17] 熊万里,侯志泉,吕浪,等.基于动网格模型的液体动静压轴承的刚度阻尼计算方法研究[J].机械工程学报,2012,48(23):118-126.
[18] 熊万里,侯志泉,吕浪.液体静压主轴回转误差的形成机理研究[J].机械工程学报.2014,50(7):112-119.
[19] 熊万里,符马力,王少力,等.液体静压转台倾斜油膜承载特性解析[J].中国机械工程.2014,25(24):3326-3333.
[20] 熊万里,钟国富,纪宗辉.高速精密机床系统动力学的研究进展[J].制造技术与机床,2009,(09):35-40.

[21] 熊万里.我国高性能机床主轴技术现状分析[J].金属加工(冷加工),2011(18):5-11.

[22] 湖南大学.滑动轴承式电主轴:2004100466402[P].2004-08-09.

[23] 湖南大学.可实现精密超精密磨削的磨床静压头架:2008201593019[P].2008-11-19.

[24] 湖南大学.高速机床主轴浮环轴承内外油腔独立供油结构:2008201590379[P].2008-11-04.

[25] 湖南大学.液气悬浮电主轴:2011100764083[P].2011-03-29.

[26] 湖南大学.可控节流器:2012100324618[P].2012-02-14.

[27] 湖南大学.内置式可变节流器:2012100324656[P].2012-02-14.

[28] 广州市昊志机电股份有限公司.立式液体悬浮电主轴:2012102178508[P].2012-06-28.

[29] 湖南大学.用于立式轴系的液体静压转动支承组件及研磨抛光机:2012102782733[P].2012-08-07.

[30] 王少力,熊万里,桂林,等.偏载液体静压转台旋转工况下承载力及倾覆力矩动网格计算方法[J].机械工程学报.2014,50(23):66-74.

[31] 王少力,熊万里,孟曙光,等.离心力对恒流供油扇形静压推力轴承承载力的影响分析[J].机械强度,2014,36(5):716-722.

[32] 王少力,熊万里,孟曙光,等.恒流供油扇形静压推力轴承承载力解析计算与实验研究[J].机械强度.2015,37(5):828-833.

[33] 郭胜安,侯志泉,熊万里.基于CFD的深浅腔液体动静压轴承承载特性研究[J].制造技术与机床,2012(9):57-61.

[34] 吴文群.CFD方法在机械设计中的应用[J].九江学院学报(自然科学版),2017,32(02):43-45.

[35] 王为术,徐维晖,翟肇江,等.PISO算法的实现及与SIMPLE,SIMPLER,SIMPLEC算法收敛性的比较[J].华北水利水电学院学报,2007,28(04):33-36.

[36] 刘波,李忠媛,张涛.一种基于三角形非结构化网格SIMPLE算法的程序设计[J].计算力学学报,2015,32(06):813-819.

第5章 大件制造与热处理技术

大型重载机床的大件主要包括立柱、床身、工作台、底座、横梁、刀架体、滑枕等零件，这些大件均为大型重载机床基础件。作为机床的基础件，其要求具有精度高、刚度大、耐磨性能好、减振性好、导热性好等性能，以保证整机的精度、质量、稳定性及可靠性等性能。而大件的性能主要由制造工艺保证，因此，大件的制造工艺水平直接关系到机床整机性能的实现。

机床的大件加工技术主要包括铸造技术、锻造技术、焊接技术、加工技术及热处理技术。随着机床的大型化、高精化发展，零件的尺寸越来越大，质量越来越大，精度要求越来越高，给零件的制造带来了很大难度，主要表现在以下几个方面。①大件的铸造缺陷一直是大型重载机床铸件生产中的主要问题，尤其是随着铸件尺寸、质量的不断增大，铸造缺陷更加难以消除，其造成的损失也越来越严重。如何从铸件设计结构和铸造工艺过程中分析其开裂现象的机理和规律，从而采取措施，做到零件一次铸造成功成为生产中亟待解决的问题。②大型重载机床中的主轴、滑枕等关键零件的锻造质量取决于钢锭质量的好坏，如何去除钢锭中的有害杂质，降低硫和硅的含量，减小偏析，提高钢锭中心质量，是锻造工艺需要突破的地方。③为了缩短制造周期，降低机床成本，大型重载机床的大件开始采用焊接结构，如何提高焊接件的结构刚度，减小热变形，提高结构的减振性以及消除焊接件自身内应力，保持结构稳定性也成为机床大件制造中亟待解决的问题。④在大件加工过程中，机床行程大、切削量大、切削时间长，对机床的稳定性、刀具的耐磨性以及检测工具的规格、精度等都提出了相当高的要求。如何减小工艺系统误差，降低切削过程中的形变，是加工工艺技术的重中之重。

国内外现有的研究已经在铸造、焊接、锻造、切削、热处理等方面开展了大量卓有成效的工作，许多成果已在大型重载机床行业得到了广泛应用。但是这些成果大多关注的是通用技术,并未针对大型重载机床大件的特点提出针对性的技术手段。许多大件在实际生产中遇到的问题没有同行的经验可以借鉴,加大了生产投入和风险。

本章在借鉴国内外现有成果的基础上,根据武重长期的生产经验,主要从材料的选用、技术特点、工艺方法等方面,系统论述大型重载机床大件的铸造技术、锻造技术、焊接技术、加工技术及热处理技术,并通过具体实例进行介绍。

5.1 大件铸造技术

铸件具有耐磨性及抗振性好、工艺性能好、质量大、尺寸范围大、成本低等特点,被广泛用于大型重载机床基础大件上,它是大型重载机床的重要组成部分,所有铸件的重量约占整台机床的 70%～80%,铸件的质量对大型重载机床的性能有很大影响。本节结合大型重载机床大型铸件尺寸大、质量大、结构复杂的特点,介绍大型重载机床铸件材料的选用、大型铸件铸造的特点、关键技术以及大件铸造常见缺陷和解决办法。最后,通过具体实例介绍大型底座的铸造生产过程。

5.1.1 大型重载机床铸件的材料

根据大型重载机床的基础大件的结构特点及功能,结合铸铁材料的性能和成本优势,在大型重载机床中主要使用灰铸铁和球墨铸铁两类铸铁材料。

1. 灰铸铁件

1) 灰铸铁机床大件的特性与要求

大型重载机床的灰铸铁大件主要起基础支承作用,一般包括工作台、底座、立柱、横梁、床身等,它们是其他零部件连接、固定和运动的基础,为实现整机功能提供可靠的刚度和强度支撑。机床整体功能的实现,很大程度上取决于支承大件的性能。其性能应保证在工作情况下的工作应力、变形、振动和位移在规定的范围内。这类机床大件要满足以下要求。

(1) 刚度高。在承受最大载荷时,变形量不超过规定值;机床大件本体移动时,或其他部件在机床大件上移动时,变形量小。

(2) 减振性好。在切削工作状态下,其振动和噪声应在规定范围内。

(3) 耐磨性好。机床大件的耐磨性要好,减小位移的变化。

(4) 导热性好。工作时大件的温度分布均匀,减小变形对加工精度的影响。

2) 灰铸铁材料的优势

在灰铸铁中,石墨与金属基体是决定铸铁性能的主要因素。灰铸铁具有金属基体的某些特征,更重要的是具有石墨赋予的许多优良性能。

(1) 较高的抗压强度。尽管灰铸铁的抗拉强度不高,但灰铸铁的抗压强度非常高,可与钢相比。因此,灰铸铁用作支承件时不易被破坏和变形。

(2) 较低的缺口敏感性。灰铸铁中由于有大量石墨片存在,相当其内部存在大量的裂口,因而其对外来缺口(如铸件上的孔洞、键槽、刀痕内部非金属夹杂物等)影响力学性能的敏感性就降低了。铸铁石墨片越粗大,对缺口越不敏感。石墨细化或形状改善后,其对缺口的敏感性就会提高。

(3) 良好的减振性。灰铸铁内存在大量的片状石墨,它割裂了基体,因而阻止了振动的传播,并能把振动转化为热能而发散,因而灰铸铁具有很好的减振性。石墨越粗大,减振性越好。

(4) 良好的耐磨性。灰铸铁中在石墨被磨掉的地方形成了大量的显微孔洞,可以存储润滑油以保证使用过程中油膜的连续性,并且石墨本身也是良好的润滑剂。

此外,灰铸铁还有较好的铸造性能、加工性能等。由于灰铸铁的性能特点,灰铸铁在机床制造中具有广泛的应用,表5.1列出了大型重载机床常用灰铸铁的牌号与铸件力学性能。

表5.1 大型重载机床常用灰铸铁的牌号与铸件力学性能

<table>
<tr><th>牌号</th><th>铸件壁厚/mm</th><th>最小抗拉强度 R_m/MPa(附铸试棒或试块)</th><th>用途</th><th>牌号</th><th>铸件壁厚/mm</th><th>最小抗拉强度 R_m/MPa(附铸试棒或试块)</th><th>用途</th></tr>
<tr><td rowspan="4">HT200</td><td>20～40</td><td>170</td><td rowspan="4">机床底座、箱体等</td><td rowspan="4">HT300</td><td>20～40</td><td>250</td><td rowspan="4">工作台、受力较大的机床床身、立柱等</td></tr>
<tr><td>40～80</td><td>150</td><td>40～80</td><td>220</td></tr>
<tr><td>80～150</td><td>140</td><td>80～150</td><td>210</td></tr>
<tr><td>150～300</td><td>130</td><td>150～300</td><td>190</td></tr>
<tr><td rowspan="4">HT250</td><td>20～40</td><td>210</td><td rowspan="4">机床立柱、横梁、床身、滑板等</td><td rowspan="4">HT350</td><td>20～40</td><td>290</td><td rowspan="4">机床导轨、需表面淬火的铸件等</td></tr>
<tr><td>40～80</td><td>190</td><td>40～80</td><td>260</td></tr>
<tr><td>80～150</td><td>170</td><td>80～150</td><td>230</td></tr>
<tr><td>150～300</td><td>160</td><td>150～300</td><td>210</td></tr>
</table>

3) 灰铸铁材料的特点

灰铸铁是铸造生产中最常见的一种铸造合金,灰铸铁中,除含有碳、硅、锰、磷、硫外,还含有少量其他元素。灰铸铁中的碳可以以渗碳体或自由状态的石墨两种形式存在。石墨化程度的不同,可以获得不同的铸铁组织。

灰铸铁的组织是由金属基体和片状石墨组成的,按其结构分为以下三种。

(1) 铁素体灰铸铁。其组织是在铁素体金属基体上分布着粗大的片状石墨,如图 5.1(a)所示。此种铸铁的强度、硬度都较低。

(2) 铁素体-珠光体灰铸铁。其组织是在铁素体和珠光体的金属基体上分布着细小的片状石墨,如图 5.1(b)所示。其强度和硬度都比铁素体灰铸铁高。

(3) 珠光体灰铸铁。其组织是在珠光体的金属基体上分布着片状石墨,如图 5.1(c)所示。此种铸铁具有较高的硬度,在灰铸铁中其强度最高。

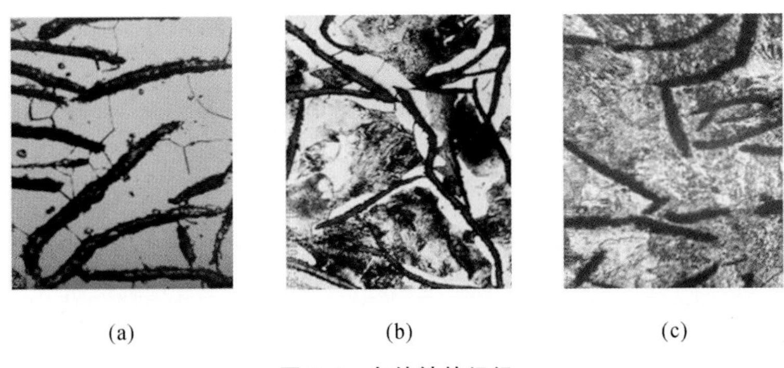

(a) (b) (c)

图 5.1 灰铸铁的组织

(a) 铁素体灰铸铁 (b) 铁素体-珠光体灰铸铁 (c) 珠光体灰铸铁

2. 球墨铸铁件

1) 球墨铸铁类机床大件的特性与要求

大型重载机床的常见球墨铸铁大件是滑枕,它是机床的核心部件,起支承主轴的作用,主轴在滑枕内做伸缩移动和转动。滑枕相当于一个细长的轴套件,在加工过程中,滑枕可能辅助地悬伸出主轴箱外,做前后移动,也经常快速精确地滑动,因此需要滑枕具有较高的刚度、抗弯(抗扭)强度、很好的耐磨性、一定的减振性。滑枕应避免因自重产生低头现象,减少由磨损、变形及切削引起的振动,从而提高机床的加工精度。

2) 球墨铸铁材料的优势

球墨铸铁是指铁液经过球化处理后,石墨大部分或全部呈球状,少量为团絮状的铸铁。由于石墨形态的改善，球墨铸铁的性能极大地得到提高。

（1）强度高。球墨铸铁的抗拉强度远远超过灰铸铁的，可与铸钢的相比，而且球墨铸铁的屈强比也较大，可以用于静态承载力大、强度要求高的大件。

（2）耐磨性好。由于球墨铸铁材料球状石墨的润滑作用，以及球墨铸铁的硬度比同基体的钢和灰铸铁的要高，所以球墨铸铁的耐磨性较好。

（3）减振性好。由于球墨铸铁球状石墨的微观结构，在减弱振动能量方面，球墨铸铁的减振性略低于灰铸铁的，但明显优于铸钢的。

（4）较高的弹性模量。球墨铸铁的弹性模量在159～172 GPa间，比灰铸铁的要高，并且球墨铸铁的弹性模量随石墨球化率的提高而增大。

（5）较好的切削性能。球墨铸铁中含有较多的石墨，起切削润滑作用，因而切削阻力低于钢的，切削速度较高。

3）球墨铸铁材料的特点

球墨铸铁与灰铸铁相比，其组织上最大差别在于石墨形状的改善，石墨由长片状变为球状或团状，石墨对基体的破坏作用得到了缓和，从而使铸铁中金属基体的性能得到了程度不同的发挥，表5.2列出了常见的球墨铸铁的牌号及力学性能。

表5.2　球墨铸铁的牌号及力学性能(单铸试块)(GB/T 1348—2009)

牌号	抗拉强度 R_m /MPa	屈服强度 $R_{p0.2}$ /MPa	伸长率/(%)	布氏硬度 HBW	主要基体组织
	最小值				
QT400-18A	400	250	18	120～175	铁素体
QT400-15A	400	250	15	120～180	铁素体
QT450-10A	450	310	10	160～210	铁素体
QT500-7A	500	320	7	170～230	铁素体＋珠光体
QT600-3A	600	370	3	190～270	珠光体＋铁素体
QT700-2A	700	420	2	225～305	珠光体
QT800-2A	800	480	2	245～335	珠光体或索氏体
QT900-2A	900	600	2	280～360	回火马氏体或索氏体＋屈氏体

球墨铸铁的正常组织是细小圆整的石墨球加金属基体，在铸态条件下，金

属基体通常是铁素体与珠光体的混合组织,由于二次结晶条件的影响,铁素体通常位于石墨球的周围,形成“牛眼状”组织。通过不同的热处理手段,可很方便地调整球墨铸铁的基体组织,以满足各种工作条件的要求。

由于某些化学元素的偏析以及球墨铸铁的凝固特性,在球墨铸铁的共晶团晶界处常会出现一些非正常组织,如渗碳体、磷共晶等杂质相。这些非正常组织的出现及形状分布,会严重影响球墨铸铁的优良性能,需要严格控制这些组织。

5.1.2 大件铸造的特点与技术

根据大型重载机床大件的特点,大件在制造形式上采用了铸件形式,采用普通零件的铸造工艺不能满足大件的铸造要求,大件的铸造具有其特殊的铸造特点,采用专有的铸造技术。

1. 大件铸造工艺的特点

1) 数值模拟的应用

大型铸件由于质量大,工艺复杂,生产风险高,给企业的生产带来了很多挑战。铸件数值模拟分析能够对大型铸件的充型过程和凝固过程进行模拟,预测铸件的缺陷,检验工艺的合理性,便于工艺的改进和完善,防止铸件产生缩松、缩孔等缺陷,因而,该辅助手段在大型铸件的生产中得到了广泛的应用。

2) 地坑造型

大型铸件的尺寸大、铁液量大,为了生产的安全和工艺的方便,大型铸件一般为地坑造型。铸造地坑的主要功能有:

(1) 地坑造型、合箱操作可减少砂箱,简化砂箱结构,减轻起吊重量;

(2) 地坑浇注可降低浇口箱平面高度,防止铁液喷溅,便于操作和安全生产;

(3) 地坑能保温,大型铸铁件凝固冷却时间长,可适当消除铸造应力。

此外,地坑还要有足够的强度、耐压力;地坑要有防水层,并设通气道以利于排气。

3) 分散的多浇道多补缩的浇注系统

对于大型铸件,浇道常采用多浇道分散、半封闭的底注式浇注系统,而且大多采用扁平式浇道。采用这种浇注系统一方面可保证充型平稳,避免金属液发生飞溅、氧化;另一方面,多浇道分散可避免内浇道附近过热,同时减少铸造应力的产生。

大型铸件由于收缩大,因此必须考虑补缩,常常采用保温冒口或发热冒口,冒口安放位置也要合理。

4）预处理

大型铸件由于铁液量大,出铁到浇注的时间间隔长,另外铸件的壁厚大,凝固时间也长,铁水的形核能力会较差。预处理是在炉内加入预处理剂,使铁液中形成稳定的形核质点。大件熔炼过程中,通过预处理增加原铁液石墨核心显得尤为必要,一方面可以增加孕育的效果,另一方面,能保证较长的等待时间,孕育不会完全衰退。

5）多包浇注

大型重载机床铸件的质量一般在30 t以上,有的甚至达到130 t,从铸件的工艺、浇注的安全以及设备的限制考虑,浇注时,往往采用两个以上的浇包联合浇注。多包浇注的控制难点是各个浇包的浇注温度,浇包之间的浇注温度差应尽可能小。

6）多次孕育

对于大型铸件,孕育处理对铸件的组织和性能有重要影响。为了减少孕育衰退,大断面铸件一般使用长效孕育剂,如Ba、Zr、Sr系孕育剂。另外,为了加强孕育的效果,大型铸件还需要采用多次孕育的处理方法。包内孕育和瞬时孕育结合,不仅减少了孕育剂的使用量,节省了成本,减少了针孔、夹渣等缺陷的产生,而且由于在浇注的同时进行孕育,孕育衰退很少。

2. 大件铸造的关键技术

1）型(芯)砂和涂料的工艺控制技术

大型铸件铸造用砂主要为树脂砂,砂型铸造中树脂黏结剂的应用,明显提高了铸件的质量。在大件的生产中,由于铸件尺寸大,受到的静压力和铁水冲刷力也较大,因此对砂的强度有更高的要求。一般要求型砂的24 h抗拉强度达到0.8 MPa以上,芯砂的抗拉强度达到1 MPa以上。

大型铸件与小型铸件相比,一个显著的特点就是大型铸件浇注时间和凝固时间长,也就是涂料需经受的铁液冲刷和热量烘烤要比中小型铸件的强得多。因此,大型铸件对涂料有苛刻的要求,一方面要选择正确的涂料类型,另一方面还要采取正确的涂敷方式,否则容易引起黏砂、气孔、铸件表面粗糙度高等缺陷。

传统的水基石墨涂料耐火度高,铸件表面光滑、易于清理,但如果石墨涂料与树脂砂结合不好,一方面,砂型表面干燥后涂料容易剥离,从而引起黏砂、夹砂等铸造缺陷;另一方面,在清理过程中石墨涂料会产生大量的粉尘,恶化环境。锆英粉涂料具有较高的耐火度和极好的高温热化学稳定性,使用锆英粉涂料浇注大件可以有效地防止黏砂缺陷。

大型铸件的砂型和砂芯一般采用不同的涂敷方式,砂型为刷涂,而砂芯主要为流涂。在刷涂时要分两次刷涂,保证涂层均匀,厚度为0.5～1 mm,且第二次刷涂应该在第一次刷涂充分燃烧并冷却后再施涂。流涂时要控制好涂料的流动性,防止出现涂层堆积、均一性差、滴痕等问题。

2) 砂型(砂芯)水分与排气控制技术

砂型和砂芯的含水量过高,会增加发气量,导致气孔缺陷的产生。因此,所有能进炉的砂芯都要进炉烘烤,烘烤 30 min 后,砂芯 60 mm 深处的含水量在0.3%以下为合格;不能进炉烘烤的地坑砂型,一般用燃气喷嘴烘烤,同时,火焰不得直接喷在砂型上,且在烘烤前应先盖上盖板,减少热量的损失。人工烘烤大砂芯时,要注意移动,尽量均匀烘烤,同时烘烤温度不得高于 200 ℃。对于炉外烘烤的砂型和大砂芯,60 mm 深处的含水量在 0.3%以下为合格。

大型铸件若排气不畅,极容易产生呛火,导致铸件内腔大面积的呛空,使铸件出现局部的不完整。为了增加型腔的排气能力,首先,在制备砂床前,在砂坑中设置出气绳或出气管道;其次,在砂芯内部随芯骨放置出气绳至芯头;再次,浇注时,使铁水的进入方向和排气方向一致。

3) 浇注工艺控制技术

浇注工艺主要包括浇注温度、浇注时间和浇注方法等三方面。浇注是铸造生产中一个重要环节,俗话说“三分造型,七分浇注”,可见浇注工艺对铸件质量有重要影响。

(1) 浇注温度。

浇注温度的高低对铸件质量的影响很大。浇注温度过高,液态收缩增加,金属内的含气量增多,对铸型的热作用强烈,因而可能使铸件产生缩孔、晶粒粗大、气孔、夹砂等缺陷;浇注温度过低,则金属液流动性降低,又容易产生冷隔、浇不足、气孔、夹渣等缺陷。

生产中必须根据铸件的具体情况及要求来确定浇注温度。随着铸件的质量及壁厚的增加，浇注温度降低，一般而言，大件的浇注温度在1320～1340 ℃。

（2）浇注时间。

浇注时间短，金属液可以很快地充满型腔，减少金属的氧化和对铸型的烘烤作用，同时，铸件各部分温差小，有利于同时凝固。但浇注时间短，将可能由于浇注速度过快而产生冲砂缺陷。浇注时间长，能增大铸件各部位的温差，有利于瞬时凝固，从而易于消除铸件内的缩孔。但浇注时间过长，对铸型的烘烤作用剧烈，金属氧化加重，铁水温度下降多，容易产生夹砂、黏砂、砂眼、皱纹、冷隔等缺陷。

（3）浇注方法。

浇注前要除去金属液表面的熔渣，以免将其浇入铸型造成夹渣。除渣时要从浇包的后面或侧面将熔渣刮出，以免碰坏包嘴上的涂料，影响浇注。除渣后，在金属液面上撒一层除渣剂保温。

浇包包嘴要靠近浇口杯，把撇渣棒放在包嘴附近的金属液表面，以阻止浇包中的熔渣随金属液流下。

浇注开始时应慢浇，防止飞溅，待快浇满时，也应以细流金属液注入，这样既可以防止金属液溢出，同时又可以减小抬箱力。

浇注过程中，在砂型及砂芯的出气孔或冒口处用煤油棒引火燃烧，使铸型中的气体和砂型及砂芯中因热而产生的气体能快速排出。

浇注过程不能中断，应始终使浇口杯保持充满状态，这样可使偶尔流入浇口中的熔渣浮在金属液的表面，不致进入铸型。

铸型浇满后，还要多次点浇，防止铸件产生缩孔和缩松等缺陷。大型铸件在凝固后要把压铁移去，使铸件能自由收缩，以避免铸件产生裂纹。

4）铸件落砂技术

铸件落砂是指用手工或机械方法使铸件与型（芯）砂分离的过程。铸件的出型温度是铸件落砂的关键。控制铸件的出型温度是为了保证铸件在落砂时有足够的强度和韧度。如果铸件出型温度过高，往往会因为冷却过快致使铸件产生变形、裂纹等缺陷；如果铸件出型温度过低，那么铸件浇注后在铸型内停留时间必然过长，势必延长生产周期，影响生产效率。

对于大型铸件而言,一般铸件的出型温度为 200～300 ℃,易产生裂纹和变形的铸件的出型温度为 100～200 ℃。表 5.3 列出了常用机床铸件在砂型内的保温时间,经过表中所列的保温时间后,铸件的出型温度基本能够达到要求范围。

表 5.3　机床铸件在砂型内的保温时间

类别	保温时间			
	质量			
	<20 t	20～30 t	30～50 t	>50 t
床身、滑枕、刀架体	6 h/t			5 h/t
工作台、滑座、溜板、滑板	6 h/t	5 h/t		4 h/t
横梁、底座、箱体、花盘	10 h/t	8 h/t		6 h/t
立柱	12 h/t	10 h/t	8 h/t	

5）铸件的热处理技术

铸件热处理是铸造生产中为消除铸件的内应力,或改变其金相组织,调整其力学性能,而进行的一种工艺。

对于大型铸件而言,通常采用的热处理技术是铸件的时效处理,时效的目的是减小铸件的残余应力。时效处理的温度越高,铸件的残余应力消除越显著,铸件的尺寸稳定性也越好,但铸件的力学性能有所下降。

时效处理时,保温时间的影响要比时效温度的影响小。时效处理的随炉冷却速度应控制在 20 ℃/h 以下,以免再次产生内应力。灰铸铁件在 100 ℃后出炉空冷,球墨铸铁件的出炉温度可适当提高。

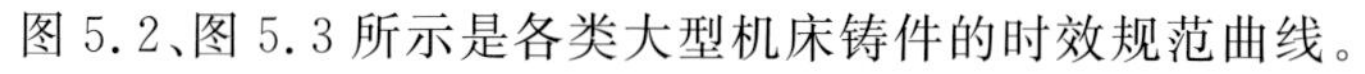

图 5.2、图 5.3 所示是各类大型机床铸件的时效规范曲线。

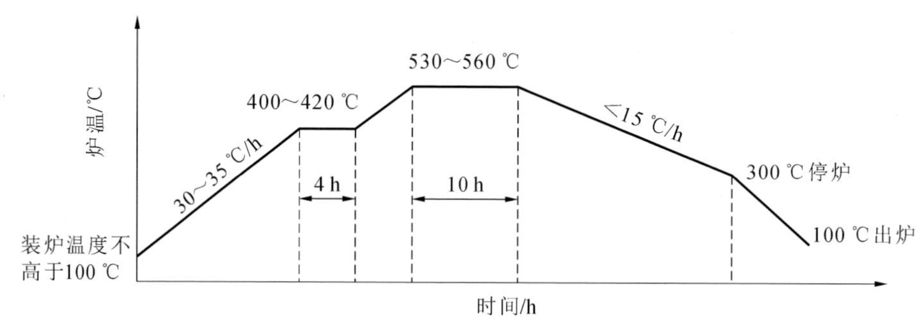

图 5.2　20～40 t **机床铸件时效规范曲线**

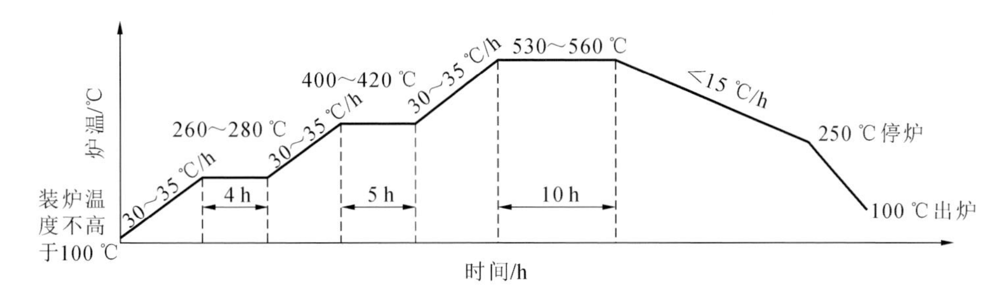

图 5.3　40 t 以上机床铸件时效规范曲线

3. 机床大件的常见缺陷与解决方法

铸造生产过程中，由于工序较多，原材料复杂，劳动强度大，容易产生各种类型的缺陷。铸造缺陷导致铸件性能低下，使用寿命短，甚至使铸件报废。

1）缩孔和缩松

缩孔和缩松缺陷是机床大件的最常见缺陷，不论是球墨铸铁件还是灰铸铁件，在生产中这类问题经常出现，严重影响了铸件的质量。

（1）滑枕的缩孔、缩松　数控铣镗床的滑枕为主轴提供支承，是整台机床的核心部件。但滑枕的结构复杂，且壁厚相差较大，给铸造生产带来较大困难，在铸造过程中经常出现缩孔、缩松缺陷，如图 5.4、图 5.5 所示。

滑枕的材质要求为 QT600-3，滑枕凝固时呈糊状凝固，不易补缩，且滑枕内部有很多筋带和窗口，使得滑枕的壁厚极不均匀，在凝固过程中容易出现热节，补缩困难，最后导致缩孔、缩松的产生。

为了解决滑枕的缩孔、缩松问题，从工艺、造型、熔炼等各方面做适当的改进，使滑枕的废品率大大降低，其主要措施包括：成分控制，在化学成分上，一定要充分发挥石墨化补缩的功能，严格控制各类合金元素，降低铁水白口倾向；调整球化剂种类和用量，提高石墨球数，降低白口倾向，减少缩孔、缩松缺陷；提高铸型的紧实度和刚度，以减少型壁的移动，充分发挥石墨化膨胀自补缩作用；对滑枕结构做适当调整，将滑枕上窗口封闭，减小各部分的壁厚差；调整滑枕的铸造工艺，改变横浇道尺寸，增加内浇口数量，将出气冒口改为补缩冒口；提高滑枕的浇注温度，将浇注温度控制在 1360～1380 ℃，且球化到浇注完成的时间控制在 15 min。

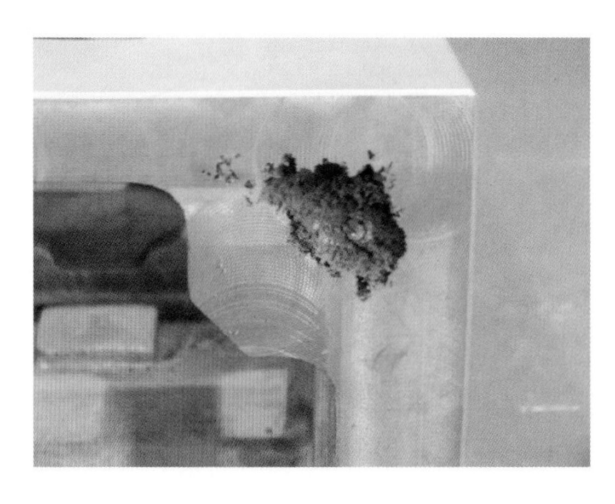

图 5.4　滑枕的缩孔缺陷

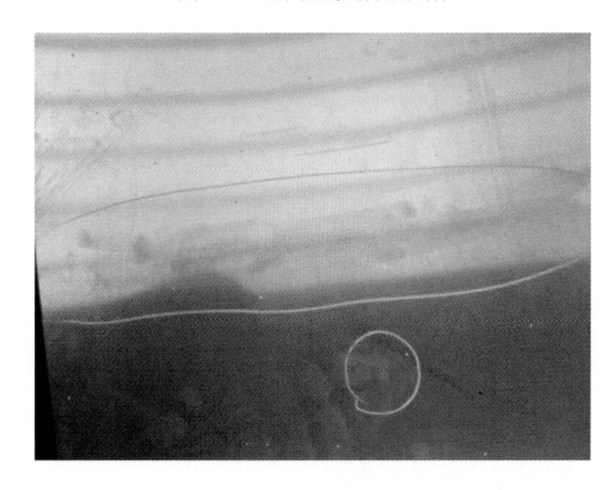

图 5.5　滑枕的缩松缺陷

(2) 工作台的缩孔　工作台导轨部位断面较厚,容易在热节处产生缩孔,图5.6所示是某铣床工作台的缩孔缺陷。工作台出现缩孔,不仅影响外观,而且焊补后易产生硬点,影响工作台的加工和装配。

工作台出现缩孔缺陷,一方面可能与冒口的设置不合理有关,另一方面还可能与铁水的化学成分和浇注温度有关。为解决该类工作台的缩孔问题,主要采取以下措施:适当增加冒口的大小和高度,同时严格控制冒口颈的尺寸,防止反补缩现象的产生;控制铁水的浇注温度在 1320～1340 ℃,一方面保证铁水的流动性,另一方面减少铁水液态收缩;提高铁液的碳当量,同时加入少量的合金铜,促进共晶阶段的石墨化过程。

图5.6　铣床工作台的缩孔缺陷

2）热裂纹

热裂纹是在凝固温度范围内温度邻近固相线时形成的，外观特征是裂纹沿晶界扩展，外形曲折，裂纹宽度不一，表面呈氧化色，不光滑，图5.7所示为某床身铸件的热裂纹缺陷。

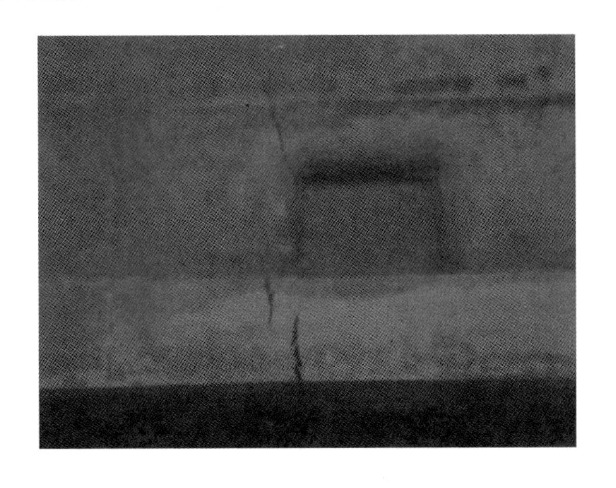

图5.7　床身铸件出现的热裂纹

热裂纹形成的原因是铸件冷却到固相线附近时，晶粒的周围还有少量未凝固的液体，构成液膜。铸件收缩受阻时，变形主要集中在液膜上，变形达到某一临界值时，液膜开裂，形成晶间裂纹。

为了防止铸件热裂纹的出现，常采取的措施包括：生产中使用干燥洁净的原材料，减少铁液中非金属夹杂，减少合金中有害元素的含量，如应尽量降低铁液中硫、磷含量；提高砂型、砂芯的退让性；合理布置芯骨和箱带；浇注系统和冒口不得阻碍铸件的收缩；直角相接处应作出圆角；在易出现热裂纹的地方设置防裂肋等。

3）晶粒粗大与硬度不合格

床身、立柱、横梁的导轨面壁厚较大，该部位往往出现晶粒粗大并析出粗片状石墨现象，加工后表面显得结构疏松和多孔，具有类似苍蝇脚的小黑孔，有时会被误认为缩松，如图 5.8 所示。由于晶粒的粗大，铸件表面的硬度往往偏低，常常为 130～140 HBS，这使得铸件的耐磨性降低的同时也易出现渗漏。

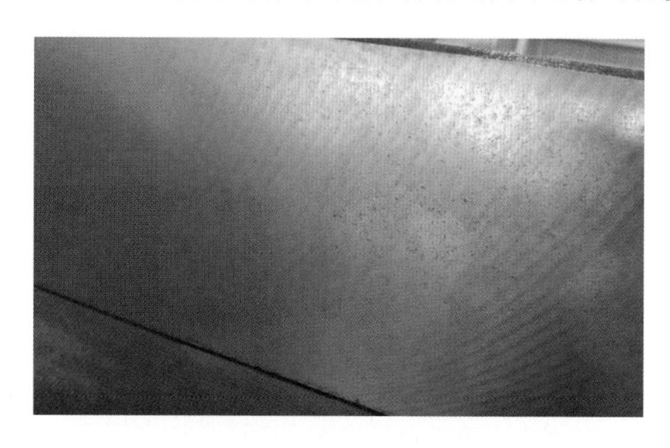

图 5.8　导轨面加工后的孔洞

产生晶粒粗大和硬度不合格，常常是因为铸件的壁厚相差较大，为防止薄壁部分产生白口，采用碳当量高的铁液浇注，这样使得厚壁处晶粒粗大。此外，若浇注温度高，铸件壁厚大，铸件的凝固时间过长，也能促使这类缺陷的产生。

为避免这两种缺陷的产生，可以在铸件的厚壁处使用厚冷铁，同时适当降低碳当量和浇注温度，并进行多次孕育。

5.1.3　典型大件铸造工艺实例

CKX53280 立式车床是目前国内加工直径最大的数控单柱移动式铣车床，最大加工直径达 28 m，承载质量达 1000 t，可满足超大型工件的加工需要。车床底座是机床的关键基础零部件，它承载着整个机床全部的部件，要求具有足够高的静、动刚度和稳定性。

1. 结构特点及技术要求

由于底座尺寸较大，整个底座设计成 2 个半圆(前半、后半)，分开铸造、加工，最后在现场进行拼接、装配，形成完整的底座。底座形状结构复杂，单个最大轮廓尺寸为 11416 mm×5978 mm×1275 mm，净质量为 77610 kg，毛质量为 84900 kg；铸件壁厚不均匀，最小壁厚为 30 mm，导轨壁厚为 135 mm，最厚处达 145 mm。

铸件材质为 HT250；铸件不允许有缩孔、裂纹、砂眼、夹渣等铸造缺陷；铸件油槽、回油腔均不许漏油。

2. 铸造工艺方案设计

1）造型材料及造型方式

（1）底座采用呋喃树脂砂造型、制芯。采用树脂砂生产铸件具有提高铸件的尺寸精度、表面质量、降低工人劳动强度、节约能源、降低生产成本的优势，但同时也存在易黏砂、易产生气孔等问题，特别是特大型铸件铁水量大，铁液凝固时间长，更易产生这些缺陷。因此在树脂砂混制过程中要控制原砂粒度，使用低氮、低水分、糠醇含量高的树脂，以增加砂型的排气量，减少砂型的发气量，树脂技术指标如表 5.4 所示。

表 5.4 树脂技术指标

糠醇质量分数/(%)	游离甲醛质量分数/(%)	氮质量分数/(%)	水质量分数/(%)	黏度(20 ℃)/(mPa·s)	pH 值	密度(20 ℃)/(g/cm³)	试样常温抗拉强度/MPa
≥85	≤0.3	<3.0	≤12	≤60	6.5～7.5	1.10～1.25	≥1.3

（2）根据底座的结构特点、尺寸大小及实际生产条件，采用地坑实样造型。

2）铸件的工艺性分析

好的铸件结构不仅应保证零件的强度、刚度，满足自身使用性能和机械加工的需要，还应适合铸造生产的要求，保证铸件的质量。对底座的工艺性进行分析后，发现底座薄壁与厚壁之间结构不合理，建议设计人员在薄壁与厚壁之间采用斜面过渡，将易形成应力集中的方孔改成圆孔，并增加防裂法兰。

3）确定分型面

分型面的选择在很大程度上影响铸件的质量、尺寸精度、生产成本和生产效率等。确定分型面应考虑几点：质量要求较高的表面应放在下面或侧面；为避免夹渣、气孔、砂眼，铸件的大平面应放在下面；有利于收缩性大的铸件实现方向性凝固及便于放置补缩冒口；为减少毛刺和错箱，保证铸件尺寸及外观质量，铸件应尽量置于同一砂型中。根据分型面的选择原则及底座的尺寸、结构特点、技术要求、生产条件等，为保证精度要求高的导轨面的质量，将底座的导轨面作为底面，底座的底部作为分型面。

4) 埚芯设计

埚芯设计过程中应结合铸件的结构特点、实际生产条件、操作习惯,确保在合箱、浇注过程中埚芯的形状、尺寸及在砂型中的位置符合铸件要求,不会变形、移动;确保埚芯出气通畅,防止出现气孔、呛火缺陷;确保操作方便,便于制芯、下芯及合箱。底座结构复杂,尺寸大,铸件埚芯数量达 113 个。

5) 浇注系统设计及计算

(1) 浇注系统类型。底座尺寸较大,形状为半圆形,底面及回油槽处壁较薄。若采用底注式或阶梯式浇注系统,铁液流程长,铸件各部分温差大,易造成冷隔、浇不到、过热变形、裂纹等缺陷;另外,铸件底部的形状结构引起浇注时产生紊流,易造成卷气、夹渣缺陷。综合考虑各方面影响因素,底座浇注系统采用反雨淋式浇注系统,铁液从底座的上平面进入型腔,如图 5.9 所示。采用反雨淋式浇注系统,金属液充型平稳,液面逐渐升高,避免了冲击、飞溅和氧化,有利于铁液中杂质上浮及型腔内气体逐渐排出,有效防止铸件导轨产生夹渣、气孔缺陷。

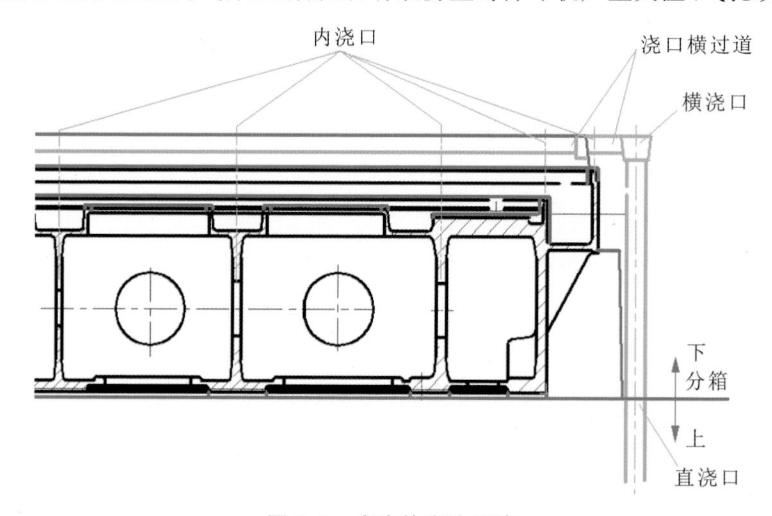

图 5.9　底座的浇注系统

用浇注比速计算浇注系统的尺寸,此法可用于各种合金、各类铸件的浇注系统计算。内浇口面积计算公式:

$$\sum F_{内} = \frac{G}{T \cdot K \cdot L} \quad (\mathrm{cm^2}) \tag{5.1}$$

式中:G 为流经阻流截面的铁液质量(kg);T 为浇注时间(s);K 为单位面积的浇注速度(kg/(cm^2 · s));L 为铁液流动系数。

通过公式计算,同时结合铸件结构特点及实际生产经验,浇注时铁液要快速充满铸型，取 $\sum F_{内}=790\ cm^2$。

浇注系统采用半封闭式浇注系统。半封闭式浇注系统充型快，挡渣效果好，不易卷入气体。

根据实际生产经验公式 $\sum F_{内} : \sum F_{横} : \sum F_{直} = 1 : (1.1 \sim 1.4) : (1.2 \sim 1.4)$ 计算，取 $\sum F_{直} = 932\ cm^2$；$\sum F_{横} = 1008\ cm^2$。

(2) 冒口、冷铁设置。底座壁厚不均匀，下平面及底座接合面壁厚大，易形成缩孔、缩松，需采用补缩冒口进行补缩。补缩冒口直径为铸件最厚大部位即热节圆直径的 1.2～2.5 倍，冒口有效补缩距离为冒口下壁厚的 5～8 倍。为防止缩孔、缩松，底座共设置了方形明顶补缩冒口 54 个。

为防止缩孔、缩松，增加冒口的补缩距离，在导轨等厚大部位设置外冷铁进行激冷，外冷铁的大小、厚度根据铸件实际壁厚确定。由于底座壁厚不均匀，厚大部位较多，整个底座共放置了 836 块外冷铁。

(3) 其他工艺参数的选择。根据实际生产经验，铸件收缩率为 1%；根据铸件尺寸大小、结构特点，铸件机械加工余量按 GB/T 6414—2017 选取，根据铸件结构特点及环境条件选取铸件保温时间为 520 h。

3. 造型、合箱等过程控制

(1) 根据要求使用合格的型砂、芯砂，保证型砂 24 h 时抗拉强度不低于 0.8 MPa，芯砂 24 h 时抗拉强度不低于 1 MPa。

(2) 按工艺要求在型芯中摆放浇冒口、预埋芯、冷铁等。

(3) 造型排坑时，地坑深度按模型高度控制，保证平底层厚度及强度，在平底层上开通气槽并引至分型面。由于底座尺寸大，模型为分段模型，摆放模型时须拉线校直并压牢，保证外观尺寸符合图纸要求。

(4) 造型、制芯填砂时，一般采用分层填砂。每层厚度在 200 mm 左右，用木棒等充分紧实，不易到达的砂型部位用手捣实。坭芯修整完清理干净后放置 4 h 以上，采用流涂方式涂刷醇基锆英粉涂料，砂型在起模 4 h 后涂刷醇基锆英粉涂料，保证涂料厚度为 0.5～1 mm，易黏砂部位应适当加厚。

(5) 按工艺顺序正确下芯，下芯要做到"面平、线直、壁均"，保证形状和尺寸的正确性。保证芯与芯、芯与型之间气道顺通，引出的出气绳应引至高处，严防浇注时铁水堵气眼。

(6) 合箱后正确放置浇口杯,浇口杯与盖箱浇口对齐,防止杂物进入浇、冒口系统及型腔。合箱后到浇注间隔时间一般不超过 48 h。

4. 熔化、浇注过程控制

(1) 根据铸件的材质及结构确定化学成分,如表 5.5 所示,保证铸件性能达到设计要求。

表 5.5 底座化学成分

化学成分质量分数/(%)						
CE	C	Si	Mn	P	S	Cr
3.6～3.9	3.0～3.2	1.7～2.0	0.8～1.1	≤0.07	0.06～0.09	≤0.20

(2) 由于底座毛质量达 84900 kg,浇注质量达 95000 kg,浇注时采用 3 包浇注。3 包铁水温度要尽量一致,温差不超过 20 ℃。

(3) 出炉温度>1450 ℃,浇注温度控制在 1320～1340 ℃。

(4) 呋喃树脂砂铸型的导热性差、保温性能好,生产特大型底座时,为避免孕育衰退,采用了龙南龙钇公司高效复合孕育剂。

5. 底座的数值模拟分析

为验证上述工艺的合理性,利用数值模拟软件对底座铸造过程进行模拟分析,最终后处理的结果如图 5.10 和图 5.11 所示。从图中可以看出,在上述工艺条件下,底座各部位的温差不大,冷却速度比较均匀,产生裂纹的倾向较小;同时底座的缩孔主要集中在冒口,说明上述工艺是比较合理的。而底座内部出现的少量缩松,可以通过紧实砂芯得以减少或消除。

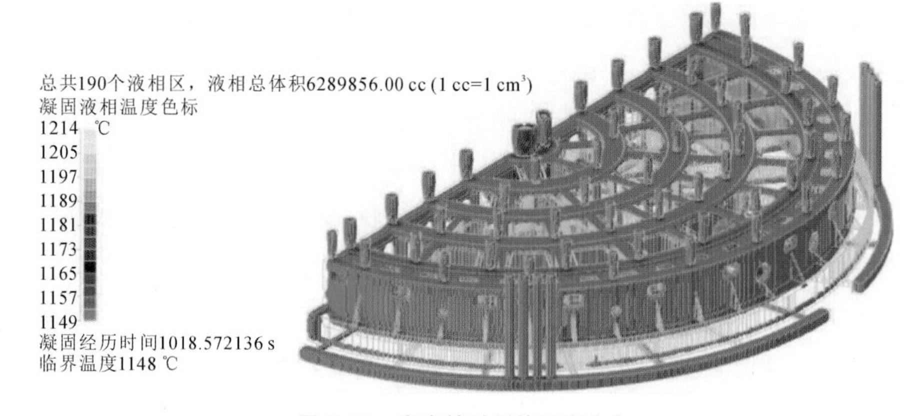

图 5.10 底座某时刻的温度分布

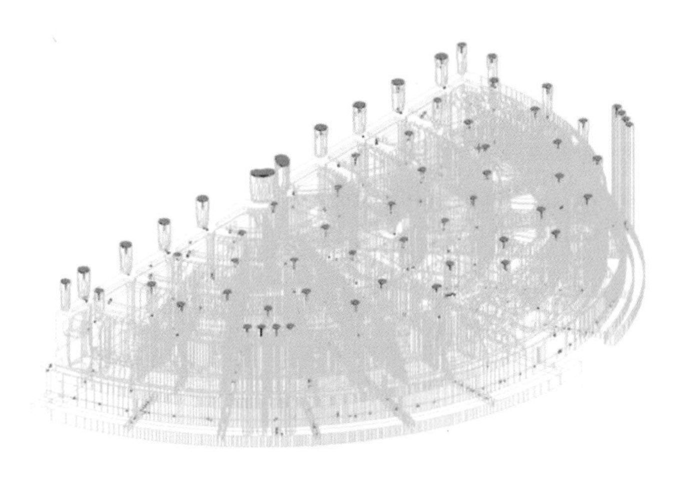

图 5.11 底座的缩孔、缩松预测

5.2 大件锻造技术

通常把在 10 MN 以上锻造水压机上锻压成形的重大锻件，称为大锻件。大锻件多用钢锭直接锻造。大锻件一般是大型重载机床的关键件，如主轴、立式车床滑枕、大齿圈等零件。

5.2.1 大型重载机床锻件的材料

锻件材料主要有碳素钢及合金钢两种。碳素钢是锻造时最常用的金属材料，有特殊性能要求的重要零件常用合金钢锻造，但合金钢比碳素钢容易出现锻造缺陷。铸铁的塑性很差，因此不能用于锻造。锻造用钢有钢锭和钢坯两种。大型锻件使用钢锭作为原材料，中小型锻件使用各种截面的钢坯作为原材料。经过锻造之后的金属材料可以更好地充当加工材料，如主轴、立式车床滑枕及大齿圈等都采用金属锻造之后的金属材料作为原材料。

5.2.2 大件锻造的特点与技术

1. 大件锻造的特点

(1) 经锻造后的金属材料成分更加均匀，内部组织更加致密，从而提高了零件的力学性能和物理性能。如锻造能改善钢坯组织中的气孔及铸态疏松(分散缩孔)等缺陷,把粗大的晶粒击碎成细小的晶粒,并形成纤维组织,在沿纤维方向上的塑性和冲击韧度提高。由于以上原因,所以负载大,受力复杂,工作条件严峻的关键零件,多以锻件为毛坯。

(2) 锻造通常可以锻制形状很简单的锻件(如齿轮坯),也可以锻制形状复杂、不需或只需少量切削加工的精密锻件(如曲轴、精锻齿轮等),既可单件小批量生产,又可大批量生产。因此,其具有很大的灵活性。

(3) 一般零件的制作,采用钢坯直接切削加工,材料利用率低,切削加工工时多。而锻造后,再进行切削加工,材料利用率高,切削加工工时少。

(4) 特别是对于模型锻造生产来说,锻造具有较高的生产率。同一个模型锻造的锻件,形状尺寸相同,便于机械加工,有利于实现机械化与自动化。

2. 锻造技术

1) 锻造比

锻造比是衡量锻件变形程度的指标,简称锻比。锻比对铸态组织的改善、内部缺陷的锻合、组织的均匀化及力学性能的提高具有极其重要的影响,是决定锻件质量最重要的参数。

锻比的计算方法如表 5.6 所示。

表 5.6 锻比的计算方法

序号	工序	简图	总锻比
1	钢锭拔长	D_1 D_2	$y_1=D_1^2/D_2^2$
2	坯料拔长	D_2 l_2 D_3 l_3	$y_2=D_2^2/D_3^2=l_3/l_2$
3	两次拔长	与序号 1、2 同	$y=y_1\times y_2$ $=D_1^2/D_2^2\times(D_2^2/D_3^2)$ $=D_1^2/D_3^2$

续表

序号	工序	简图	总锻比
4	两次镦粗和拔长	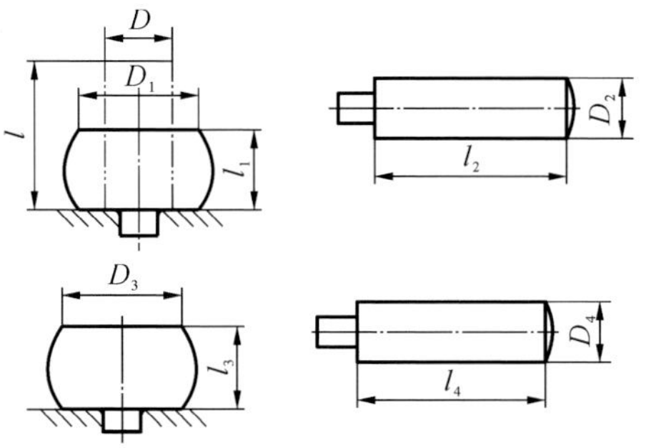	$y=y_1+y_2=D_1^2/D_2^2+D_3^2/D_4^2$ 或 $y=l_2/l_1+l_4/l_3$
5	马杠扩孔	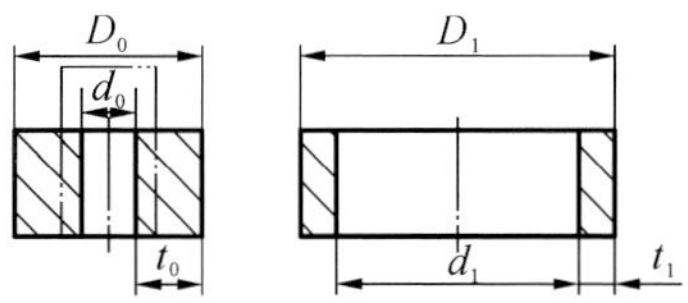	$y=F_0/F_1=(D_0-d_0)/(D_1-d_1)$ 或 $y=t_0/t_1$
6	芯轴拔长	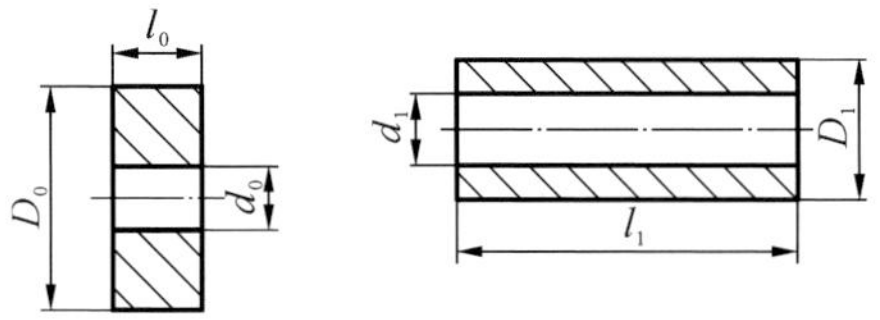	$y=(D_0^2-d_0^2)/(D_1^2-d_1^2)$ 或 $y=l_1/l_0$
7	镦粗	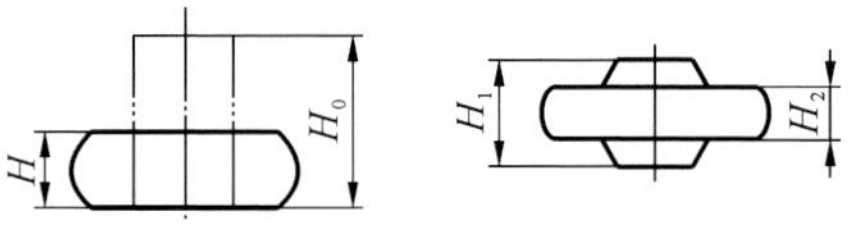	轮毂：$y=H_0/H_1$ 轮缘：$y=H_0/H_2$

锻比的确定原则如下。对于以纵向为主要受力方向的轴类锻件，拔长锻比应取 2.5～3.0；若其横向为主要受力方向，拔长锻比 $y<3.0$。对于封头、齿轮等以镦粗为最终工序的饼类锻件，镦粗锻比 $y>1.5\sim2.0$；对要求做端面探伤的饼类件，镦粗锻比 $y<3.0\sim5.0$。对于高碳合金钢，应采用镦粗-拔长复合工艺，总锻比 $y>4.0\sim6.0$。对于钢锭，最小锻比 y_{min} 与其质量大小有关，可用 $y_{min}=2.5Q^{0.0764}$ 计算（Q 为钢锭质量）。对于特别重要的锻件（电站转子等），其总锻比应不小于 4.0～6.0，并应采取特殊锻造方法。

2）主要的锻造变形方法

锻造的方法有拔长、镦粗、冲孔、芯轴拔长、马杠扩孔等，大型重载机床的主轴、滑枕及大齿圈等零件主要采用拔长和镦粗的方法。

(1) 拔长,拔长是大件锻造最主要的变形工序。它不仅是轴、杆类锻件成形的基本工序,而且是改善锻件组织结构,提高力学性能的重要手段。

① 普通平砧拔长法。

普通平砧拔长指使用普通宽度的上下对称平砧进行拔长的方法。一般砧宽比 $W_0/H_0=0.3\sim0.5$,压下率 $\varepsilon_h=10\%\sim20\%$。当 $W_0/H_0=0.3\sim0.5$,$\varepsilon_h=20\%$ 时,坯料内部静液压力(σ_m/σ)的分布状况如图 5.12 所示,此时在坯料心部有拉应力出现,即坯料中心产生曼内斯曼(Mannesmann)效应。这不利于坯料心部粗晶与孔隙性缺陷压实、锻合,但这种状况会随着 W_0/H_0 的增大和 ε_h 的增加而改善。

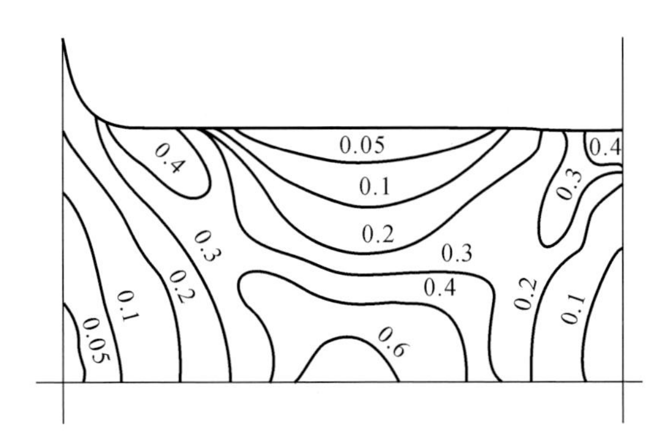

图 5.12 普通平砧拔长坯料内部静液压力分布状况

② 宽砧高温强压(WHF)法。

宽砧高温强压拔长的特点在于增加了平砧的宽度。通过反复对高温坯料强力施压,坯料内部的应力应变场得到了改善,于是心部孔隙性缺陷得到有效的焊合、压实。实施宽砧高温强压法时,坯料应加热至高温,并均匀热透,出炉后及时锻压,使用宽平砧并满砧送进(送进量不小于砧宽的 90%)。生产中宽砧高温强压工艺参数大致为砧宽比 $W_0/H_0=0.6\sim0.9$,压下率 $\varepsilon_h=20\%\sim30\%$。

在用宽砧高温强压法拔长时,为使砧子外缘处坯料内空穴压实锻合,两次压缩中间应有不小于 10%砧宽的搭接量,而且翻料时要错砧,以达到坯料全部均匀压实目的。

③ 中心无拉应力(FM)锻造法。

中心无拉应力锻造法的特点在于上窄砧、下宽平台不对称砧型配置。拔长时坯料产生不对称变形,如图 5.13 所示,这样坯料心部处于压应力状态,而拉应力位置下移,此时钢锭心部缺陷较多的部位将避开拉应力的破坏作用,锻造效果良好。中心无拉应力锻造法试验研究指出:砧宽比 $W_0/H_0\geqslant0.42\sim0.48$

时坯料中心无轴向拉应力，压下率(双面)可达到 22%。

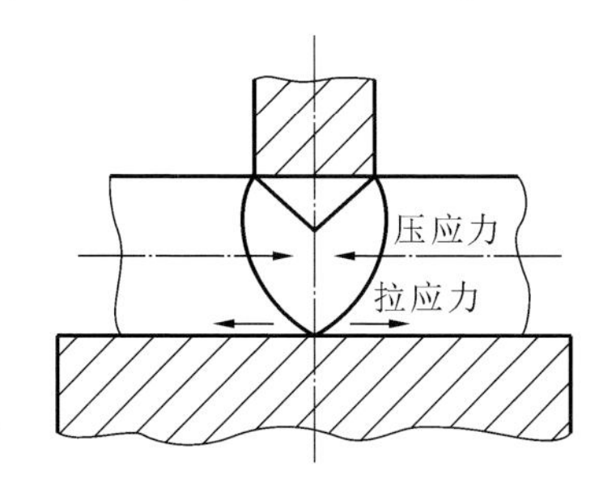

图 5.13　中心无拉应力锻造法原理

④ 中心压实(JTS)法。

此法又称表面降温锻造法，如图 5.14 所示。其实质是先将坯料加热到允许的最高温度，然后表面先冷却降温(空冷、吹风或喷雾冷却)，当中心还处于高温状态时，用窄平砧沿坯料纵向加压，借助表层低温硬壳的限制作用，达到显著压实中心的效果。

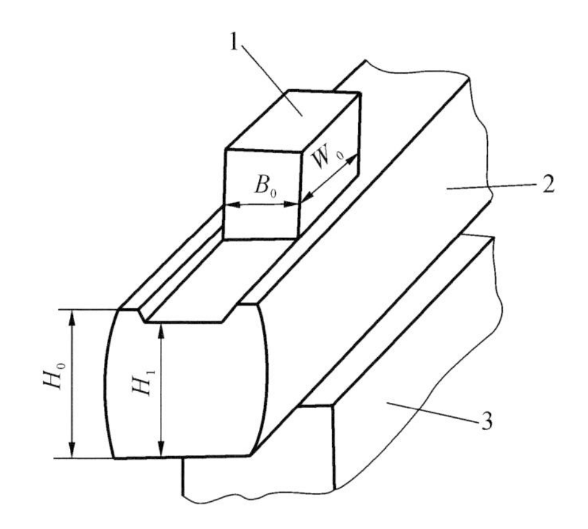

图 5.14　中心压实法变形简图

1—小上平砧；2—坯料；3—下平砧

研究证明：内外温度差(Δt)由 0 ℃增至 250 ℃时，锻坯中心缺陷锻合所需的临界压下量减小 28%左右，静水压应力增加 3 倍左右，且大变形区域向中心集中，加之中心处于 1050 ℃左右的高温，形成了最有利于锻合孔隙性缺陷的热力学条件。

⑤ 型砧拔长。

锻造中常用的型砧拔长方法有上下 V 形砧、上平下 V 形砧和上下圆弧砧拔长等。上下 V 形砧、上下圆弧砧用来锻造轴类锻件，而上平下 V 形砧，则主要用于钢锭压钳把和开坯倒棱。型砧拔长与平砧拔长相比,锻坯横向流动少,拔长效率高,且翻转操作方便。当压下量足够时,砧下空穴不闭合区小。

生产中上下V形砧工艺参数为 $W_0/H_0=0.6\sim0.8$,$\varepsilon_h=15\%\sim22\%$,工作角 $\theta=120°\sim135°$。上下V形砧锻造时,钢坯内等效应变和静水应力分布如图5.15所示。

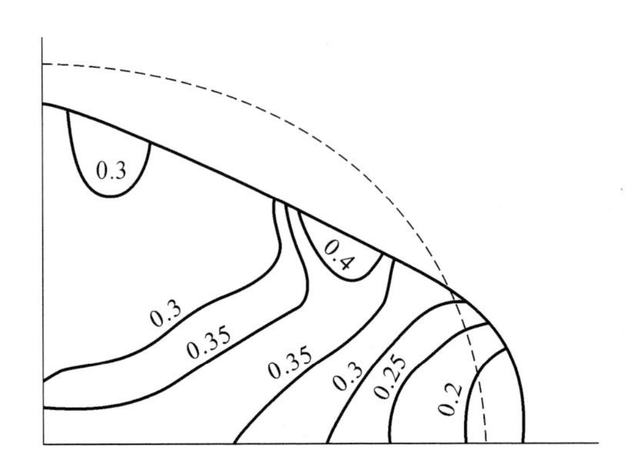

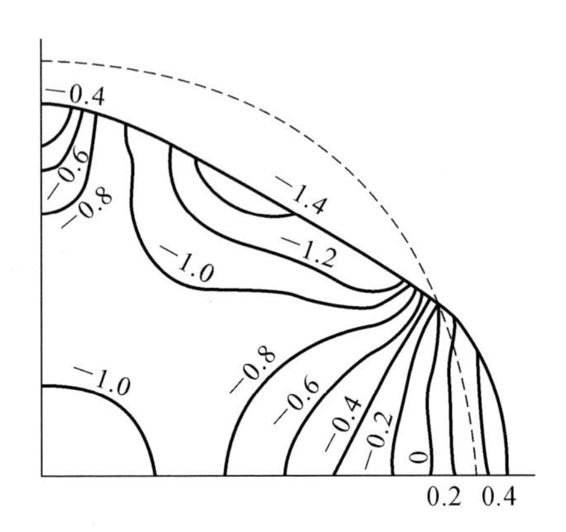

$W_0/H_0=0.8$　ε_h=20%　工作角 θ=120°

图5.15　上下V形砧拔长钢坯内等效应变 ε 和静水应力 σ_m/σ 分布

我国曾用宽砧大压下量锻造法(亦称KD锻造法)成功地在120 MN锻造水压机上锻成了200～600 MW重型转子锻件。主要技术参数为平砧宽1200～1700 mm,135°V形砧宽1200 mm,压下量为450～550 mm。

(2) 镦粗,大锻件锻造中镦粗主要有两种形式:带钳把镦粗和无钳把镦粗。

带钳把镦粗,一般用于锻造轴、杆类锻件拔长前的预备工序,以增加拔长锻比,改善锻件的横向力学性能。带钳把镦粗按上镦粗板和下漏盘工作面的形状分为平面镦粗、凹面镦粗和凸面(锥面)镦粗,如图5.16所示。

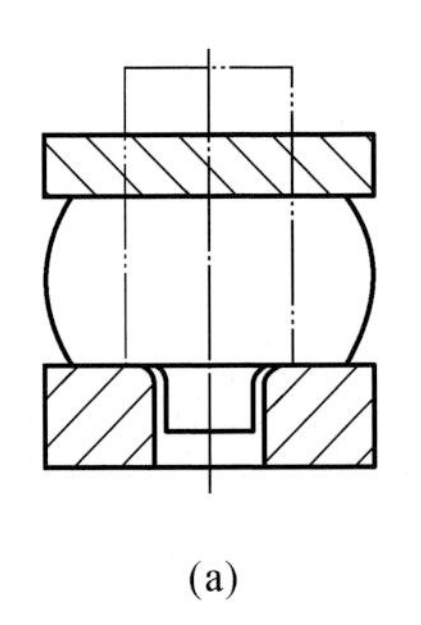
(a)

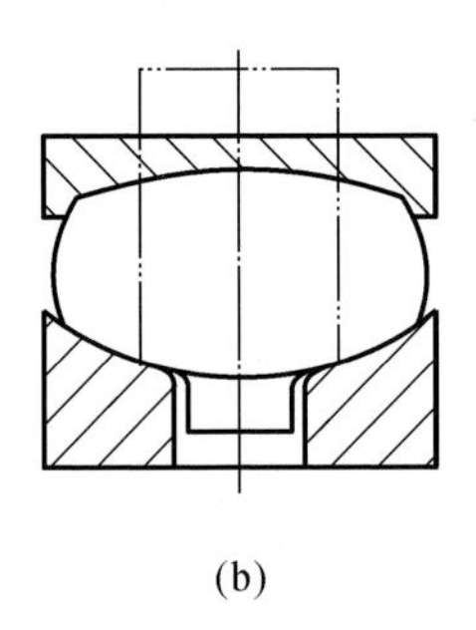
(b)

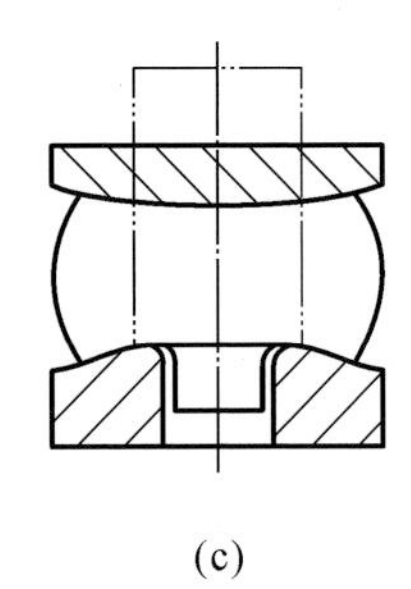
(c)

图5.16　带钳把镦粗

(a) 平面镦粗　(b) 凹面镦粗　(c) 凸面(锥面)镦粗

无钳把镦粗是圆盘形和饼块类锻件的主要变形工序，是冲孔前的预备工序。

5.2.3 典型大件锻造工艺实例

1. 技术要求

主轴是立式车床床头箱中的关键零件，因其受力复杂，所以要求强度高、韧度高、组织性能均匀、残余应力小。C6080B-20351 主轴的材质为 60 钢；力学性能为 $\sigma_s = 345\ \text{MPa}$，$\sigma_b = 670\ \text{MPa}$，$\delta = 12\%$。

2. 生产流程

生产流程详见如表 5.7 所示的主轴锻造工艺卡片。

表 5.7 主轴锻造工艺卡片

零件图号	C6080B-20351	锻件质量	7140 kg
零件名称	主 轴	钢锭质量	14 t
钢号	60 钢	钢锭利用率	51%

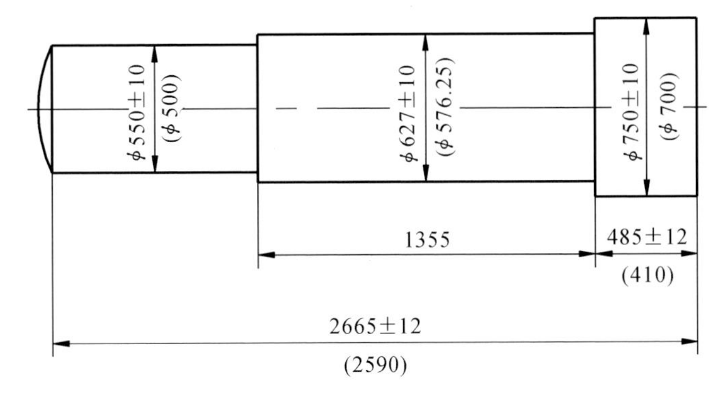

火次	温度	操作说明及变形过程简图
1	1200～800 ℃	拔长冒口端到图示尺寸

续表

火次	温度	操作说明及变形过程简图
2	1200～800 ℃	按 WHF 法操作要领操作,倒八方至 780 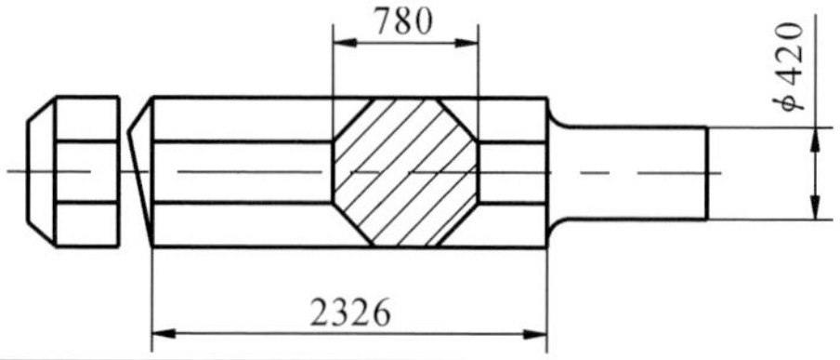
3	1200～800 ℃	立料,镦粗,先用平板镦至 1530,再换球面板镦至图示尺寸,压方至 730,其余要求同序号 2,倒八方至 780 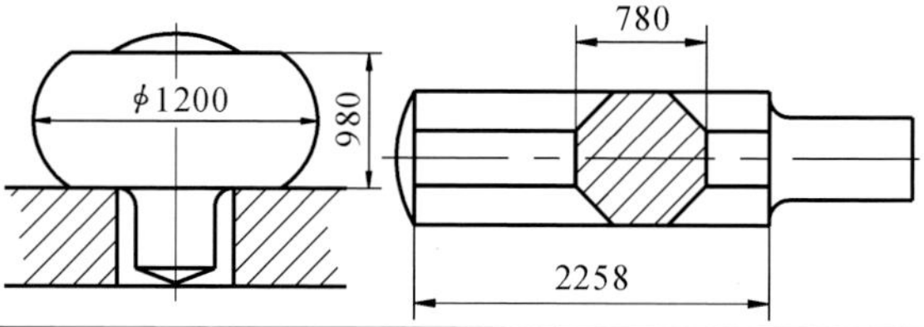
4	1200～800 ℃	立料,镦粗,压方至 730,倒八方至 780(操作要求同序 3) 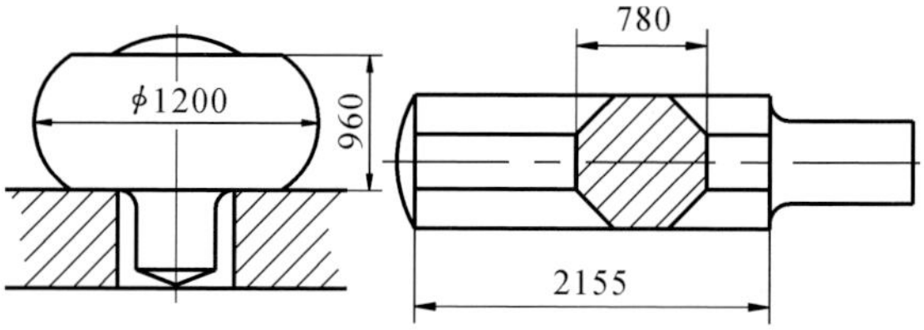
5	1200～800 ℃	立料,镦粗,压方至 810,中心压实。每面有效压下量 70,压块与压块之间搭接 50 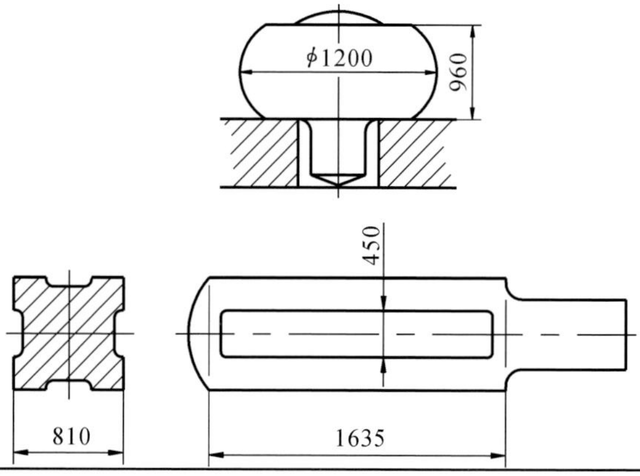

续表

火次	温度	操作说明及变形过程简图
6	1200～800 ℃	倒八方滚圆至 750，按图示尺寸分料
7	1150～800 ℃	锻出各部分至图示尺寸

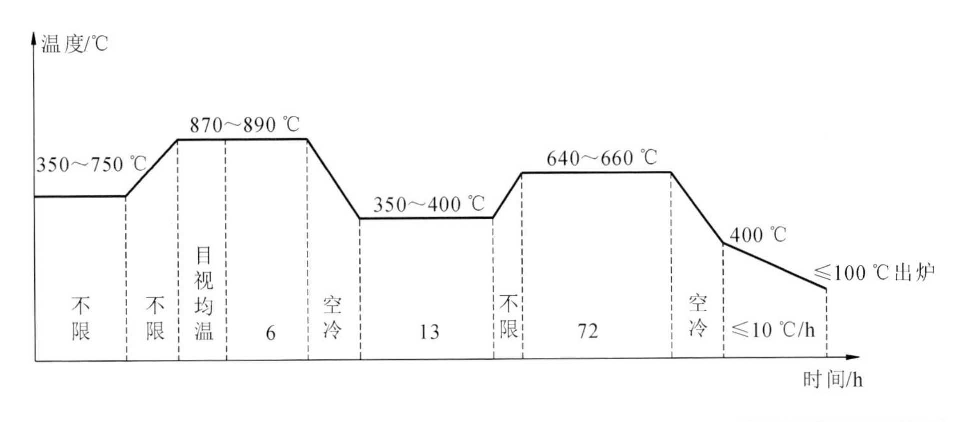

5.3　大件焊接技术

目前在工程生产上，焊接是最主要的连接方法。焊接结构的质量已占钢铁总产量的 50%以上，工业发达国家的这一比例已经接近 70%。在钢结构领域，焊接技术的采用,使得钢结构的连接大为简化。目前,焊接结构的研究及焊接工艺水平得到了快速发展。近几年,由于大型重载机床绿色制造趋势、用户需求制造周期不断缩短、企业要求降低成本等原因,焊接结构越来越多地应用到大型重载机床上,焊接工艺也成了机床制造业的重要基础工艺,并从单一的加工工艺发展成了包括原材料预处理、切割落料、成形焊接、焊后检验和焊后处理等新兴的综合性工程技术,以焊代铸、以焊代锻、以焊代切削已成为机床制造业总的发展趋势。一些原本以铸件为主的床身、立柱、横梁等基础件也采用了焊接结构。

5.3.1 大型重载机床焊接件的材料

1. 大件焊接件的优点

(1) 用传统的铸造工艺制造机床大件,则壁厚不能相差过大,因此筋板布置受到一定限制,而且在其他方面焊接件相对于铸件也有一定优势。

(2) 焊接件具有生产周期短、所需设备相对简单(不需木模制作、不需熔炼设备)、不易出废品、改形快等优点。

(3) 焊接件质量小。钢的弹性模量约为铸铁的1.5～2倍,在形状和轮廓相同前提下,如果刚度相同,焊接件的壁厚可比铸件的薄(相同刚度的焊接件的质量仅为铸件质量的60%)。

(4) 焊接件可以采用完全封闭的箱型结构,不像铸件那样要留出砂孔。

(5) 若发现结构有缺陷,如发现刚度不足,焊接件可以补救,如可加焊隔板、筋板等。

(6) 吸振性。传统的观点认为,铸件的吸振性能优于焊接件,其实不然。如果是形状简单、尺寸相同的两种不同材料的单体,铸铁件的吸振性能大大优于碳钢件,因为铸铁的内阻尼比碳钢平均高出3.2倍。但是,整机的阻尼主要是由支承件的接合面决定的,即振动能量主要来自结构件接合面(焊接面)间的摩擦和黏滞。如龙门的横梁是由科学布局的筋板和主板构成的结构件,其内阻尼主要来自结构件接合面(焊接面)间的摩擦,而不是材料的内阻尼,材料本身的内阻尼在此是微乎其微的,结构件接合面之间的摩擦阻尼占全部内阻尼的90%。所以,在一般情况下,焊接件的吸振性能与铸件的相差无几。欧美国家和日本等先进国家通过有限元分析法,科学计算,合理布局,使焊接件的吸振阻尼甚至高出铸件的许多,其吸振性能也优于铸件的。

(7) 避免共振。物体的固有频率的公式为 $\omega=\sqrt{K/M}$(式中:ω 为固有频率;K 为刚度;M 为质量)。由于碳钢材料的弹性模量大于铸铁材料,力学性能也优于铸铁材料,所以在刚度相同的前提下,焊接件质量可以比铸件小许多,相同刚度的焊接件的质量仅为铸件质量的 60%。所以,减轻质量即减小质量 M,使固有频率 ω 得以提高,共振发生的概率可降低或避免。设计合理的焊接件的固有频率可以比铸件的高 50%,在受迫振动时,可减少或避免共振的发生。对于自激振动,提高静刚度可以提高自激振动稳定性的极限值。

2. 大件焊接材料选用

大型重载机床焊接大件有床身、横梁、立柱等。它们是整台机床的基础和支架,其他零部件要以它们为安装固定基础或在它们的导轨上运动。因此,要求结构的刚度高,热变形对加工精度的影响小,稳定性好,同时还要具有良好的减振性。采用特殊结构及材料可以使焊接件具有良好的刚度,在减小机床质量的同时,有效控制机床的形变,保障机床的运动精度。

大型焊接件的焊接材料主要选用结构钢,结构钢分碳素结构钢、优质碳素结构钢、低合金高强度结构钢三类,如表 5.8、表 5.9、表 5.10 所示。

表 5.8　大件常用碳素结构钢的力学性能(GB/T 700—2006)

牌号	等级	σ_s/MPa,不小于	σ_b/MPa	δ_5/(%),不小于	用途
Q235	A	235	370～500	26	Q235 C、D 等级可用于大型重要焊接结构件
	B				
	C				
	D				

表 5.9　大件常用优质碳素结构钢的力学性能(GB/T 699—2015)

牌号	σ_b/MPa,不小于	σ_s/MPa,不小于	δ_5/(%),不小于	ψ/(%),不小于	用途
65Mn	735	430	9	30	用于截面尺寸较大或强度要求较高的零件

表 5.10 大件常用低合金高强度结构钢的力学性能(GB/T 1591—2018)

牌号	等级	σ_b/MPa	σ_s/MPa	δ/(%),不小于	用途
Q355	B	470～630	355	纵向,22;横向,20	综合力学性能良好,用于制造石油化工设备、船舶、桥梁、车辆等大型钢结构件,比如南京长江大桥结构件
	C				
	D				

5.3.2 大件的焊接结构与技术

1. 焊接结构

焊接结构是指常见的最适宜用焊接方法制造的金属结构。焊接结构的种类繁多,其分类方法也不尽相同。例如,按半成品的制造方法可分为板焊结构、冲焊结构等;按照结构的用途则可分为车辆结构、船体结构、飞机结构等;根据焊件的材料厚度则可分为薄壁结构和厚壁结构;根据焊件的材料种类则可分为钢制结构、铝制结构、钛制结构等。现在国内通用的方法是根据焊接物体或结构的工作特性来分类,机床产品焊接结构多为复杂的箱型结构,主要为以下两类。

1) 梁及梁系结构

这类焊接结构的工作特性是组成梁系结构的元件承受横向弯曲应力,当多根梁通过刚性连接组成梁系结构(框架结构)时,各梁的受力情况将变得较为复杂。

2) 柱类结构

这类焊接结构的特点是承受压应力或在受压的同时承受纵向弯曲应力。结构的断面形状多为"工"字形、箱形或管式圆形。柱类焊接结构也常用各种型钢组合成所谓虚腹虚壁式组合截面。采用这些形式都可增大惯性矩,提高结构的稳定性,同时也节约材料。

2. 焊接工艺技术

在钢结构焊接过程中,焊接的质量决定了整个工程的质量,因此应对钢结构焊接的质量进行有效的控制。

1）焊前准备

（1）焊接工艺评定及施焊工艺。

在评定的程序上，首先，产品进行焊接之前，专门负责人员需要制定焊接工艺指导书；其次，施工单位对焊接施工人员进行培训辅导；再次，专业检测人员对焊接产品进行性能测试，检验产品是否合格；最后，专业评定人员对前面的检测过程做出评定，对不合格的焊接重新进行评定。焊接工艺因素可分为重要因素和次要因素，当重要因素发生变更时，必须重新进行焊接工艺评定，次要因素发生变更时可不重新进行评定。重要因素是指影响焊接接头抗拉强度和弯曲性能的焊接工艺因素。次要因素是指对要求测定的力学性能无明显影响的焊接工艺因素。质量监督对焊接工艺进行评定监督检查的时机是在材料的焊接性确定之后，工程焊接之前。

（2）焊工。

目前，钢结构主要还是以手工焊接为主，焊工的操作水平决定了钢结构的焊接质量。因此，应对焊工进行强化培训和考核，提高焊工的专业技能和素养，使焊工熟练掌握焊接的操作要求，焊工必须考试合格并取得证书后方可上岗。

（3）焊接设备。

焊工在进行钢结构焊接时应对焊接设备进行检测，保证电流、电压的准确性。配备专门的检修人员，定期对焊接设备进行检修和维护，做好日常记录，保证焊接工作的顺利进行，确保焊接的质量。

（4）焊接坡口。

焊接坡口应根据图样要求或工艺条件选用标准坡口或自行设计。选择坡口形式和尺寸应考虑下列因素：

① 焊接方法；

② 焊缝填充金属应尽量少；

③ 避免产生缺陷；

④ 降低残余焊接变形与应力；

⑤ 有利于焊接防护；

⑥ 焊工操作方便；

⑦ 复合钢板的坡口应有利于减小焊缝中过渡金属的稀释率。

对于手工电弧焊、气体保护焊，厚度不大于 3 mm 碳钢、低合金钢、不锈钢一般不开坡口;厚度为 3～12mm 的上述材料开 J 形或 V 形坡口;厚度大于 12 mm的上述材料,采用双面 U 形或 X 形坡口更好,V 形坡口角度为 60°。埋弧自动焊,一般焊件厚度不大于 14 mm 时不开坡口,当焊件厚度为 14～22 mm 时,一般开 V 形坡口,坡口角度一般为 50°～60°。

(5) 坡口制备方法如下:

① 必须按焊接工艺或图样制备坡口及尺寸加工;

② 碳素钢和标准抗拉强度下限值不大于 540 MPa 的低合金高强度钢可采用冷加工方法,也可采用热加工方法制备坡口;

③ 耐热型低合金钢和高合金钢,标准抗拉强度下限值大于 540 MPa 的低合金高强度钢,宜采用冷加工方法,若采用热加工方法,对影响焊接质量的表面层,应用冷加工方法去除;

④ 焊接坡口应保持平整,不得有裂纹、分层、夹渣等缺陷,形式和尺寸应符合相应规定;

⑤ 应将坡口表面及两侧(以离坡口边缘的距离计,焊条电弧焊各 10 mm,埋弧焊、气体保护焊各 20 mm)的水、铁锈、焊丝、油污、积渣和其他有害杂质清理干净;

⑥ 奥氏体高合金钢坡口两侧各 100mm 范围内应刷涂料,以防止沾附焊接飞溅物。

(6) 焊条、焊剂。

焊条、焊剂的烘干规范如表 5.11 所示,烘干好的焊条应放在 100 ℃恒温箱待用。

表 5.11　常用焊条、焊剂烘干规范

焊材牌号	烘干温度和时间	保温温度
J422	150 ℃,1 h	100～150 ℃
J427	350～400 ℃,2 h	100～150 ℃
J507	350～400 ℃,2 h	100～150 ℃
A102,A132,A022,A302,A312	150 ℃,2 h	100～150 ℃
HJ431	250 ℃,2 h	100～150 ℃
HJ107	300 ℃,2 h	100～150 ℃

(7) 定位、组对。

在接头组对时,应确保坡口的质量,组对的间隙应均匀,并且使接口整齐、平整,避免错边及发生缺陷、少口等情况,如果发现壁厚不一致,应及时采取相应的措施进行修整,防止在焊接的过程中发生变形,损害焊接的质量。

2) 焊接过程控制

在焊接过程中,应制定详细的方案,对各方面进行有效的质量监督,保证金属材料、实物表面的质量。

(1) 焊接环境的检查。

① 风速:焊接的方法不同,对于风速的控制也不同,在进行气体保护焊时,风速应控制在1 m/s,对于其他的焊接方式风速应不能大于8 m/s,必要的时候应采取相应的保护措施。

② 对于电弧焊接,应确保其周围的湿度,保证焊接的质量。

③ 若外界因素,如雨雪风霜等恶劣天气,直接影响了焊接工作的进行,如果不能对焊接施工采取保护措施,就不能进行焊接工作。

(2) 焊接记录的检查内容如下:

① 产品编号、规格、图号;

② 现场使用的工艺文件编号;

③ 母材和焊接材料的牌号、规格、入场检验编号;

④ 焊接方法、焊工姓名、焊工钢印;

⑤ 实际预热温度、后热温度、消氢温度和时间;

⑥ 检验方法、检验结果,包括外观检验、无损探伤、水压实验和焊接试样检查;

⑦ 检验报告编号(理化实验室、无损检测室等专业部门出具的书面报告);

⑧ 焊接返修方法、返修部位、返修次数;

⑨ 记录日期、记录人签字,焊接记录应保证及时性、真实性和完整性,应按照制造工序依次进行,使记录规范化,必须经有关检验人员签字或审批。

(3) 焊后检查。

① 焊缝外观检查。

在无损检测之前应进行焊缝外观检查,避免焊缝表面出现严重的质量问题。焊缝的外观检查应检查接头的表面是否均平、焊缝尺寸是否存在偏差、外观是否清洁整齐、表面是否存在裂纹等缺陷。应防止熔渣等飞溅物损坏焊缝的质量,科学合理地进行检查。

② 焊缝内部质量的检验。

检测方法应根据不同焊缝质量要求等级及检验标准选择,可选择射线、超声波、磁粉(表面裂纹)、渗透(非铁性表面缺陷)检验。导轨与其他件焊接的地方需要做探伤检测,焊缝质量应符合《钢结构工程施工质量验收规范》(GB 50205—2001)标准Ⅱ级。做好焊缝内部质量的检验是保证焊接质量的关键,因此需要选择恰当的检验方法。无损检测采用的方法和检测比例应按照设计要求规定,并且应符合有关施工规范。抽检的焊口应在监理人员在现场的情况下选定,并记下焊口的编号。无损检测结束后,施工单位在焊口图上准确标明编号、材质、规格、焊口位置、焊工代号、无损检测位置、无损检测方法、检验人员等。应及时对无损检测报告以及射线底片进行检查,如有些焊缝需要返工,在返工的时候也必须严格按照返修标准执行。

③ 焊缝的返修。

焊缝返修的要求与制定焊接工艺时的一样,制定的焊缝返修工艺也必须有相应的返修工艺评定。焊缝首次返修,由项目焊接责任师编制返修方案,确定返修工艺措施。同一部位两次以上的返修,返修方案需总质量保证工程师批准。焊缝的返修工作要由合格焊工承担,一般情况下,首次返修由焊接责任者完成,二次以上返修由施焊中的优秀焊工完成。焊接质检员对返修的部位做好焊缝返修记录,并做好相应保存。

3. 焊接变形的控制技术

1) 焊接结构变形的分类

焊接变形主要有由外力作用引起的变形和由内应力作用引起的变形。其中,由外力作用引起的变形又分为钢结构件长期承受载荷而残存的变形和钢结构件承受不正常的外力作用造成的变形。这些变形都是外力作用后的永久变形,属于塑性变形。导致产生这些变形的外力包括弯曲力、扭力、冲击力、拉力、压力等多种。

在物体受到外力作用发生变形的同时,其内部会出现一种抵抗变形的力,这种力就叫作内力。物体受外力作用,在单位截面积上出现的内力叫应力。当没有外力作用时,物体内部所存在的应力叫作内应力,内应力并不是由外力引起的。焊接过程对金属构件来说，是一种不均匀的加热和冷却过程，是容易造成构件产生内应力而引起变形的主要原因。因此，不论何种形式的焊接变形，都遵循同一规律，即焊缝冷却后，在焊缝区域内产生收缩，焊件产生内应力，当焊件本身的刚度不能克服焊缝的收缩作用时，便引起了焊件的变形。

2）钢结构件焊接变形的因素

影响钢结构件焊接变形的因素较多，大致可以分为设计和工艺两方面因素。设计方面因素主要指结构设计的合理性、焊缝的位置以及焊接坡口的形式等。工艺方面因素主要指焊接工艺规程、装焊顺序、各种防变形和反变形措施的采用以及消除焊接结构的应力的措施等。

3）钢结构件变形的矫正和预防

钢结构件都是将多种零件通过焊接、铆接或用螺栓连接等方式连成一体的，是相互联系而又相互制约的一个有机的整体。因此，对产生变形的钢结构件进行矫正前，必须首先了解变形产生的原因，分析钢结构件的内在联系，找出矛盾的主次关系，确定了正确的矫正部位和相应的矫正手段后，才可着手进行矫正工作，切不可孤立地看待问题而贸然下手。

（1）矫正原理。

矫正原理就是利用金属的塑性，通过外力或局部加热的作用，迫使铆接、焊接结构件上钢材变形的紧缩区域内较短的“纤维”伸长，或使疏松区域内较长的“纤维”缩短，最后使钢材各层“纤维”的长度趋于相等且平直，其实质就是通过对钢材变形的反变形来达到矫正铆接、焊接结构件的目的。

（2）矫正方法的确定。

矫正的方法很多，根据矫正时钢材的温度不同分为冷矫正和热矫正两种。冷矫正是在常温下进行的矫正，冷矫正时会产生冷作硬化现象，适用于矫正塑性较好的钢材，变形十分严重或脆性很大的钢材不能用冷矫正。热矫正是将钢材加热至 700～1000 ℃，在高温下进行矫正。在钢材的弯曲变形大、塑性差，或在缺少足够动力设备的情况下应用热矫正。另外，根据矫正时作用外力的来源与性质，矫正可分为手工矫正、机械矫正、火焰矫正与高频热点矫正等几种。

通过以上对钢结构件变形原因的分析，可得出对钢结构件变形进行矫正的要领如下。

① 分析构件变形的原因，弄清构件变形究竟是由外力引起的还是由内应力

引起的。

② 分析构件的内在联系,搞清各个零部件相互间的制约关系。

③ 选择正确的矫正部位,先解决主要矛盾,然后再解决次要矛盾。

④ 掌握构件所用钢材的性质,以防止矫正时工件折断、产生裂纹或回弹等。

⑤ 按照实际情况来确定矫正的方法及多种方法并用时的先后顺序。

(3) 薄板结构件的矫正。

薄板在钢结构件中往往都是和各种类型的框架装配、焊接在一起的。基于这一特点,在矫正钢结构件中薄板的变形时必须首先保证各类框架符合要求,然后才能考虑对薄板变形进行矫正。在矫正过程中,要随时注意和防止框架出现新的变形而影响矫正工作的顺利进行。现场矫正钢结构件上的薄板变形,大都采用局部加热使其冷却收缩的方法。

矫正钢结构件上的薄板变形的普遍做法:找出钢板上的凸起部位,也就是变形区域,用氧乙炔焰在凸起部位进行点状加热,然后辅以木锤捶击和浇水急冷,使钢板凸起处产生收缩而达到矫正目的。

进行点状加热时应注意以下几点。

① 加热的温度要适当,既要能够足以引起钢材的塑性变形,温度又不能太高,一般不高于 800 ℃,相当于加热到樱红色。如果加热温度太高(1000 ℃以上),则会导致钢材产生粗晶粒结构,而使加热点产生很小的裂纹,影响钢结构件的质量,尤其是对要求不漏水、不漏油的容器类结构件,更要注意。

② 加热圆点的范围与钢板的厚度有关,即钢板厚,范围大;钢板薄,范围小。其加热范围的直径以板厚的 6 倍加 10 mm 为宜。加热点与点之间的距离要均匀一致,或按实际变形程度做连续均匀的变化,一般采用梅花状布置。

③ 浇水急冷和木锤捶击,都是使钢板的“纤维”组织收缩加快。木锤捶击动作要轻,以免影响结构件的表面质量。

④ 加热时烤枪嘴不要来回晃动,束状火焰要垂直钢板,动作要敏捷迅速。加热点不要过多,以免增加不应有的内应力。

(4) 梁柱类构件的矫正。

梁柱类构件的矫正主要分为 T 形梁变形的矫正、箱形梁变形的矫正。

T 形梁变形的矫正分为角变形的矫正、拱变形的矫正和旁弯变形的矫正。一般情况下,可选择变形较为严重的一种先进行矫正,然后再矫正另一种变形,或者按旁弯、拱变形、角变形的顺序进行。

箱形梁变形的矫正分为箱形梁扭曲变形的矫正和箱形梁拱变形的矫正。

4. 减少焊接变形的措施

在工艺设计方面，防止和减少焊接变形的措施有反变形法和刚性固定法两种方法。

1）反变形法

这是生产中常用的预防变形的方法，在装配前估算出焊接变形的大小和方向，在装配时给予结构件一个相反方向的变形，使其与焊接变形相抵消。

2）刚性固定法

此方法是在没有使用反变形的情况下，将结构件加以固定来限制焊接变形。用这种方法来预防结构件的弯曲变形，其效果远不及反变形法。但是利用这种方法来防止角变形和波浪变形，其效果还是比较好的。

在实际生产中，还可以通过减小内应力的方式来控制焊接变形，焊前预热能有效地减小内应力。预热温度一般为350～400 ℃，预热可使焊缝部分金属和周围的温差减小，焊后又可以缓慢地收缩，可显著减小焊接应力。如果没有预热条件，也可以锤击焊缝来减小残余应力。实践证明，锤击焊缝区，应力可减小1/4～1/2，但锤击温度必须维持在100～150 ℃或400 ℃以上，要避免在200～300 ℃，因为此时金属处于蓝脆阶段，锤击焊缝容易使之断裂。多层焊时，除第一层和最后一层焊缝外每层都要锤击，第一层不锤击是为了避免根部出现裂缝，最后一层不锤击是为了防止由锤击引起的冷作硬化。

5. 焊后消除焊接应力的方法

目前，铆焊结构件常用的消除焊接残余应力的方法是焊后热处理及振动法等。

1）焊后热处理

焊后热处理是消除焊接残余应力的主要方法。热处理时把铆焊结构件的整体或局部均匀加热至材料相变点以下的某一温度范围（一般为550～600 ℃），再进行一定时间的保温（一般钢材按每毫米2.5 min计算，超过50 mm，每增加25 mm加15 min）。此时金属虽未发生相变，但在这样的温度下，其屈服强度降低，金属内部由于残余应力的作用而产生一定的塑性变形，从而使应力得到消除，然后再使之均匀、缓慢地冷却下来。同一种材料回火温度越高，时间越长，应力消除得越彻底。一般通过整体高温回火可将80%～90%，甚至以上的残余应力消除掉，并可改善焊缝热影响区的组织与性能。

整体热处理一般是在加热炉内进行的,局部热处理可采用局部加热设备或氧乙炔焰加热。

2)振动法

这是一种利用振源使工件产生共振以消除焊接应力,稳定焊件尺寸的新方法。

振动法的优点是设备简单、成本低,且消除应力所用时间比较短,没有热处理时产生的金属氧化问题,但也有一些问题有待进一步研究。

对于碳素钢、不锈钢件,也可对焊缝区域施加振动载荷,振源与结构发生稳定共振,利用稳定共振的变载应力,使焊缝区域产生塑性变形,以达到消除内应力的目的。

5.3.3 典型大件焊接工艺实例

1. CKX53150 **床身焊接工艺**

武重设计制造的CKX53150型15 m单柱移动数控立式铣车床、CKX53160型16 m单柱移动数控立式车床以及武重与德国席士公司合作生产的FB260、FB260/2型数控落地铣镗床的床身都采用了焊接结构。

各型号产品床身外形尺寸及质量如表5.12所示。床身导轨的材质为35钢,其余件材质为Q235。导轨高130~150 mm,宽150~200 mm,长8010~9010 mm。技术要求导轨面与侧板垂直度不大于2 mm,两导轨平行度不大于5 mm。

表5.12 各型号产品床身外形尺寸及质量

产品件号	名称	外形尺寸 $H\times B\times L/\mathrm{mm}^3$	质量/kg
CKX53160-M10350	床身	915×3620×8370	34367
CKX53150-M10350	床身	915×3190×9010	38270
FB260-10350	A段床身	615×2320×9000	17558
FB260-10351	B段床身	615×2320×8010	13950
FB260/2-10350H	A段床身	615×2320×9010	17930
FB260/2-10351H	B段床身	615×2300×9010	15925

现以CKX53150床身为例,从焊接工艺方面对焊接变形控制进行分析。

导轨与侧板呈T形焊接结构,如图5.17所示,导轨厚150 mm,侧板厚80

mm,焊接后易出现横向收缩及角变形。主焊缝关于 Y 轴对称,板厚,刚度大。地脚螺钉孔均分布于侧板,焊缝为断续焊缝,则弯曲变形(平面弯曲)不会很大。

1) 工艺措施及方法

根据试验分析,连续焊缝横向(见图 5.17)“B”向的收缩量为 0.2～0.4 mm/m,则装焊床身 T 形导轨的侧板时,两侧板底部内倾 2～4 mm 形成 V 字形。根据设计图纸,可于底面留 5 mm 加工余量,每导轨面留 10 mm 加工余量,焊接后工件符合设计要求。重型机床的床身为箱形结构,由几十个零件拼焊而成,结构大而复杂,且主焊缝坡口大而长,需要填充的金属多。若采取的措施不适宜,焊接顺序不当,焊条选择不合适,则易引起焊接后工件超变形及焊缝出现裂纹等现象。选用碱性低氢型结 507 焊条,其具有抗裂性较好等优点。焊条使用前需经 250 ℃烘干 1～2 h。35 钢 T 形导轨板厚,刚度大,需在焊接坡口两侧 150～200 mm 左右用电热板预热至 150～250 ℃。焊接方法:采用多层焊(3 层),左右导轨各为一组的对称跳焊法,使整个导轨在温度保持稳定的情况下进行焊接。同时,焊接中随时检查变形量,调节焊接顺序。每层焊缝焊完后用放大镜检查是否有裂纹,若有,必须用电铲或碳弧气刨铲除裂纹(并做去碳处理),再进行焊接。

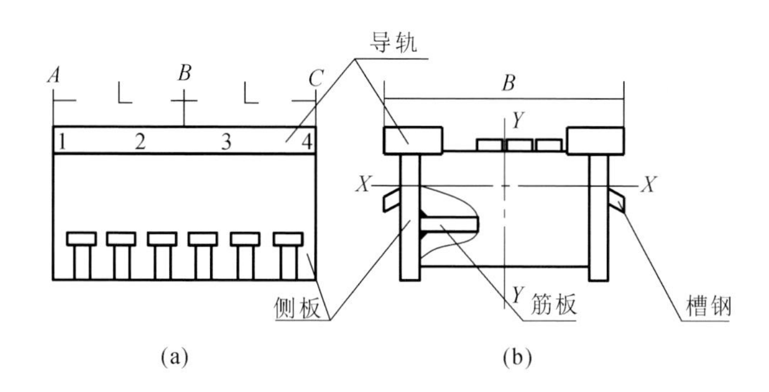

图 5.17 导轨与侧板焊接结构示意图

床身总体装焊:根据上述分析,连续焊缝(角焊缝)有横向的收缩,装焊时按外形尺寸在宽度“B”向放宽 4～5 mm 进行装焊的同时,还需要在床身两导轨的外侧端头垫厚 5～6 mm 工艺垫板,防止角变形。

床身整体焊接顺序:焊各筋板焊缝→内部筋板及外部槽钢平焊缝→纵焊缝。焊完床身内焊缝后再将工件翻转 180°进行焊接,采用分段对称焊,顺序是纵焊→端面横焊,从而达到工件变形小的目的。

2) 床身焊接后变形情况

机床床身焊接后宽度“B”向收缩量如表 5.13 所示,“—”表示收缩量,各测量点如图 5.18 所示。床身焊接后侧板与导轨垂直度如表 5.14 所示,“+”表示侧板外倾,测量点均匀分布,如图5.18所示。

表 5.13　宽度“B”向收缩量　　单位:mm

产品件号	测量点收缩量			平均
	A	B	C	
CKX53160-M10350	−4	−5	−4	−4.3
CKX53150-M10350	−5	−5.5	−5	−5.17
FB260-10350	−5	−6	−5	−5.3
FB260-10351	−4.5	−5.5	−5	−5
FB260/2-10350H	−6	−6	−6	−6
FB260/2-10351H	−5	−6	−6	−5.7

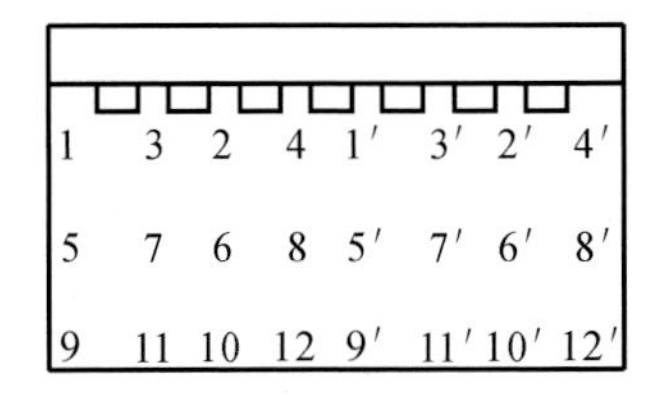

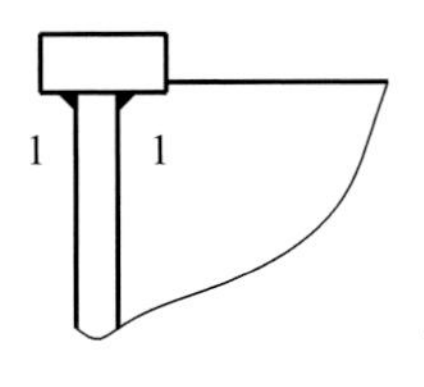

图 5.18　焊接测量点

表 5.14　侧板与导轨垂直度　　单位:mm

产品件号	测量点	1	2	3	4	平均
CKX53160-M10350	右侧板	+3	+2.5	+2.5	+3	2.75
	左侧板	+2.5	+2	+2.5	+2.5	2.375
CKX53150-M10350	右侧板	+3	+3	+2	+2	2.5
	左侧板	+2	+2.5	+2.5	+3	2.5
FB260-10350	右侧板	+2	+2	+2	+2	2
	左侧板	+2.5	+3	+3	+2.5	2.75
FB260-10351	右侧板	+2	+2	+2	+1.5	1.875
	左侧板	+3	+3	+2.5	+2.5	2.75

续表

产品件号	测量点	1	2	3	4	平均
FB260/2-10350H	右侧板	+2	+1	+2	+2	1.75
	左侧板	+2	+1	+2	+2	1.75
FB260/2-10351H	右侧板	+1	+2	+2	+2.5	1.875
	左侧板	+2	+2	+2	+2	2

此种工艺方法能有效地解决焊接变形问题，经过实验证明是可行的。

2. CKX53160A-M13350 **横梁前体焊接工艺**

结合金属结构件的生产实际，以横梁前体这类比较典型的金属结构件为例，对焊接变形的控制及其应用进行探索，并在实践中不断总结经验，针对这类产品的生产制定相关焊接工艺。

图5.19所示为CKX53160A-M13350横梁前体示意图，该横梁前体外形尺寸为1433 mm×2390 mm×10950 mm，质量为52615 kg，为比较典型的大型金属结构件，在生产过程中，焊接变形较大。在以前的焊接工艺中，焊接之前没有进行焊接反变形这一步，故焊接之后横梁前体弯曲变形较大，为了能满足设计与使用要求，在退火时，在横梁前体上在加装60 t的加载物，使得整个退火量由50 t增至110 t。针对此状况，在焊接工艺方法上做以下调整。

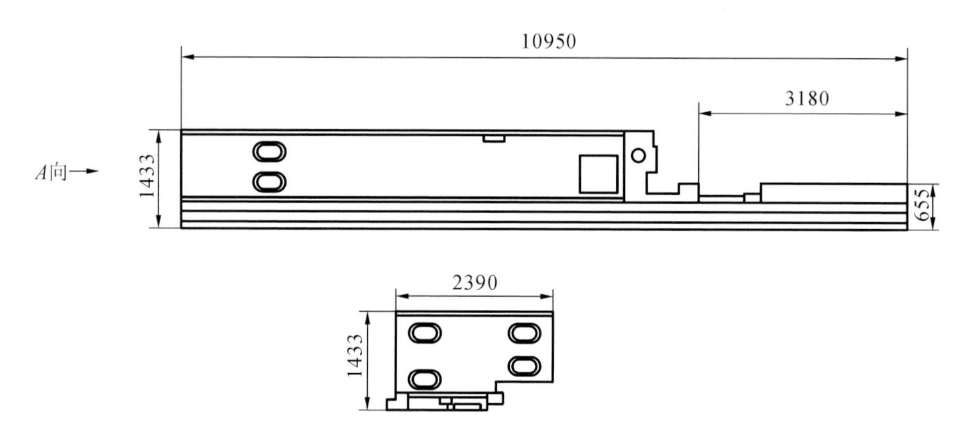

图5.19 CKX53160A-M13350 **横梁前体示意图**

1）合理控制反变形量

如图5.20所示，焊接前，将横梁前体中的两根导轨压弯，进行预变形处理，变形方向与焊接变形方向相反。如图所示，两根导轨的压弯点选择在距横梁前体后端 3180 mm 处,压弯高度为 16～20 mm。如此,合理控制和利用焊接反变形量,便能保证整个横梁前体的直线度。

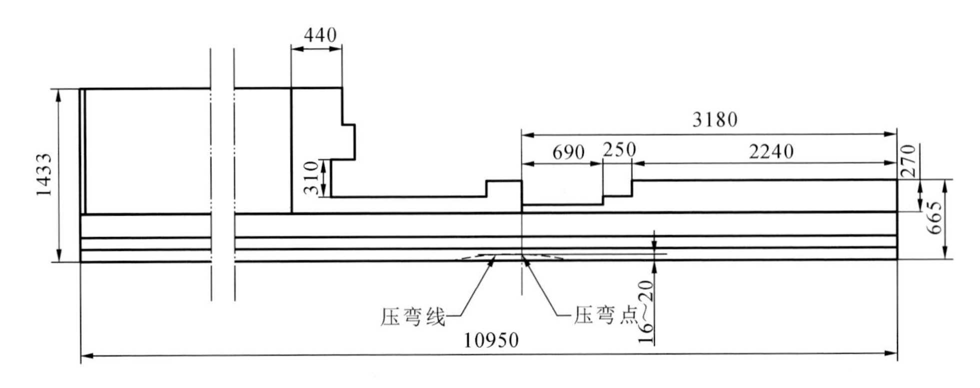

图 5.20　横梁前体压弯示意图

2) 保证下料尺寸合理准确

下料尺寸准确与否直接关系到结构件的尺寸精度,进而直接影响结构件的组焊精度。下料尺寸偏小,则焊缝尺寸偏大,所需填充的焊接材料就多,焊件所受的热量就越多,焊件的焊接变形就相对较大,通常焊缝尺寸要小于 3 mm。

3) 选择合理的焊接工艺参数和焊接顺序

通常,大型结构件焊缝尺寸都较大,需填充的焊接材料多,输入焊接热能大,焊件的变形相对较大,且焊缝内部易产生缺陷。因此,对于焊缝尺寸较大(通常指角焊缝焊高尺寸 6 mm 以上)的焊接结构件可采用适当的小电流、大线速度、多层多道焊等焊接工艺来控制焊接变形。定位焊位置要选在刚度大、焊接变形小的地方,以便定位焊能定位准确。在确定焊接顺序时,对称结构要采取两边同参数同时施焊的方法,以使焊接热变形相互抵消一部分,达到减小焊接变形的目的。焊缝尺寸较大,可采用多层多道焊工艺。采取以上工艺措施,可有效地控制焊接变形,十几米长的横梁前体上下板的平行度可控制在图纸所要求的范围之内。

通过上述几个方面的措施,尤其是反变形量的合理控制,可使得整个横梁前体在焊接完工之后,就已基本上满足设计和使用要求。通过这种焊接工艺的改进,横梁前体上不需加装 60 t 的加载物,则退火量将由原来的 110 t 变为 50 t,不仅大大缩短了退火时间,提高了产品的生产效率,更由于质量减小,退火费用大大降低。

综上所述，从焊接工艺方面考虑各种影响焊接变形的因素并采取相应的措施，可有效地控制诸如横梁前体这类典型的金属结构件的焊接变形，取得令人满意的效果。

5.4 大件切削加工技术

机床大件通常指尺寸和质量较大的零件或部件。一台机床的大件，虽然件数不多，但质量却可能占机床总质量的 80%左右。大件是整台机床的基础和支架，机床的其他零部件或固定在大件上，或工作时在大件的导轨上运动。因此，大件的几何精度和定位精度，直接决定了整台机床的精度。本节将结合大件加工的特点，以床身、主轴、主轴箱等典型大件为代表论述大件的切削加工工艺技术。

5.4.1 机床大件分类及主要加工难点

1. 大型重载机床主要大件分类

机床大件基本可划分为四类：导轨类、轴类、箱体类、齿轮副类。各类典型大件如下：

(1) 导轨类：床身、立柱、滑座、横梁、滑枕等；

(2) 轴类：主轴、镗杆；

(3) 箱体类：主轴箱、机床进给箱、变速箱体、减速箱体；

(4) 齿轮副类：齿圈、丝杠。

2. 机床大件存在的主要加工制造难题及解决方案

大件加工的要素为机床、夹具、刀具、量具、工件，这五要素组成了一个完整的工艺系统。在加工过程中，工艺系统各种原始误差的存在，使工件和刀具之间的正确几何关系遭到破坏而产生加工误差。这些误差包括机床、夹具、刀具的制造及磨损误差、工件的装夹误差、测量误差、工艺系统调整误差、加工中各种力和切削热引起的热误差等。因此，机床大件加工制造的主要难题就是如何减小乃至消除在加工过程中产生的各类误差，分析机床大件存在的主要加工制造难题及制定解决方案，这就要从整个工艺系统入手。

1) 机床因素

大件的质量和尺寸都比较大，部分大件甚至是极限制造，满足规格要求的大型重载机床与中小件加工机床相比较少。并且,大件加工面多、切削量大、切削时间长,机床在长时间的运行过程中,稳定性会经受严峻考验。大件的精加工尽可能采用精度保持性较好的大型重载机床。

2）夹具因素

大件加工过程中采用的夹具主要以垫铁、压块、螺杆为主,在加工过程中若夹紧时夹紧力作用点选择不当,也常会引起变形而造成工件的形状误差。另外,少数特殊大件需要设计专用夹具。以齿圈为例,齿圈的结构刚度小,加工过程中受切削力作用容易产生形变,因此,在滚齿过程中要使用专用胎具进行支承,增大齿圈的刚度。

3）刀具因素

大件材料不同,加工精度不同,刀具的选择也不同。在切削过程中,刀具磨损、切削热及刀具的断屑效果都直接影响被加工表面的粗糙度和几何精度。目前大件材料主要以铸铁、碳素结构钢为主,加工时普遍采用可转位硬质合金刀具,这类刀具的耐磨性好、断屑快、散热好、加工效率高且易于更换。

4）测量因素

大件的面尺寸较大,通常采用多点采样的方式来检测,采样结果存在误差。局部精度可能超差,影响机床的精度保持性。

5）毛坯因素

大件毛坯制造过程中,局部极易产生缺陷,造成局部力学性能和化学性能发生变化,影响机床的稳定性。当这些缺陷发生在导轨等精度要求较高的部位时,往往采用修补的方式处理。

5.4.2 床身的切削加工工艺技术

1.床身简介

床身是机床零件的安装基础,也是机床运动的几何基准,其加工精度对机床整机的性能有决定性影响。其主要精度是正导轨的直线度以及其余各导轨与正导轨的平行度、垂直度。

以 DL250 大型重载数控卧式镗车床工件床身为例,该床身加工长度较大,达 45.25 m,从方便铸造、运输等角度考虑,床身共分为 5 段,装配时再组装成整体,其主要结构和精度要求如图 5.21 所示。

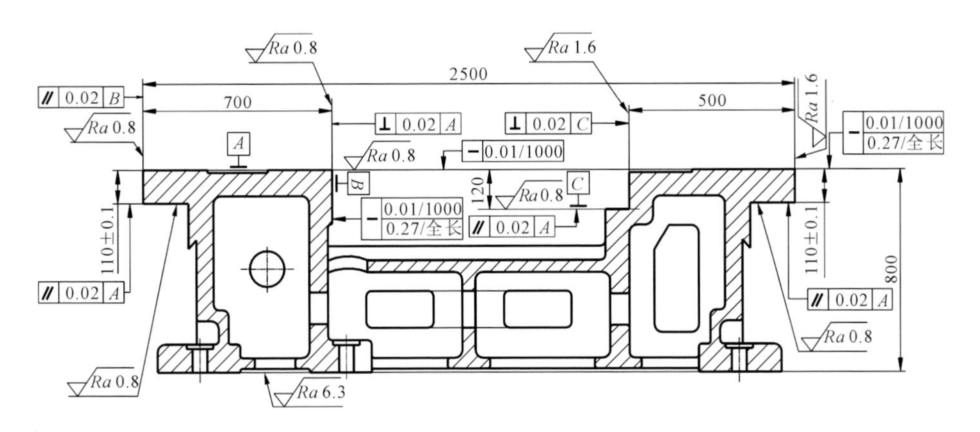

图 5.21　DL250 工件床身结构和精度要求

该零件为铸铁件，材料为 HT250，质量为 36950 kg，外形尺寸为 9050 mm×2500 mm×800 mm。主要技术要求如下。

(1) 床身铸件导轨面及接合面不允许有气孔、疏松、夹渣等缺陷，导轨面硬度为 HB 210±20。

(2) 基准面 *A* 面长度方向直线度为 0.01 mm/1000 mm、0.27 mm/全长，宽度方向直线度为 0.01 mm/1000 mm，粗糙度要求 *Ra* 0.8。

(3) 基准面 *B* 面直线度为 0.01 mm/1000 mm、0.27 mm/全长，与 *A* 面垂直度为0.02 mm，粗糙度要求 *Ra* 0.8。

(4) 基准面 *C* 面与 *A* 面平行度为 0.02 mm，粗糙度要求 *Ra* 0.8。

(5) 其余各导轨面与基准面 *A*、*B*、*C* 面平行度为 0.02 mm，垂直度为 0.02 mm，粗糙度要求 *Ra* 0.8。

(6) 接合面与基准面 *A* 面垂直度为 0.02 mm，粗糙度要求 *Ra* 1.6。

(7) 高度尺寸为 800 mm，要求 5 段床身等高、一致，允差±0.1 mm。

2. 加工工艺难点分析

机床床身总长度较长，而且要求多件床身导轨、高度、外形尺寸一致，床身主、副导轨面均有很高的尺寸公差及几何公差要求，而各导轨面的几何公差要求均以基准面 *A*、*B* 面为基准，所以保证基准面 *A*、*B* 面的精度是床身加工的关键。而 *A*、*B* 面的加工难点在于表面粗糙度要求和直线度要求极高，特别是在床身长度达到 40 m 以上的情况下，床身加工时装夹变形、刀具磨损、机床热变形、机床本身的精度稳定性等问题格外突出，加工精度就更难保证了。

3. 加工过程控制与精度保证措施

1）装卡精度的控制

大型重载机床由于床身比较长，在精加工装夹过程中，很容易受重力的影响而变形，因此必须通过顶起将变形抵消，但是，顶起的程度需要有效控制，否则也极容易产生强压变形，导致加工后松开卡压时产生扭曲，无法保证加工精度的稳定性。

床身拼接后先半精加工，各导轨面一般单边留余量，此时将压板稍微松开，使半精加工中产生的切削应力得到释放，同时检查调整垫铁的松紧程度，一段时间后将压板重新定表压好，使整个床身仍处于自然状态。

在床身的精加工中，采用调整垫铁多点位支承，使调整垫铁沿床身均布。待多段床身临床整体拼装好后，在装夹过程中严格控制工件的调平工序。先将工件在自然状态下按已加工导轨面找平、找直后，抽纸检查各处垫铁受力的情况，由中间向两端对称地调整垫铁与床身底面的接触，再将压板压在垫铁的正上方，在压板周边床身上用百分表定表监测，将压板压紧，保证压板紧固前后百分表读数无变化。床身加工如图 5.22 所示。

图 5.22　床身加工

2）加工过程中刀具的磨损规律及控制措施、刀具的选型

大型重载型机床床身导轨表面粗糙度要求较高，不允许有接刀痕，且各导轨的几何公差要求也极高，如何在长距离的加工中保证刀具的寿命和控制磨

损，从而保证床身的最终加工精度，是一个需要重点解决的难题。

精铣刀具选型的好坏直接影响着精加工后的工件的表面粗糙度及几何公差。根据生产实践得到的经验：精铣刀盘应该选择平装刀盘，哈一工（哈尔滨第一工具制造有限公司）精铣刀盘 6F2K315 实物如图 5.23 所示，再配上合适的平装刀片，就可达到很好的精加工效果。因为采用这种刀具精铣时，刀片和被加工面是线与面的接触关系，因此加工后的表面粗糙度较高，且切削时刀具进给量大，切削效率高。

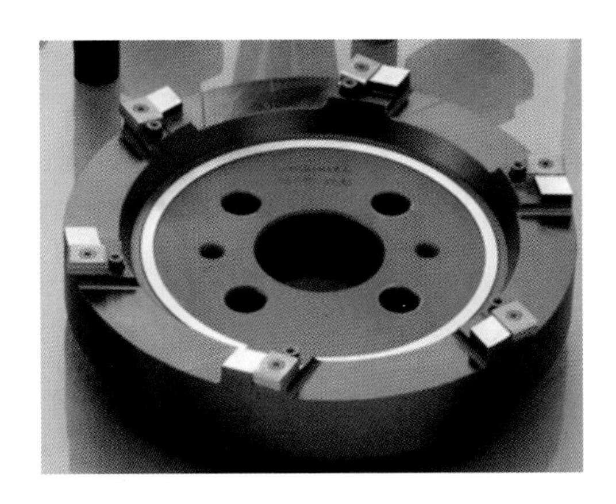

图 5.23　哈一工精铣刀盘 6F2K315 实物

3）导轨平行度的控制

大型重载机床床身导轨面的平行度要求很高，要求在全长上平行度为 0.02 mm，如何保证导轨面的高平行度，也是加工中需要重点解决的问题。

为了保证床身导轨的高平行度，需要先将正导轨加工至满足图纸要求，然后再以正导轨面为基准来修正背导轨面与正导轨面的平行度。

在保证床身导轨高平行度时有一点要特别注意，加工正导轨面和加工背导轨面一般不能用相同的程序，这是因为在加工正导轨面和背导轨面时机床的受力方向是相反的，在这样的状态下，如果使用相同的程序加工，加工的切削轨迹难以达到高平行度要求。因此在加工床身背导轨面时必须先不加任何补偿措施精铣一刀，得出机床床身正导轨的复映误差，以便正确地确定各点的修正值。

4）导轨高直线度的保证

在实际生产中，一般精度床身的加工可直接利用设备自身的精度来保证。

当床身的加工精度要求极高,甚至超出工作母机自身精度的时候,为了实现床身的高精度加工,就需要利用数控加工设备的优势对加工轨迹进行数控编程补偿来修正,得到较高的加工精度。

4. 工艺路线的拟定

工艺路线为:铸造→时效处理→划线→粗铣→时效处理→划线→半精铣→钳工拼装→精铣→检验入库。

5.4.3 主轴的加工工艺技术

1. 主轴简介

机床主轴指的是机床上带动工件或刀具旋转的轴,通常由主轴、轴承和传动件(齿轮或带轮)等组成。除了刨床、拉床等主运动为直线运动的机床外,大多数机床都有主轴部件。主轴部件的运动精度和结构刚度是决定加工质量和切削效率的重要因素。

下面以DL250大型重载数控卧式镗车床的主轴箱主轴为例,介绍主轴的加工技术,如图5.24所示。

该零件为铸锻件,材料为40Cr,质量为20334 kg,外形尺寸(直径×长度)为(ϕ1000×4798±0.5) mm。主要技术要求如下。

(1) 前轴承(ϕ1000 mm外圆)、后轴承位(ϕ800 mm外圆),表面粗糙度为*Ra* 0.4,圆度为0.005 mm,圆柱度为0.005 mm,外圆跳动为0.005 mm,两外圆同轴度为ϕ0.01 mm。

(2) 卡盘安装位(ϕ600 mm外圆、ϕ860 mm外圆、ϕ880 mm外圆)圆度为0.005 mm,与前、后轴承位外圆跳动为0.005 mm,端面跳动为0.005 mm。

(3) 其他粗糙度为*Ra* 0.8,台阶面与前、后轴承位外圆跳动为0.005 mm。

(4) 1∶4锥孔与前、后轴承位外圆跳动为0.005 mm,孔口端面与前、后轴承位外圆跳动为0.005 mm,与顶尖配作接触面积不小于75%。

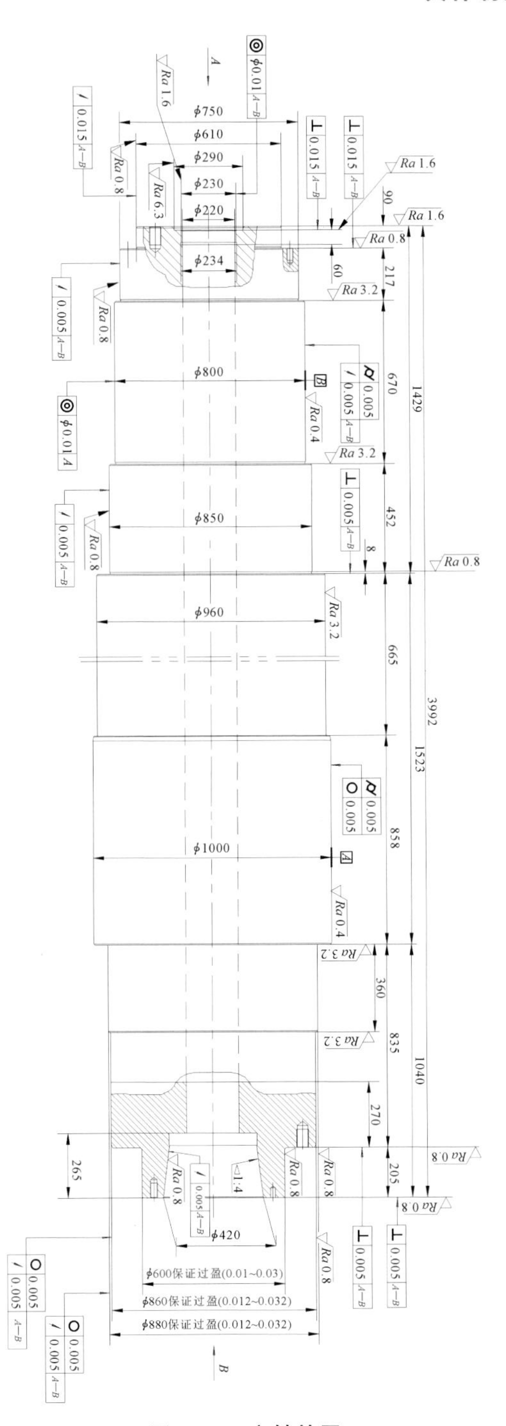

图 5.24 主轴简图

2. 加工工艺难点分析

主轴的前、后轴承位是主轴部件的装配基准，它的制造精度直接影响主轴部件的旋转精度。当前、后轴承位不同轴时，将引起主轴的径向圆跳动，影响零件的加工质量，故应对它提出很高的要求。

主轴的锥孔是用来安装顶尖的，其中心线必须与前、后轴承位的中心线严格同轴，孔口端面必须与前、后轴承位的中心线垂直，否则会使工件产生圆度、同轴度等误差。

主轴前端的 ϕ600 mm、ϕ860 mm、ϕ880 mm 外圆及 Ra 0.8 台阶面是安装卡盘的定位面，为了保证卡盘的定心精度，ϕ600 mm、ϕ860 mm、ϕ880 mm 外圆严格与前、后轴承位中心线同轴，而 Ra 0.8 台阶面严格与前、后轴承位中心线垂直。

由上面的分析可知，主轴的前、后轴承位，配合轴颈，锥孔及孔口端面，卡盘安装面加工要求高，是主要加工面，在设计加工工艺时，只要紧紧抓住这几个主要加工面，其他问题就可迎刃而解了。

3. 加工过程控制与精度保证措施

1）安排足够的热处理工序

在主轴加工的整个过程中，应安排足够的热处理工序，以满足主轴的力学性能及加工精度的要求，并改善工件的切削性能。

在主轴毛坯锻造后，首先需安排正火处理，以消除锻造应力，改善金属组织，细化晶粒，降低硬度，改善切削性能。

在粗加工后，安排第二次热处理——调质处理，获得均匀致密的回火索氏体组织，提高零件的综合力学性能，以便在表面淬火时，得到均匀致密的硬化层，使硬化层的硬度由表面向中心逐渐降低。同时索氏体晶粒结构的金属组织经加工后，表面粗糙度较低。

磨削加工前对有相对运动的轴颈表面进行表面淬火处理，以提高其耐磨性。

2）合理选择定位基准

轴类零件的定位基准，最常用的为两顶尖孔。轴类零件各外圆面、锥孔、螺纹表面的同轴度，以及端面对旋转轴线的垂直度是其相互位置精度的主要项目。而这些表面的设计基准一般都是轴的中心线，用两顶尖孔定位，符合基准重合原则，而且能够最大限度地在一次装夹中加工出多个外圆表面作为定位基准。由于主轴是带通孔的零件，为了能用顶尖孔作为定位基准，一般采用带有顶尖孔的锥堵或法兰盲板。锥堵的顶尖孔与锥堵上的锥面，必须保证较高的同轴度，在使用锥堵的过程中，应尽量减少锥堵安装次数，其原因是工件锥孔与锥堵的锥面不可能完全一致。

上述主轴的加工过程一开始，就以外圆面作粗基准铣端面打中心孔，为粗车外圆准备定位基准，而粗车外圆又为深孔加工准备定位基准，此后为了给半精加工和精加工外圆准备定位基准，又要先加工好主轴两端的孔及锥孔，以便安装法兰盲板及锥堵。由于主轴的前、后轴承位外圆是磨锥孔的定位基准，所以精磨锥孔前必须磨好前、后轴承位外圆。为了保证基准一致，粗磨外圆后，锥堵和法兰盲板不卸转精磨工序。主轴加工示意图如图5.25所示。

图5.25 主轴加工示意图

3）工序安排顺序

主轴是多阶梯带通孔的零件，切除大量的金属后，会引起应力重新分布而变形，因此安排工序时，先进行各表面的粗加工，再进行各表面的半精加工和精加工，主要表面的精加工放在最后进行，这样主要表面的精加工就不会受到其他表面加工或内应力重新分布的影响。

上述主轴加工过程中，表面淬火前的工序为各主要表面的粗加工，其间穿插其他表面的粗、精加工。表面淬火后的工序，则基本上是半精加工、精加工，精度要求高的前、后轴承位外圆及卡盘安装面外圆则放在最后进行,由于前、后轴承位外圆及卡盘安装面外圆精度要求特别高及需要配合加工,所以精加工需在同一温度、同一测量条件下进行。

4. 工艺路线的拟定

工艺路线为:锻造→正火→划线→打中心孔→粗车→套料→热处理→钻孔→半精车、精车→镗钻→热处理→粗磨外圆→精磨外圆、内孔→钳工→检查→入库。

5.4.4 主轴箱的加工工艺技术

1. 主轴箱简介

主轴箱是机床重要部件和基础件。由它将一些轴、套和齿轮等零件组合在一起,使之保持正确的相互位置精度关系,彼此能够按照一定的传动关系协调地运动。主轴箱的加工质量对整个机床精度、性能和寿命都有着直接的影响,尤其是对机床的几何精度影响较大。

主轴箱主要结构特点:形状复杂、壁薄且不均匀,内部呈腔形,加工部位多,加工难度大,既有精度要求较高的孔系和平面,也有许多精度要求较低的紧固孔。图 5.26 所示是某数控落地铣镗床的主轴箱三维图。

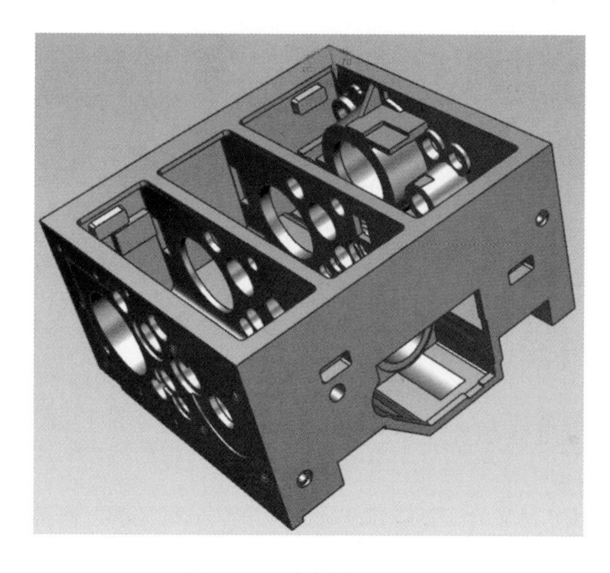

图 5.26 主轴箱三维图

主轴箱主要精度要求：

(1) 各轴孔粗糙度为 Ra 1.6，同轴度≤0.03 mm，端面与孔的垂直度≤0.02 mm；

(2) 各轴系间轴心线平行度≤0.04 mm；

(3) 各轴心距尺寸公差≤0.05 mm。

2.加工工艺难点分析

主轴箱的主平面为设计基准和安装基准，加工时必须保证其形状精度和表面粗糙度。主轴箱体孔同轴度、圆度超差容易引起主轴和轴承的升温发热、损伤，轻则使主轴箱的运转出现异常杂声，重则严重影响主轴的刚度，导致切削加工试件时出现“振刀”现象。因此工艺技术关注的重点就是如何保证各孔系的尺寸精度、几何精度和表面粗糙度。

主轴箱各轴孔纵深大，加工过程中主轴伸长，产生弯曲，刀具下垂，如何有效地避免或减小弯曲变形对精度的影响，是一个难点。孔的数量多，常规检测方法效率低，准确性差，运用现代化的检测手段，准确、及时反馈箱体的加工精度状况，可以促进工艺方法的优化，大幅提高加工质量。

3.加工过程控制与精度保证措施

1) 基准面的选择与加工

工艺基准面应尽量与设计基准和安装基准一致，消除基准不一致所造成的误差。因此主轴箱应选择导轨面为主基准面，主基准面平面度为0.02 mm，表面粗糙度为 Ra 1.6；为了保证轴承盖与孔的中心线的垂直度，要求带有轴承盖的侧面与主基准面的垂直度为0.02 mm，各侧面间的相互垂直度为0.02 mm、平行度为0.02 mm。考虑到磨削的加工效率太低，各面的加工采用铣削加工即可，利用高精度数控龙门铣床就可达到要求，但是注意粗、精加工分开，消除切削应力的影响。

2) 主要孔系的加工

(1) 选择高精度的数控铣镗床或大型数控卧式加工中心，利用高精度的数控回转工作台，不仅可以有效提高孔与面的垂直度，还能调头镗深孔，避免主轴伸出过长，导致主轴发生弯曲，影响孔的同轴度和圆度。

(2) 若机床精度不能保证，则镗孔时，可利用箱体中间隔板上的孔作为调头镗孔时的基准孔;也可利用导向套加工纵深较大的轴孔,但这会增加工装成本。

(3) 加工同一轴线上的两个以上的孔时,采用工作台进给,主轴不进行轴向运动,可有效降低弯曲影响。

3) 检测

常规的检测方法主要是利用检套、检棒检测各孔系的精度,检测效率低,依赖工装的精度,检测数据不准确。利用高精度三坐标测量机进行检测可有效避免这些问题。

4. 工艺路线的拟定

工艺路线为:铸造→退火→划线→粗铣→粗镗→自然时效→精铣→精镗→检查→入库。

5.5 大件热处理技术

机械加工主要是保证机床整机的加工精度,合适的热处理可提高整机精度的保持性和使用寿命。根据零件的加工状态和工作条件,设计合理的热处理方式以满足零件的使用要求为热处理的主要目标。大件热处理的主要难点在于零件尺寸及质量的增加,给热处理加热、保温和冷却过程带来一系列问题。如何保证均匀升温,使内外温差尽量缩小,如何保证零件心部温度,以及保证足够的冷却速度使零件达到要求的硬度而不出现裂纹等,是大件热处理应该关注的问题。

本节在借鉴大型重载机床行业热处理技术成果的基础上,根据武重长期的实践经验,论述了大型重载机床大件常用的热处理技术。首先介绍了大件常用的热处理技术,然后以典型大件床身、滑枕和主轴等为例详细讲述了大型重载机床大件在热处理过程中的常见问题及解决方法。

5.5.1 大件常用热处理技术简介

大型重载机床常用材料主要有 HT250、HT300、A3、35、45、40Cr、42CrMo、38CrMoAlA 钢等,热处理方式一般为时效、正火、调质、退火、中频淬火、气体渗氮等。

1. 铸铁件、焊接件常用热处理

1）时效处理

大型重载机床基础大件通常主要用铸件、焊接件，这类零部件在铸造、焊接以及机械加工过程中，都不可避免地会在内部形成残留内应力。机床在使用过程中因外力、振动、环境温度变化以及时间的推移，残留内应力会逐渐松弛和重新分布，从而导致零部件变形，丧失原有的几何精度，使整机精度下降。为了保证机床几何精度的稳定性，重要零部件如床身、立柱、横梁、箱体等均需进行一次或二次人工时效处理。在不降低铸件、焊接件力学性能的前提下，尽可能消除在铸造、焊接和机械加工过程中产生的残留内应力，并使最后残存不多的内应力分布趋于均衡稳定，以达到零部件在长时间使用过程中精度稳定的目的。

常用的消除和稳定残留内应力的时效方法有热时效、振动时效和自然时效三种。据有关资料记载，振动时效最多只能消除残余内应力的 40%～50%，自然时效生产周期较长，应力消除不够彻底，放置 6 个月仅能消除残余内应力的 30%，一般不作为时效处理的主要手段。合理的热时效工艺可消除 85%以上残余内应力，因此热时效在工厂生产中使用广泛。表 5.15 列出了机床基础大件热时效工艺规范。

表 5.15　机床基础大件热时效工艺规范

零件类别	零件质量/kg	时效规范								热时效次数
		装炉温度/℃	加热速度/(℃/h)	保温温度/℃			保温时间/h	冷却速度/(℃/h)	出炉温度/℃	
				普通铸铁	合金铸铁	焊接件				
一般铸件	＜200	＜200	≤100	540～580	550～570	—	4～6	≤30	≤300	1
	20～250	＜200	≤80	540～580	550～570	—	6～10	≤30	≤300	1
	＞250	＜200	≤60	540～580	550～570	—	＞10	≤30	≤300	1
精密铸件	＜200	＜200	≤100	540～580	550～570	—	4～6	≤20	≤200	2
	200～3500	＜200	≤60	540～580	550～570	—	＞10	≤20	≤150	2
一般焊接件	＜500	＜200	≤100	—	—	550～650	6～10	≤30	≤300	1
精密焊接件	≥500	＜200	≤60	—	—	550～650	＞10	≤20	≤150	2

注：1. 第二次热时效的保温温度应比第一次热时效温度低 30～50 ℃；

2. 大型铸件或焊接件的保温时间应适当增加，壁厚每增加 25 mm 保温时间增加 1.5 h；

3. 加热和冷却速度不能保证时，可采用每隔 50～100 ℃均温一段时间的阶梯式升温或降温，对于形状复杂或厚薄悬殊的零件均应采用阶梯式升温或降温。

2）中频淬火处理

机床的床身、立柱、横梁、溜板等零件均有导轨，导轨是整台机床的装配基准，通常用灰铸铁 HT250、HT300 制成，在精度上要求导轨具有极高的直线度，导轨的加工精度取决于机械加工，而精度的保持性取决于材质和热处理。导轨精度的降低，是由导轨面的磨损和自身内应力引起的变形导致的。因此通常采用导轨面的硬化处理和消除内应力的热处理工艺，以提高导轨的耐磨性和使用寿命。

大型重载机床导轨通常采用矩形结构，由于导轨面宽、长度长，淬火后变形大，因此一般采用中频淬火，保证磨削加工消除变形后具有一定的淬火硬化层。灰铸铁经表面中频淬火后，导轨面硬度可达到 HRC 50 以上，可替代镶硬化钢导轨，从而极大程度地降低生产制造成本。

2. 锻件常用热处理

大型重载机床中大型锻件主要为主轴、滑枕等，大型锻件在锻造时容易造成化学成分不均匀，存在多种冶金缺陷：晶粒粗大且很不均匀、较多的气体与夹杂物、较大的锻造应力和热处理应力。因此，常采用正火作为预热处理，锻件在粗加工后，为获得必要的力学性能而进行调质处理，若表面要求一定的耐磨性，还应进行局部表面淬火处理或渗氮处理。

1）正火

通过正火，可以细化晶粒，消除内应力，为后续热处理做组织准备，改善力学性能和切削加工性能。大型锻件正火一般采用天然气炉或电阻炉，在加热时，为了避免过大的热应力，应严格控制装炉温度和加热速度。截面较大的锻件通常采用阶梯加热的方式来减小热应力，即在升温过程中进行一次或两次中间保温，让零件表面和心部温差尽可能缩小，降低开裂的风险。正火件冷却一般为空冷，特大型件(考虑质量效应)冷却应采用风冷、喷雾冷却，甚至水冷等。同时，应在正火后追加一次高温回火，消除正火冷却时产生的内应力。常用大件正火工艺规范如表 5.16 所示。

表 5.16　常用大件正火工艺规范

温度/℃　淬火(正火)温度　600～700　回火温度　400(300)

<table>
<tr><th>组别</th><th>有效厚度/mm</th><th>装炉温度/℃</th><th>保温/h</th><th>升温≤/(℃/h)</th><th>保温/h</th><th>升温≤/(℃/h)</th><th>均温/h</th><th>保温</th><th>冷却</th><th>装炉温度/℃</th><th>保温/h</th><th>升温≤/(℃/h)</th><th>均温/h</th><th>保温</th><th>冷却≤/(℃/h)</th><th>冷却</th><th>出炉温度/℃</th></tr>
<tr><td rowspan="6">Ⅰ</td><td>≤100</td><td rowspan="4">加热温度</td><td rowspan="6">—</td><td rowspan="6">—</td><td rowspan="4">—</td><td rowspan="4">—</td><td rowspan="6">目测</td><td rowspan="12">0.6～0.8 h/100 mm</td><td rowspan="12">空冷或按表5.17冷却</td><td rowspan="6">350～400</td><td rowspan="2">—</td><td rowspan="2">—</td><td rowspan="6">目测</td><td rowspan="12">1.5～2 h/100 mm，也不小于4</td><td rowspan="3">空冷</td><td rowspan="6">空冷</td><td rowspan="3">—</td></tr>
<tr><td>101～250</td></tr>
<tr><td>251～400</td><td>1</td><td>100</td></tr>
<tr><td>401～600</td><td>1～2</td><td>100</td><td rowspan="2">炉冷</td><td>500～400</td></tr>
<tr><td>601～800</td><td rowspan="2">500～650</td><td>3～4</td><td>100</td><td>2～3</td><td>80</td><td>450～350</td></tr>
<tr><td>801～1000</td><td>4～5</td><td>80</td><td>3～4</td><td>80</td><td>50</td><td>400～300</td></tr>
<tr><td rowspan="6">Ⅱ</td><td>≤100</td><td rowspan="3">加热温度</td><td rowspan="5">—</td><td rowspan="5">—</td><td rowspan="3">—</td><td rowspan="3">—</td><td rowspan="6">目测</td><td rowspan="6">350～400</td><td rowspan="2">—</td><td rowspan="2">—</td><td rowspan="6">目测</td><td rowspan="2">空冷</td><td rowspan="6">空冷</td><td rowspan="2">—</td></tr>
<tr><td>101～250</td></tr>
<tr><td>251～400</td><td>1</td><td>80</td><td rowspan="2">炉冷</td><td>500～400</td></tr>
<tr><td>401～600</td><td rowspan="2">500～650</td><td>2～3</td><td>100</td><td>1～2</td><td>60</td><td>450～350</td></tr>
<tr><td>601～800</td><td>3～4</td><td>80</td><td>2～4</td><td>50</td><td>50</td><td>400～300</td></tr>
<tr><td>801～1000</td><td>400～450</td><td>2～3</td><td>50</td><td>4～5</td><td>60</td><td>4～5</td><td>40</td><td>40</td><td>300～200</td></tr>
</table>

2）调质

某些大型主轴，要求心部有较高的综合力学性能，通常采用调质处理，得到回火索氏体组织。大型锻件调质处理主要问题在于硬度达不到要求或淬火开裂，因此控制好淬火的加热和冷却过程尤为重要，加热过程同正火加热过程一样，冷却方式主要有自然空冷、鼓风冷却、喷雾冷却、油淬、水淬、喷水冷却等。为调节整个冷却过程中的冷却速度，在实际生产中还采用水淬油冷、空-油冷却、水-空及油-空-油(间歇冷却)等各种冷却方式。确定适当的冷却时间及终冷温度是大型锻件热处理过程中的一个重要问题，时间过短，会达不到要求的力学性能，而冷却时间过长，终冷温度过低，会增大淬裂的可能性。具体冷却工艺规范如表 5.17 所示。

表 5.17　大件冷却工艺规范

<table>
<tr><th colspan="2" rowspan="2">冷却</th><th colspan="10">有效厚度/mm</th></tr>
<tr><th colspan="2">～100</th><th colspan="2">101～250</th><th colspan="2">251～400</th><th colspan="2">401～600</th><th>601～800</th><th>801～1000</th></tr>
<tr><td rowspan="2">油冷</td><td>冷却介质</td><td colspan="2">油</td><td colspan="2">油</td><td colspan="2">油</td><td colspan="2">油</td><td>油</td><td>油</td></tr>
<tr><td>冷却时间/min</td><td colspan="2">20</td><td colspan="2">20～50</td><td colspan="2">45～80</td><td colspan="2">70～120</td><td>110～160</td><td>150～220</td></tr>
<tr><td rowspan="2">水淬油冷</td><td>冷却介质</td><td>水</td><td>油</td><td>水</td><td>油</td><td>水</td><td>油</td><td>水</td><td>油</td><td>—</td><td>—</td></tr>
<tr><td>冷却时间/min</td><td>1～2</td><td>9～15</td><td>1～3</td><td>15～30</td><td>2～5</td><td>25～60</td><td>3～6</td><td>50～100</td><td>—</td><td>—</td></tr>
</table>

续表

<table>
<tr><td colspan="2" rowspan="2">冷却</td><td colspan="14">有效厚度/mm</td></tr>
<tr><td>~100</td><td colspan="2">101~250</td><td colspan="4">251~400</td><td>401~600</td><td colspan="3">601~800</td><td colspan="3">801~1000</td></tr>
<tr><td rowspan="2">水冷</td><td>冷却介质</td><td>水</td><td colspan="2">水</td><td colspan="4">水</td><td>—</td><td colspan="3">—</td><td colspan="3">—</td></tr>
<tr><td>冷却时间/min</td><td>1~3</td><td colspan="2">3~10</td><td colspan="4">10~16</td><td>—</td><td colspan="3">—</td><td colspan="3">—</td></tr>
<tr><td rowspan="2">间歇冷</td><td>冷却介质</td><td>—</td><td>水</td><td>空</td><td>水</td><td>水</td><td>空</td><td>水</td><td>—</td><td>油</td><td>空</td><td>油</td><td>油</td><td>空</td><td>油</td></tr>
<tr><td>冷却时间/min</td><td>—</td><td>1~3</td><td>2~3</td><td>3~6</td><td>4~8</td><td>3~5</td><td>6~8</td><td>—</td><td>80~100</td><td>5~10</td><td>30~60</td><td>100~140</td><td>10~15</td><td>10~20</td></tr>
</table>

注:1. 碳钢及低合金钢冷却时间采用下限,中合金钢采用上限;
2. 有效厚度 401~600 mm“水-油”冷却仅适用于碳素钢及低合金钢;
3. 工件装在垫板上淬火时,应适当延长冷却时间;
4. 淬火前油温不大于 80 ℃,水温为 15~35 ℃。

大型锻件回火的目的是消除或降低工件淬火冷却时产生的内应力,得到稳定的回火组织,以满足综合性能要求。大型锻件淬火后由于内应力很大,应及时回火,否则容易引起开裂。回火加热时所产生的热应力与淬火后的内应力叠加,可能使零件中的缺陷扩大,所以回火加热速度应比淬火加热速度慢,一般控制在 30~100 ℃/h。

5.5.2 典型大件的热处理工艺技术

1. 床身的热处理工艺技术

大型重载机床床身结构形式通常有两种,一种是采用在铸件床身导轨上镶嵌淬火钢(镶钢)导轨,提高导轨的耐磨性;一种是采用整体铸件结构,利用导轨面中频淬火来提高导轨表面硬度,达到使用要求。镶钢导轨一般采用合金工具钢制造,成本较高,且钢导轨容易产生淬火裂纹和磨削裂纹而影响使用,而整体铸件结构的床身导轨中频淬火又存在淬火开裂和淬火变形等难题。目前国内外在轻型机床床身导轨淬火方面开展了大量工作,取得了一定的成效,但关于大型重载机床床身导轨的研究较少,国内只有少数几个重型机床厂家掌握了大型导轨中频淬火技术,但其床身导轨的截面均没有武重的大。本节根据武重多年的实践经验,论述影响大型铸件床身导轨变形和开裂的因素以及在实际生产中应严格控制的关键点,并提供案例。

以某大型重载卧式车床床身为例，床身材质为 HT250，其最大尺寸为 700 mm×2100 mm×8973 mm，最大导轨面宽为 300 mm，质量为 15.9 t。其技术要求为：导轨面要求表面淬火硬度达到 HRC 50 以上，淬硬层深度大于 3 mm，淬火后变形量小于 1 mm，表面不允许有任何裂纹，床身示意图如图 5.27 所示。为减少零件残余内应力，减小后续导轨表面淬火时的变形，粗加工后进行时效处理充分消除在铸造和粗加工过程中产生的内应力。

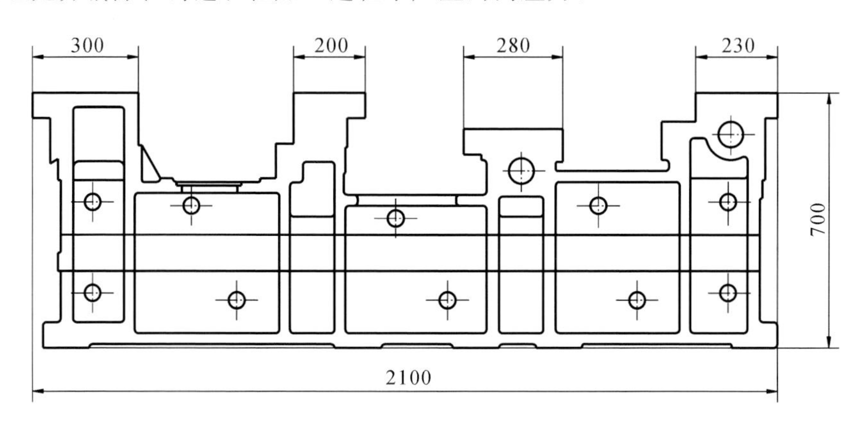

图 5.27　床身示意图

对大型铸件床身导轨结构进行分析，可知导轨中频淬火存在诸多困难：①大型铸件铸造时易产生各种类型的缺陷，如缩孔、缩松、夹渣、砂眼等，这些缺陷的存在极易导致中频淬火时导轨面产生裂纹；②灰铸铁中频淬火对温度非常敏感，淬火温度偏高或偏低均会引起不同程度的横向、纵向或网状裂纹；③导轨面淬火长度达到 8973 mm，中频淬火后易产生较大变形且无法矫正，只能通过后续的加工余量消除，过大的变形量将导致部分区域硬化层被加工掉，影响床身品质。

针对以上工艺中存在的技术难点，拟采取以下措施：①要求基体组织为片状珠光体与均匀分布的细小片状石墨，珠光体含量大于 75%，即导轨的原始硬度一般不低于 HB 180，同时，铸造时应尽量消除或减少导轨面缺陷；②床身导轨淬火前，应准备一定长度、相同截面的导轨进行试淬，根据结果选择合适的淬火温度；③为减小淬火变形，淬火前应尽量减小内应力，同时根据淬火变形规律，采取预变形处理，将变形控制在有效加工余量范围内。

1) 时效处理

粗加工各导轨面,留 3 mm 精加工余量,然后进行时效处理,最大程度地减小零件残余内应力,减小中频淬火后的变形,工艺曲线如图 5.28 所示。为保证时效处理消除内应力的效果,必须严格控制升温和降温速度,保证保温时间。采取缓慢升温、缓慢降温的工艺措施,避免在加热和冷却过程中产生新的残余内应力。

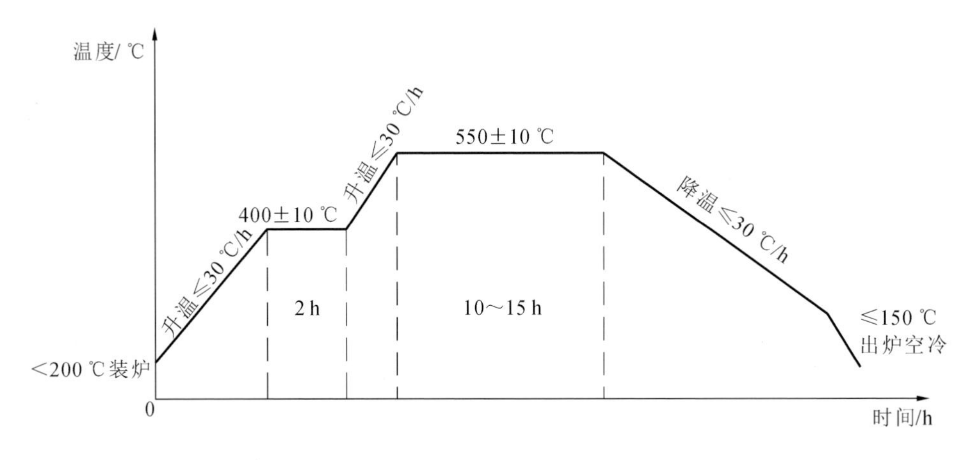

图 5.28 床身时效处理工艺曲线

设备:台车式天然气炉,规格为 4500 mm×3500 mm×16000 mm,最高使用温度为 650 ℃。

导轨中频淬火后变形规律均为中间凹,两端凸,且变形较大,甚至达到 1 mm/1000 mm,而淬火硬化层只有 3 mm 左右,较大的变形会导致后续加工时将导轨两端头一定长度的淬火硬化层加工掉,造成零件报废。因此,时效处理完后,根据淬火变形规律,在数控龙门铣床上采用强顶强压、编程插补的方式将导轨面中部加工成凸起状态,预留精磨加工余量。

2) 导轨表面中频淬火

为了使导轨表面淬火硬度达到 HRC 50 以上,要求基体组织为片状珠光体与均匀分布的细小片状石墨,珠光体含量大于 75%,即导轨的原始硬度一般不低于 HB 180。

(1) 设备及工艺装备。

① 中频淬火设备。

中频淬火设备为配备 IGBT 电源,输出功率达 300 kW,频率达 8×10^3～10×10^3

Hz的卧式淬火机床。变压器悬挂于横梁上，可在床身导轨上移动，且速度可控、平稳，变压器拖板上应配备浮动装置，保证感应器与工件之间的距离在淬火过程中始终不变。

② 感应器。

铸件加热的特点和多次的实践证明，较快的加热速度及较宽的加热带宽均易引起淬火裂纹，因此感应器应采用双回线仿形结构。一个导体起预热作用，不装导磁体；另一个导体加热，装有导磁体，两个导体间的距离以 20 mm 为宜。在加热导体的斜下方均匀地钻一排间距为 3 mm、直径为 ϕ1.5 mm 的喷水孔，喷射角度向后倾斜约 45°，供淬火冷却用。为保证加热效果，防止喷水回流飞溅，在感应器后方应增加空气吹扫装置，即在 ϕ8～ϕ10mm 铜管上钻一排间距为 3 mm，直径为 ϕ2 mm 的喷气孔，喷射角度向后倾斜约 45°。大型重载机床导轨一般为矩形结构，淬火感应器示意图如图5.29所示。

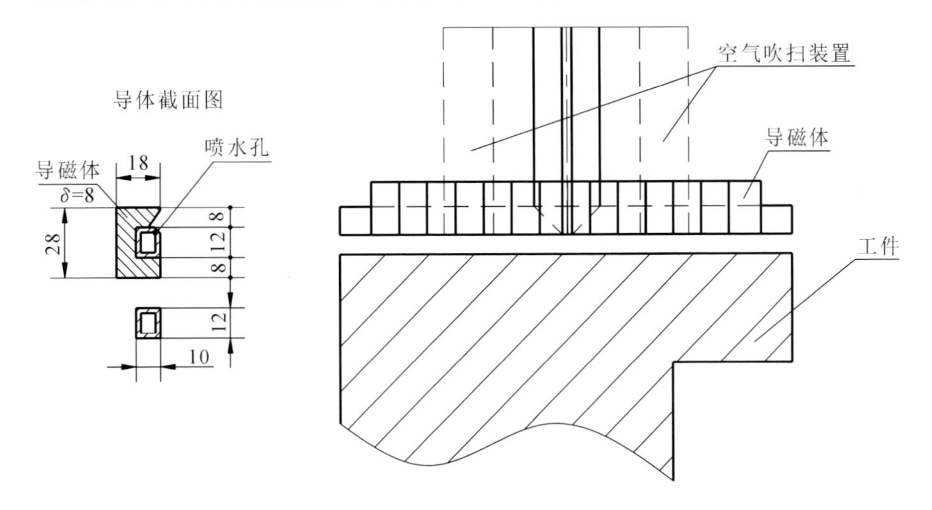

图 5.29　矩形导轨淬火感应器示意图

(2) 工艺参数。

① 淬火温度的选择。淬火时，可通过调整导磁体的位置和数量来保证淬火温度均匀一致。铸件导轨在淬火时，对淬火温度非常敏感，淬火温度过高，磷共晶体熔化(熔点 957 ℃)而导致开裂，产生粗大组织，残留奥氏体量增多，硬度偏低；淬火温度偏低，奥氏体化不完全，存在软带，同时在淬硬区和软带区交界处易产生裂纹。经过多次试验，得出淬火温度取 860～880 ℃为佳。

② 淬火速度：感应器移动速度取 4～6 mm/s，工件尖角须倒棱，以免棱边过

热甚至熔化。

③ 导轨表面与感应器之间的间隙：为使工件加热平缓，加热导体与感应器之间的距离取 5～7 mm。

④ 设备频率：中频淬火设备频率一般取 8×10^3～10×10^3 Hz。

⑤ 冷却。从感应器加热导体斜下方喷水冷却，一般采用自来水，水压为 0.1～0.2 MPa。

⑥ 回火。大型重载机床回火由于受加热炉限制，一般采用自回火，必要时可在淬火机床溜板上安装挡水板，调节挡水板与加热导体的距离，以控制回火程度。

通过以上工艺参数淬火，零件表面硬度可达 HRC 50 以上，淬硬层显微组织为隐晶马氏体加石墨，能很好地满足设计和使用要求。

(3) 变形控制措施。

导轨中频淬火后，导轨面呈不同程度的下凹，导轨长度方向上中部表面下凹值最大，下凹值与床身的刚度、长度、淬火、硬度、操作以及感应器设计有关。下凹变形量与床身刚度有较大关系，最大变形量甚至达到 1 mm/1000 mm，根据多年的制造经验，有效减小变形的主要措施有如下几种。

① 床身导轨结构设计时应保证足够的刚度。

② 床身导轨淬火前增加去内应力退火工序，减小自身残余内应力，从而减小变形。

③ 预变形处理，在淬火前的半精加工中采用强顶强压、编程插补的方式使导轨表面中部向上凸起一定的预变形量，一般预变形 2～4 mm，可有效防止淬火变形。

通过采取上述变形控制措施，变形量可控制在 0.1 mm/1000 mm 以内。

2. 滑枕的热处理工艺技术

滑枕是大型重载机床的重要组成零件。滑枕滑动导轨面的失效形式主要是导轨工作面的磨损和擦伤，丧失直线度，表面粗糙度增大，加工精度不能保证。为提高滑枕工作面的耐磨性和抗擦伤能力，保证机床加工精度，延长使用寿命，需对滑枕表面进行感应淬火。同时，滑枕还承受一定的轴向力，要求本身具有一定的刚度，采用中碳钢 45 锻件，经过正火、时效处理和表面淬火处理来提高其刚度和表面硬度以满足使用要求。滑枕的技术要求为粗加工后正火处理，硬度达到 HB 170 以上，精加工后滑枕表面淬火，硬度达到 HRC 50 以上，淬硬层深度大于 2 mm，变形量小于 0.5 mm。

滑枕热处理的主要技术难点为：①大型重载机床滑枕一般为锻件，质量超过 10 t，吊具设计较为困难；②滑枕采用整体锻件，中部掏空，加工应力较大；③滑枕感应淬火变形后几乎无法校直。因此，在热处理工艺设计时必须考虑应对措施。以某大型重载铣床滑枕为例，其示意图如图 5.30 所示。工艺流程为：锻件毛坯→粗加工→正火→半精加工→时效处理→半精加工→表面淬火→精加工→入库。

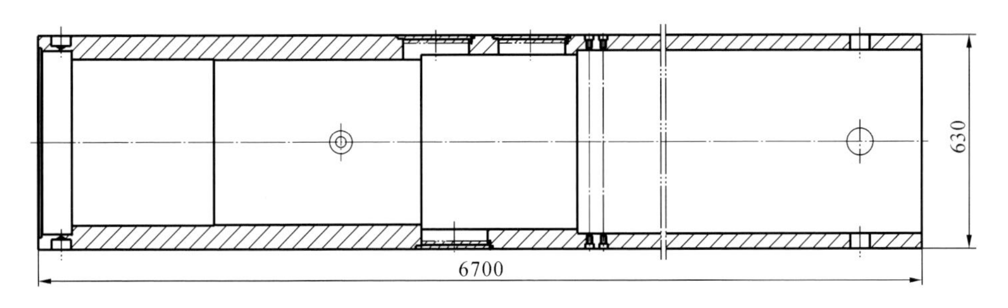

图 5.30　滑枕示意图

1）正火

零件毛坯为碳钢 45 锻件，其截面尺寸为 6700 mm×630 mm，质量为 12 t。正火主要是为了消除锻造和加工残余内应力，细化晶粒，为后续表面淬火做组织准备。大型锻件锻造后会有较大的残余内应力，同时深孔钻加工大内孔，也会产生较大的加工应力。因此加热时，必须控制加热速度以保证较小的温差热应力，减小开裂倾向。一般采取阶梯式加热、低温装炉、缓慢升温、中间过程保温的方式，即以 30～70 ℃/h 限速升温到 600～700 ℃，均温一段时间后再以 80～100 ℃/h 速度升温。45 钢正火温度范围为 840～860 ℃，工艺曲线如图 5.31 所示。

正火设备：井式燃气炉，规格为 ϕ1500 mm×9000 mm，最高使用温度为 1100 ℃。

一般热处理吊具均采用低碳钢 15 制造。低碳钢在 850 ℃左右使用时，其抗拉强度的许用应力可按 0.8～1.0 kg/mm^2 计算；在 900～950 ℃使用时可按 0.5～0.6 kg/mm^2 计算，抗弯及抗剪强度按上述值的一半计算。耐热钢吊具强度可按低碳钢的 10 倍计算。

2）时效处理

为减小后续感应淬火变形，必须减小滑枕残余内应力，半精加工后各加工

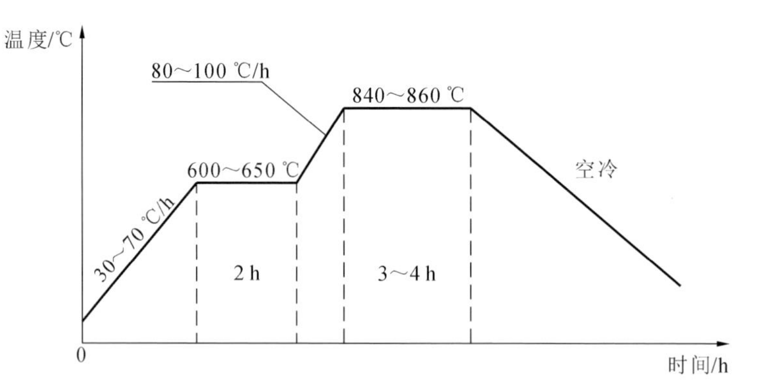

图 5.31　滑枕正火工艺曲线

面单边留余量为 1 mm,然后进行 600 ℃、保温 10 h 的时效处理,工艺曲线如图 5.32 所示。此工序应严格控制升、降温速度以及加工余量,以免产生新的应力,影响应力消除效果。

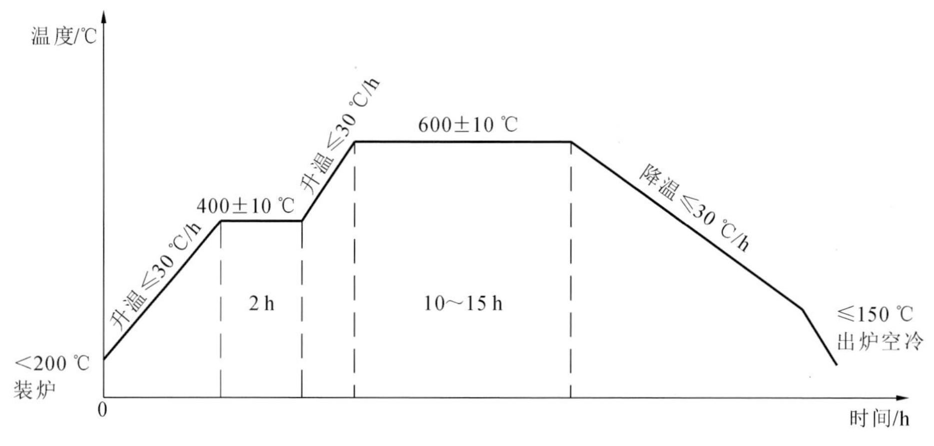

图 5.32　滑枕时效处理工艺曲线

3）中频淬火

中频淬火加热设备为配备 IGBT 电源,输出功率达 300 kW,频率达 8×10^3～10×10^3 Hz 的卧式淬火机床。

该零件中频淬火的主要难点在于:一是零件尺寸较大,一次加热淬火,设备功率很难满足要求;二是淬火变形后几乎不能校平,工艺上必须控制变形量;三是淬火面有多处 $\phi22$ 孔,在加热孔时容易因尖角效应而引起开裂。

为此,在现有工艺设备条件下,采用分面淬火,多次翻面,保证对称加热,减小变形。每面交接处留 8～10 mm 软带,避免重复淬火产生裂纹。在有孔的地方采取铜管屏蔽的方式，避免孔口被加热，有效防止裂纹。采取以上措施之后，变形控制在 0.3 mm 以内，表面无任何淬火裂纹。

3. 主轴的热处理工艺技术

主轴是影响机床精度的重要零件，主要传递动力，承受不同大小和形式的载荷，如弯曲、扭转、疲劳、冲击等。主轴应有较高的力学强度和刚度，其工作表面应有良好的耐磨性，加工后应有较好的尺寸稳定性，因而必须进行合适的热处理。大多数主轴采用中碳结构钢，如 45、40Cr 等，经调质处理、局部表面淬火处理等。要求更高表面硬度、耐磨性和疲劳强度的主轴，通常采用 38CrMoAlA 钢经渗氮处理。主轴渗氮热处理常见问题主要为：①渗氮变形；②渗氮点蚀及剥落；③渗氮表面硬度偏低。以某大型镗床主轴为例，镗床主轴采用 38CrMoAlA 钢制造，技术要求：表面硬度 HV≥900，渗氮层深度≥0.5 mm，脆性≤2 级。工艺流程为：锻件→粗车→调质→精车→消除应力处理→粗磨→渗氮→精磨→入库。主轴示意图如图 5.33 所示。

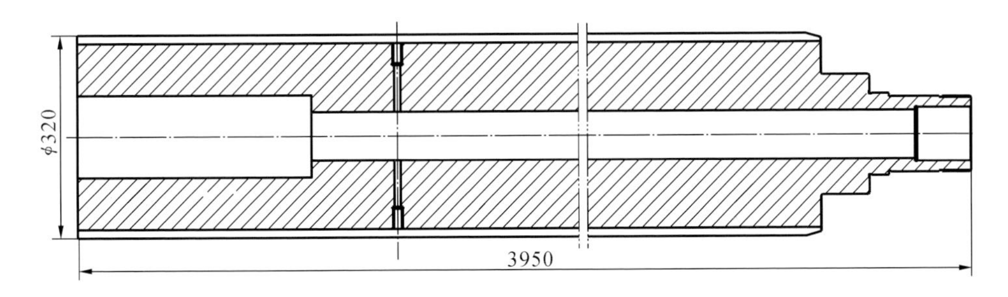

图 5.33　主轴示意图

1）调质处理

38CrMoAlA 钢锻造后进行正火处理，为保证主轴心部有较高的综合力学性能，粗加工后进行调质处理，以获得回火索氏体组织。该钢在热处理时脱碳倾向极强，调质前应留足够的加工余量。为保证良好的调质效果，调质处理前零件应上深孔钻套料，粗加工内孔，径向留量。为减小调质变形，工艺上采用垂直吊挂，井式炉加热及油-空冷的冷却方式。钢在 650 ℃左右回火有脆性，应快冷，采用水冷或油冷的冷却方式，同时回火时间应充分，一般大于 5 h，以免在长时间氮化时零件发生变形，工艺曲线如图 5.34 所示。为防止渗氮后点蚀缺陷的发生，调质装炉时应将零件放于炉膛正中央，避免燃气炉烧嘴火焰直喷零件表面，局部温度过高，晶粒粗大，且调质处理后切片检查，奥氏体晶粒度应不低于 6 级，且游离态铁

素体含量不超过5%。

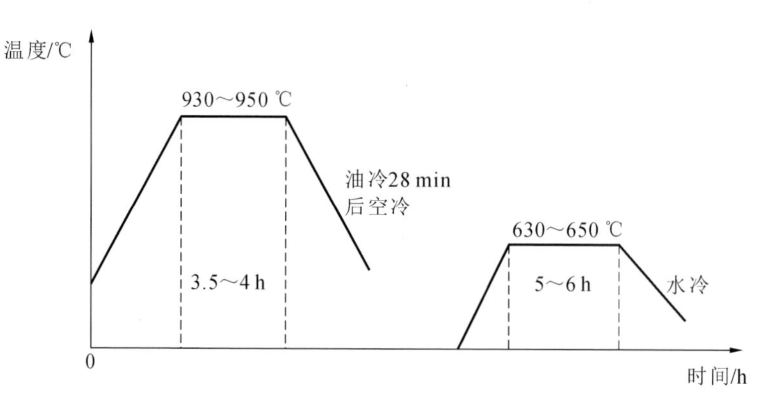

图 5.34　调质处理工艺曲线

2）去应力退火处理

为最大限度地减小零件残余内应力，减小氮化后的变形，工艺上采取去应力退火的方式。去应力退火的温度应比调质处理温度低 50 ℃以上，以免去应力退火后降低了调质硬度；同时应比渗氮温度高 30 ℃以上，减小氮化变形。另外，为保证良好的去应力效果，去应力退火前，单边留余量以 0.8～1.0 mm 为宜。升温和降温速度必须严格控制，以免产生新的残余内应力。去应力退火处理工艺曲线如图5.35所示。

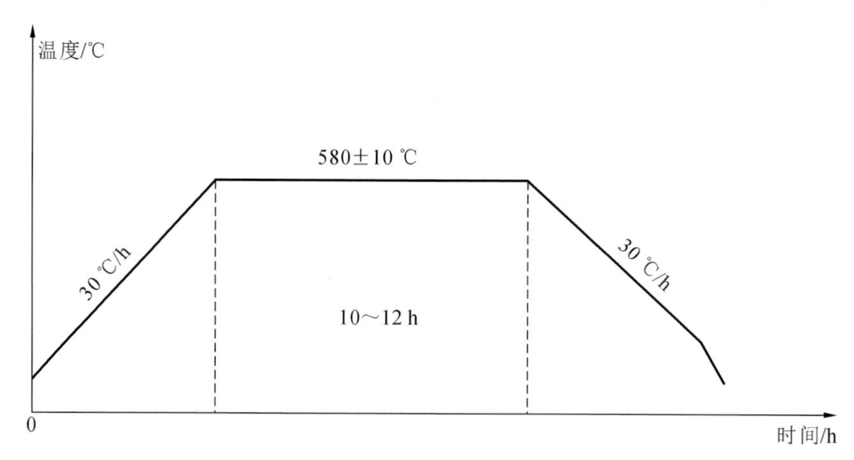

图 5.35　去应力退火处理工艺曲线

3）渗氮处理

主轴为机床关键零件，在保证渗氮层厚度的同时，提高表面硬度，增加耐磨性，工艺上采取渗氮工艺，即在前 20 h 内采用较低的氨分解率使工件表面迅速吸收大量氮原子，并形成弥散分布的氮化物，提高工件表面硬度。在中间阶段，提高氨分解率到40%～60%，使表层氮原子向内扩散，增加渗层深度。保温结束前2 h，氨分解率控制在70%以上，进行退氮处理，减薄或清除脆性白亮层。具体工艺曲线如图5.36所示。

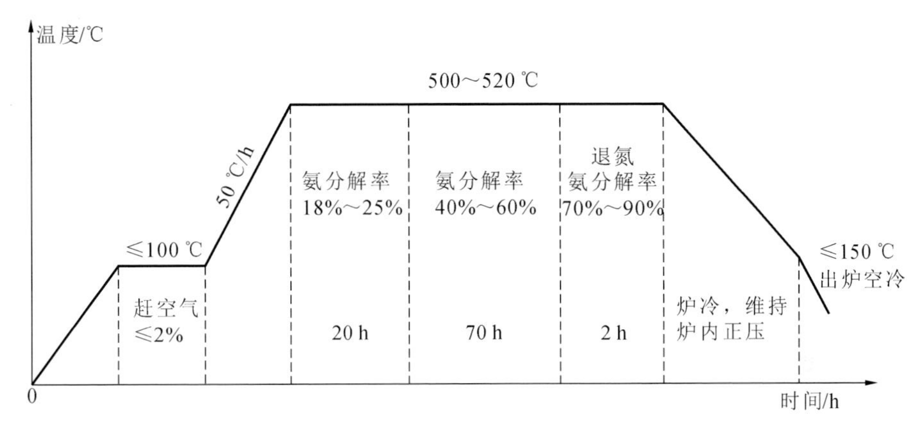

图5.36　渗氮处理工艺曲线

本章参考文献

[1] 谢绍自.热处理工艺全书[M].太原：山西人民出版社，2003.

[2] 樊东黎，徐跃明，佟晓辉.热处理工程师实用手册[M].3版.北京：中国机械工业出版社，2011.

[3] 中国机械工程学会热处理学会.热处理手册[M].北京：机械工业出版社，1984.

[4] 郑兴文.特宽型导轨中频感应加热淬火[J].热加工工艺，1991(2)：49-51.

[5] 沈亚飞.浅析主轴箱加工精度与机床几何、工作精度[J].企业技术开发，2012，31(17)：98-99.

[6] 王振兴.大型零件加工变形分析与控制[D].上海：上海交通大学，2007.

[7] 徐增豪，王师镭.大型数控机床大件的设计[J].机械制造，1996(8)：12-13.

[8] 张怀凤.焊接结构件的机床大件[J].机械，2011(S1)：91-93.

[9] 张永祥.重型机床铸造技术[J].制造技术与机床，1995(11)：43-44.